高职高专机电类专业系列教材

数控机床编程与操作

主　编　淮　妮　代美泉
副主编　姜　宇
参　编　刘　雯　黄丽芳　王利峰

机 械 工 业 出 版 社

本教材内容简明扼要，结合知识体系与机床大类划分为数控机床与数控编程基础知识，数控车床编程与操作，数控铣床编程与操作，数控中、高级职业技能鉴定实操训练四个模块，并按典型零件的加工过程进行编写。本教材力求反映当前职业教育的新模式，强调职业技能实践与应用能力的培养。

本教材可供高职院校机电一体化技术、机械制造与自动化、数控技术等相关专业的学生使用，也可作为成人高等教育相关专业的教学用书，还可供相关工程技术人员学习与参考。

本教材配有电子课件及视频资源，凡使用本教材的教师可登录机械工业出版社教育服务网 www. cmpedu. com 注册后免费下载。咨询电话：010-88379375。

图书在版编目（CIP）数据

数控机床编程与操作/淮妮，代美泉主编. —北京：机械工业出版社，2020.6（2024.7 重印）

高职高专机电类专业系列教材

ISBN 978-7-111-65843-6

Ⅰ.①数… Ⅱ.①淮… ②代… Ⅲ.①数控机床-程序设计-高等职业教育-教材②数控机床-操作-高等职业教育-教材 Ⅳ.①TG659.022

中国版本图书馆 CIP 数据核字（2020）第 102065 号

机械工业出版社（北京市百万庄大街 22 号 邮政编码 100037）

策划编辑：薛 礼 责任编辑：薛 礼

责任校对：陈 越 封面设计：鞠 杨

责任印制：郜 敏

中煤（北京）印务有限公司印刷

2024 年 7 月第 1 版第 5 次印刷

184mm×260mm · 15.75 印张 · 385 千字

标准书号：ISBN 978-7-111-65843-6

定价：46.90 元

电话服务 网络服务

客服电话：010-88361066 机 工 官 网：www. cmpbook. com

010-88379833 机 工 官 博：weibo. com/cmp1952

010-68326294 金 书 网：www. golden-book. com

封底无防伪标均为盗版 机工教育服务网：www. cmpedu. com

前言 PREFACE

本教材以国家数控技术技能型紧缺人才培养要求为依据，以劳动与社会保障部制定的有关国家职业标准为指导，结合生产一线的实际情况，由多所学校的专业骨干教师和企业工程师共同编写而成。

本教材以“机床大类划分模块，典型零件任务驱动”作为编写总思路。通过对相关课程教学大纲的研究，编者确定了本教材的知识体系，通过将知识体系与机床大类结合起来，编者确定了编写数控机床与数控编程基础知识、数控车床编程与操作、数控铣床编程与操作三个模块。另外，教育部启动了职业院校“1+X”证书制度试点，鼓励学生考取多类职业技能等级证书，这也是未来职业教育的发展趋势，因此本教材增加了数控中、高级职业技能鉴定实操训练模块，以助力学生考取数控中、高级职业技能等级证书。在编写过程中，结合从企业收集的零件图所含知识信息和教材知识体系之间的关联，编者对收集的零件图进行修改、调整、排序，确定了每个模块的任务，以任务中零件的加工过程为编写导向，确定了每个任务基本由任务导入、学习目标、知识准备、任务实施、问题归纳、技能强化等内容组成。在确定每个任务的“知识准备”内容时，编者将知识体系中的相关知识点融入，每个任务都针对相应零件详细讲解了从工艺分析到加工成形的整个过程，并配备了加工视频，用手机扫描相应二维码即可观看，以方便学习。本教材中的数控编程指令和数控机床操作内容主要针对 FANUC 0i 数控系统，数控车床仿真操作采用的是斯沃数控仿真加工软件，数控铣床仿真操作采用的是宇龙数控仿真加工软件。

本教材由咸阳职业技术学院淮妮、西安职业技术学院代美泉担任主编，陕西航空职业技术学院姜宇担任副主编。编写分工如下：姜宇编写模块 1，西安职业技术学院王利峰编写模块 2 中的任务 2.1、任务 2.2，代美泉编写模块 2 中的任务 2.3~任务 2.9，淮妮编写模块 3 中的任务 3.1~任务 3.7，咸阳职业技术学院刘雯编写模块 3 中的任务 3.8、任务 3.9，西部超导材料科技股份有限公司黄丽芳编写模块 4。全书由淮妮负责统稿和仿真操作视频的录制。机床操作视频由王利峰和淮妮录制。

在编写过程中，编者认真总结了多年积累的丰富课程教学经验，广泛吸取了同类教材的优点，注重学科的知识系统性，力求表达规范、准确，但由于水平有限，书中难免存在疏漏和不足，希望同行专家和读者能给予批评指正。

编　者

二维码索引

序号	二维码	页码	序号	二维码	页码
1-1		8	2-5		31
1-2		9	2-6		43
1-3		9	2-7		44
1-4		19	2-8		53
1-5		19	2-9		65
2-1		30	2-10		74
2-2		30	2-11		85
2-3		30	2-12		98
2-4		30	2-13		105

（续）

序号	二维码	页码	序号	二维码	页码
2-14		105	3-8		177
2-15		105	3-9		178
3-1		131	3-10		178
3-2		133	3-11		178
3-3		133	3-12		186
3-4		144	3-13		191
3-5		144	3-14		191
3-6		155	3-15		191
3-7		162			

目录 CONTENTS

模块1 CHAPTER 1 数控机床与数控编程基础知识

内容提纲

1）数控机床的产生、发展与种类。
*[1] 2）数控机床的概念和组成。
3）数控编程的概念与方法。
4）数控程序的结构与程序段格式。
* 5）基本功能指令的格式与用法。
* 6）数控机床面板的基本操作。

任务 1.1　认识数控机床结构

任务导入

图 1-1 所示为数控车床与数控系统操作面板，说出机床各部位的名称，说出机床所用的是什么数控系统。

学习目标

知识目标

1）了解数控机床的产生与发展。
2）了解数控机床的种类。

技能目标

1）认识各种数控系统。
2）熟悉数控机床的结构组成。

[1] “*”表示该内容为重点内容。

知识准备

一、数控机床的产生与发展

1. 数控机床的产生

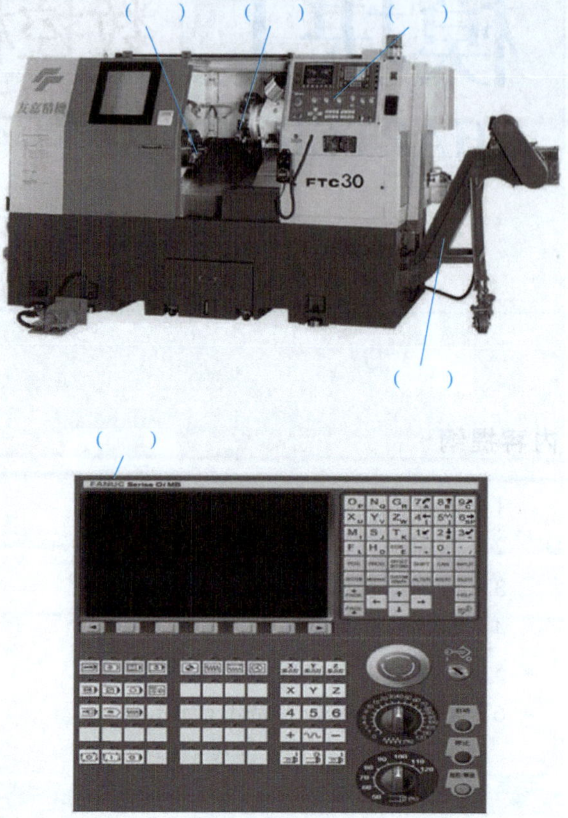

图 1-1　数控车床与数控系统操作面板

数控机床的研制最早是由美国开始的。1948 年，美国帕森斯公司（Parsons Co.）在完成研制加工直升机桨叶轮廓用检查样板的加工机床任务时，提出了研制数控机床的初步设想。1949 年，在美国空军后勤部的支持下，帕森斯公司正式接受委托，与麻省理工学院伺服机构实验室（Servo Mechanism Laboratory of the Massachusetts Institute of Technology）合作，开始数控机床的研制工作。经过 3 年的研究，世界上第一台数控机床试验样机于 1952 年试制成功。这是一台采用脉冲乘法器原理的直线插补三坐标连续控制系统铣床，其数控系统全部采用电子管元件，其数控装置体积比机床本体还要大。后来经过 3 年的改进和自动编程研究，该机床于 1955 年进入试用阶段。此后，其他一些国家（如德国、英国、日本、苏联和瑞典等）也相继开展数控机床的研制开发和生产。1959 年，美国克耐·杜列克公司（Keaney & Trecker）首次成功开发了加工中心（Machining Center），这是一种有自动换刀装置和回转工作台的数控机床，可以在一次装夹中对工件的多个平面进行多工序的加工。但是，直到 20 世纪 50 年代末，由于价格和其他因素的影响，数控机床仅限于航空、军事工业应用，品种也多为连续控制系统。直到 20 世纪 60 年代，由于晶体管的应用，数控系统进一步提高了可靠性且价格下降，一些民用工业开始发展数控机床，其中多数为钻床、压力机等点定位控制的机床。

2. 数控机床的发展过程

自 1952 年美国研制成功第一台数控机床以来，随着电子技术、计算机技术、自动控制和精密测量技术等的发展，数控机床也在迅速地发展和不断地更新换代，先后经历了 5 个发展阶段。

第 1 代数控机床：1952~1959 年采用电子管元件构成的专用数控装置（Numerical Control，NC）。

第 2 代数控机床：从 1959 年开始采用晶体管电路的 NC 系统。

第 3 代数控机床：从 1965 年开始采用小、中规模集成电路的 NC 系统。

第 4 代数控机床：从 1970 年开始采用大规模集成电路的小型通用电子计算机控制的系

统（Computer Numerical Control，CNC）。

第 5 代数控机床：从 1974 年开始采用微型计算机控制的系统（Microcomputer Numerical Control，MNC）。

近年来，微电子和计算机技术日益成熟，其成果正不断渗透到机械制造的各个领域中，先后出现了计算机直接数控（DNC）系统、柔性制造系统（FMS）和计算机集成制造系统（CIMS）。这些高级的自动化生产系统均以数控机床为基础，它们代表着数控机床今后的发展趋势。

二、数控机床的概念与组成

1. 数控机床的基本概念

（1）数控　数控（Numerical Control，NC）是一种自动控制技术，是用数字化信号对机床的运动及其加工过程进行控制的一种方法。

（2）数控机床　数控机床（NC Machine）是采用了数控技术的机床，或者说是装备了数控系统的机床。如图 1-2 所示，普通铣床装载了数控系统即成为简易的数控铣床。它是一种综合应用计算机技术、自动控制技术、精密测量技术、通信技术和精密机械技术等先进技术的典型的机电一体化产品。

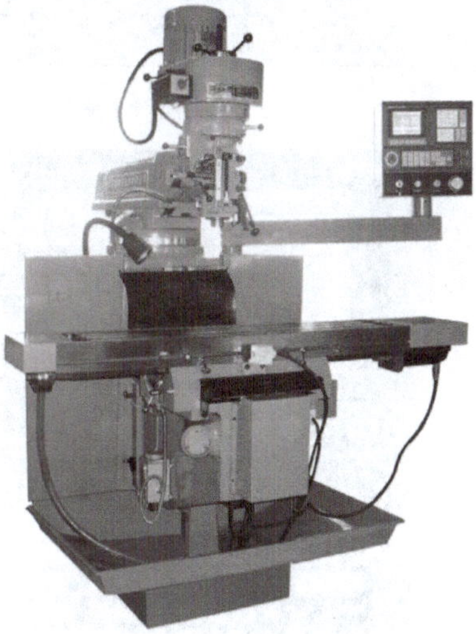

图 1-2　简易数控机床

（3）数控系统　数控系统是一种程序控制系统，它能自动完成信息的输入、译码、逻辑运算，从而控制机床的运动和加工过程。目前，数控机床都采用计算机数控系统（Computer Numerical Control）。常用的数控系统有日本发那科/三菱、德国西门子/德玛吉、国产的华中/广数等。图 1-3 所示为部分数控系统的操作面板。

2. 数控机床的组成

数控机床一般由输入输出装置、计算机数控系统（简称 CNC 系统）、伺服驱动系统、机床本体、辅助控制系统等部分组成。数控机床组成框图如图 1-4 所示。

（1）输入输出装置　输入输出装置是机床与外部设备的接口。常用输入装置有 MDI 键盘、USB 接口、RS-232 串行通信接口等；常用的输出装置有 CRT 显示器和液晶显示器等。数控机床的程序通过输入装置输送给数控系统，数控系统通过输出装置反馈程序及加工信息。

（2）计算机数控系统　计算机数控系统是数控机床的核心，主要功能是接收输入装置送来的数字信息，经过控制软件和逻辑电路进行译码、运算和逻辑处理后，输出信息给伺服系统，以控制机床各部分进行规定的运动。

（3）伺服驱动系统　伺服单元和驱动装置合称为伺服驱动系统，它是机床工作的动力装置，CNC 装置的指令要靠伺服驱动系统付诸实施。伺服单元的主要功能是把 CNC 装置输出的微弱脉冲信号，经过功率放大后，严格按照指令信息的要求驱动机床的运动部件，完成指令规定的运动，加工出合格的零件。驱动装置的主要功能是把经过放大的信号变为机械运

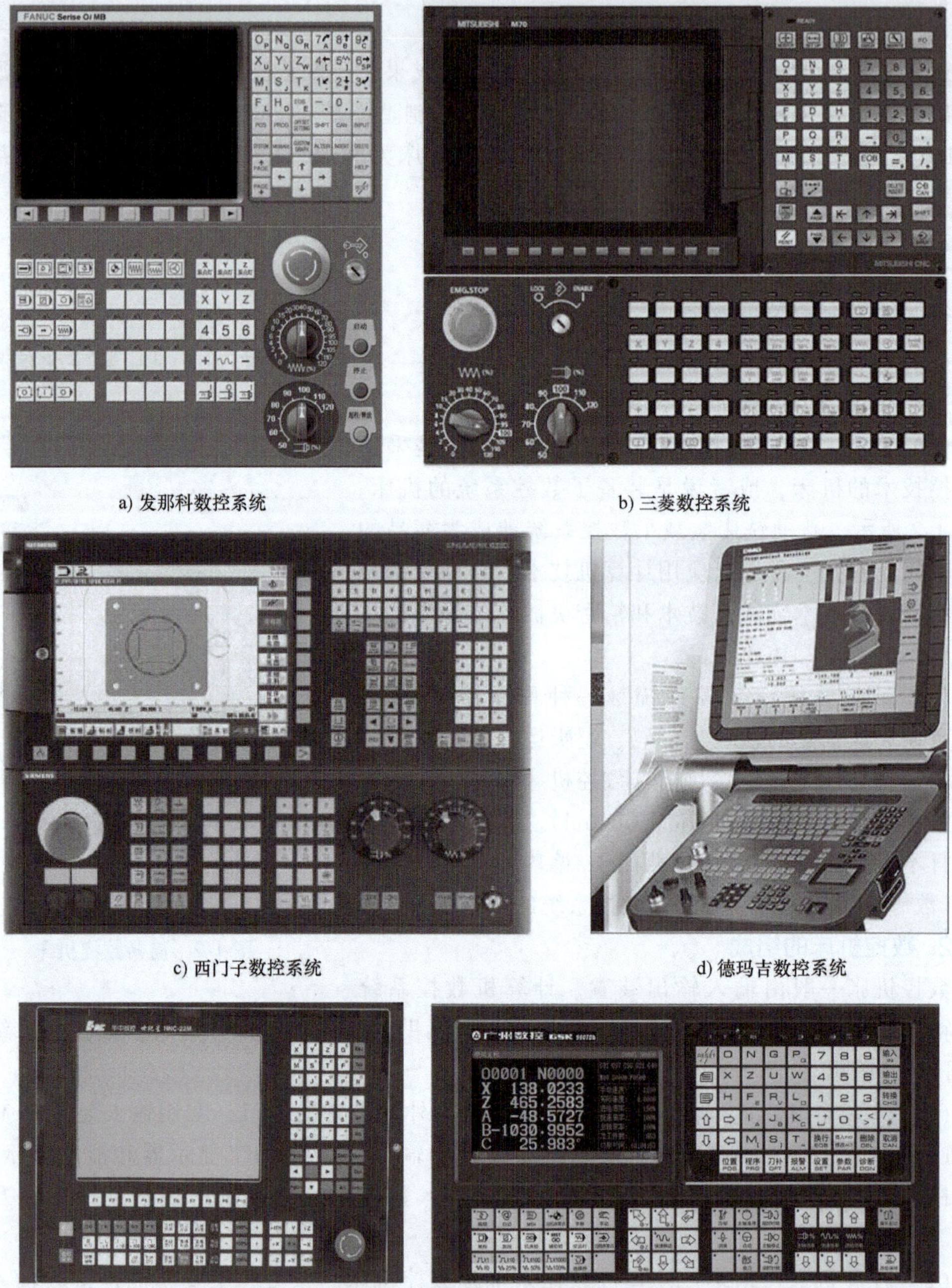

a) 发那科数控系统 b) 三菱数控系统

c) 西门子数控系统 d) 德玛吉数控系统

e) 华中数控系统 f) 广州数控系统

图 1-3 各种数控系统的操作面板

动，通过机械部件驱动机床，使工作台精确定位或按规定的轨迹做严格的相对运动，最后加工出图样要求的零件。和伺服单元相对应，驱动装置有步进电动机、直流/交流伺服电动机等。

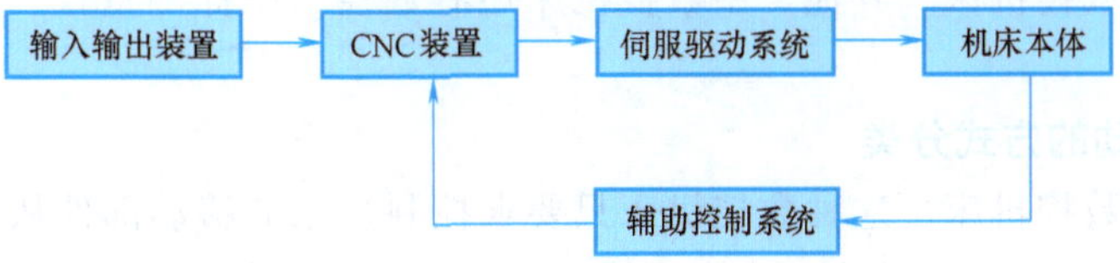

图 1-4 数控机床组成框图

(4) 机床本体　机床本体是数控机床的机械结构部分，是以普通机床的机械结构部分为基础发展的，主要包括主运动部件（主轴部分）、进给运动部件（工作台、刀架等）、支承部件（床身、立柱等）、辅助装置（冷却/润滑系统、转位/夹紧/换刀等部件）。图 1-5 所示为数控车床的机床本体，图 1-6 所示为数控铣床的机床本体。

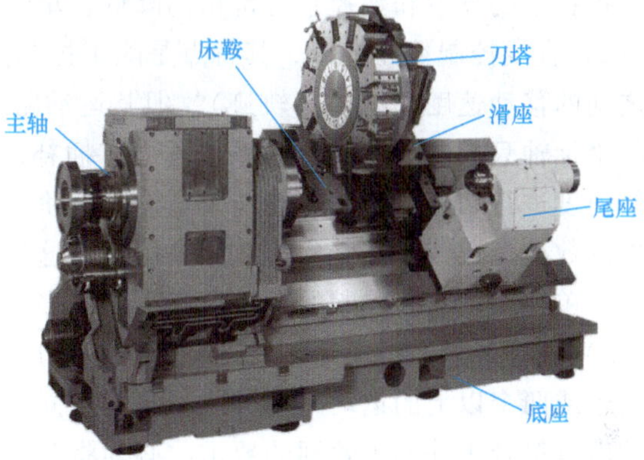

图 1-5 数控车床的机床本体

(5) 辅助控制系统　辅助控制系统是介于数控装置和机床机械、液压部件之间的强电控制装置。它接受数控装置输出的主运动变速、刀具选择/交换、辅助装置动作等指令信号，经过必要的编译、逻辑判断、功率放大后直接驱动相应的电气、液压、气动和机械部件完成各种规定的动作。此外，有些开关信号经过辅助控制系统传输给数控装置进行处理。

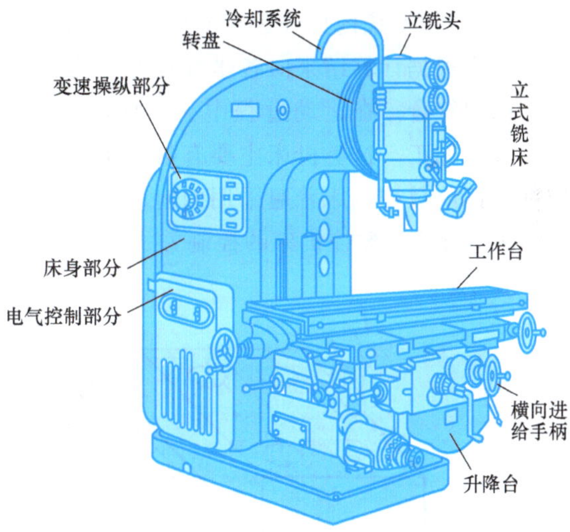

图 1-6 数控铣床的机床本体

三、数控机床的种类

1. 按工艺用途分类

数控机床是在普通机床的基础上发展起来的，各种类型的数控机床基本上起源于同类型的普通机床，按工艺用途大致可以分为以下几种。

1）金属切削类数控机床。这类数控机床通常指采用车、铣、刨、磨、钻等各种切削工艺实现切除余量的数控机床，例如，数控车床、数控铣床、数控磨床、数控镗床、加工中心等。

2）金属成形类数控机床。这类数控机床通常指采用挤、冲、压、拉等成形工艺的数控机床，例如，数控折弯机、数控弯管机、数控压力机等。

3）特种加工类数控机床。这类数控机床包括数控电火花线切割机床、数控电火花成形机床、数控激光切割机床等。

4）其他类型数控机床。其他类型数控机床还有数控三坐标测量仪、数控对刀仪、数控绘图仪等。

2. 按控制运动的方式分类

1）点位控制数控机床。这种数控机床只要求控制机床的移动部件从一点移动到另一点的准确定位，对于点与点之间的运动轨迹的要求并不严格，在移动过程中不进行加工，各坐标轴之间的运动是不相关的。具有点位控制功能的机床主要有数控钻床、数控压力机等。随着数控技术的发展和数控系统价格的降低，单纯用于点位控制的数控系统已不多见。

2）直线控制数控机床。其特点是除了控制点与点之间的准确定位外，还要控制两相关点之间的移动速度和路线（轨迹），但其运动路线只是与机床坐标轴平行，也就是说同时控制的坐标轴只有一个（即数控系统不必有插补运算功能），在移位的过程中刀具能以指定的进给速度进行切削，一般只能加工矩形、台阶形零件。具有直线控制功能的机床主要有比较简单的数控车床、数控铣床、数控磨床等。这种机床的数控系统也称为直线控制数控系统。同样，单纯用于直线控制的数控机床也已不多见。

3）轮廓控制数控机床。轮廓控制数控机床也称连续控制数控机床，其控制特点是能够对两个或两个以上的运动坐标的位移和速度同时进行控制。为了满足刀具沿工件轮廓的相对运动轨迹符合工件加工轮廓的要求，必须将各坐标运动的位移控制和速度控制按照规定的比例关系精确地协调起来。因此在这类控制方式中，就要求数控装置具有插补运算功能。所谓插补就是根据程序输入的基本数据（如直线的终点坐标、圆弧的终点坐标和圆心坐标或半径），通过数控系统内插补运算器的数学处理，把直线或圆弧的形状描述出来，也就是一边计算，一边根据计算结果向各坐标轴控制器分配脉冲，从而控制各坐标轴的联动位移量与要求的轮廓相符合。在运动过程中，刀具对工件表面进行连续切削，可以进行各种直线、圆弧、曲线的加工。这类机床主要有数控车床、数控铣床、数控线切割机床、加工中心等。轮廓控制是目前数控机床普遍采用的运动控制方式。

图 1-7 所示为数控机床的控制方式。

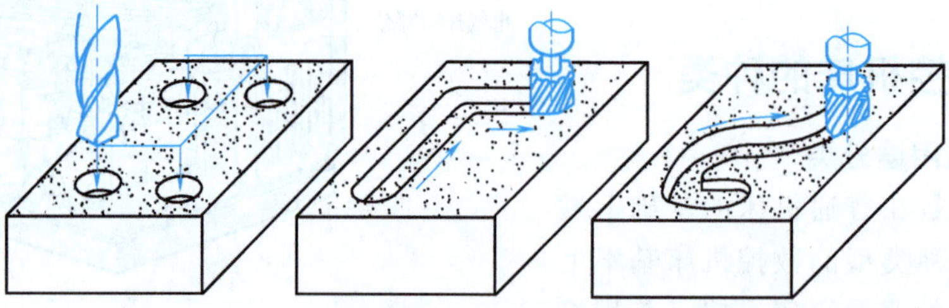

a) 点位控制　　b) 直线控制　　c) 轮廓控制

图 1-7　数控机床的控制方式

3. 按驱动控制方式分类

1）开环控制数控机床。这类机床的控制系统没有检测反馈装置，一般它的驱动电动机为步进电动机，其控制系统框图如图 1-8 所示。数控系统输出的进给指令信号通过脉冲分配器来控制驱动电路，它以变换脉冲的个数来控制坐标位移量，以变换脉冲的频率来控制位移速度，以变换脉冲的分配顺序来控制位移的方向。这种控制方式的最大特点是控制方便、结构简单、价格便宜。数控系统发出的指令信号流是单向的，所以不存在控制系统的稳定性问题，但由于机械传动的误差不经过反馈校正，位移精度不高。早期的数控机床均采用这种控制方式，只是故障率比较高，目前由于驱动电路的改进，使其仍得到了较多的应用。尤其是在我国，一般经济型数控系统和旧设备的数控改造多采用这种控制方式。

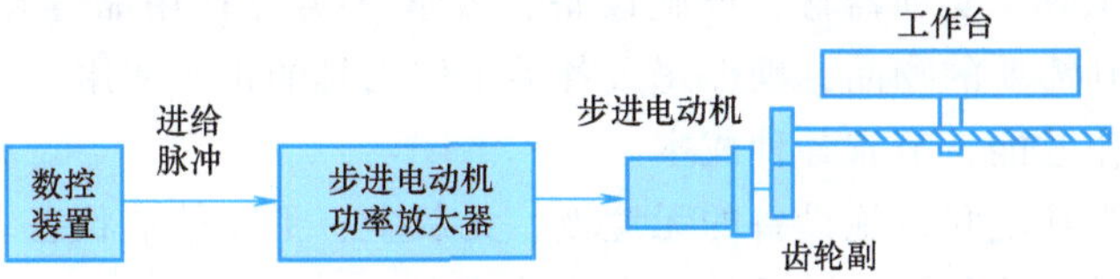

图 1-8 开环控制数控机床

2）半闭环控制数控机床。其位置反馈采用转角检测元件（目前主要采用编码器等），直接安装在伺服电动机或丝杠端部，其控制系统框图如图 1-9 所示。由于大部分机械传动环节未包括在系统闭环环路内，半闭环控制方式具有较稳定的控制特性。虽然丝杠等机械的传动误差不能通过反馈来随时校正，但是可采用软件定值补偿方法来适当提高其精度。目前，大部分数控机床采用半闭环控制方式。

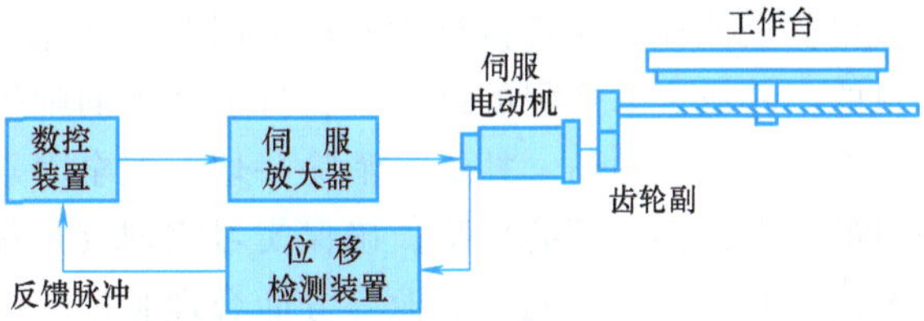

图 1-9 半闭环控制数控机床

3）闭环控制数控机床。其位置反馈装置采用直线位移检测元件（目前一般采用光栅尺），安装在机床的床鞍部位，其控制系统框图如图 1-10 所示。这种控制方式直接检测机床坐标的直线位移量，通过反馈可以消除从电动机到机床床鞍的整个机械传动链中的传动误差，从而得到很高的机床静态定位精度。但是，由于在整个控制环内，许多机械传动环节的摩擦特性、刚度和间隙均为非线性，并且整个机械传动链的动态响应时间与电气响应时间相比又非常长，这为整个闭环系统的稳定性校正带来很大困难，系统的设计和调整也都相当复杂。因此，这种全闭环控制方式主要用于精度要求很高的数控坐标机床、数控精密磨床等。

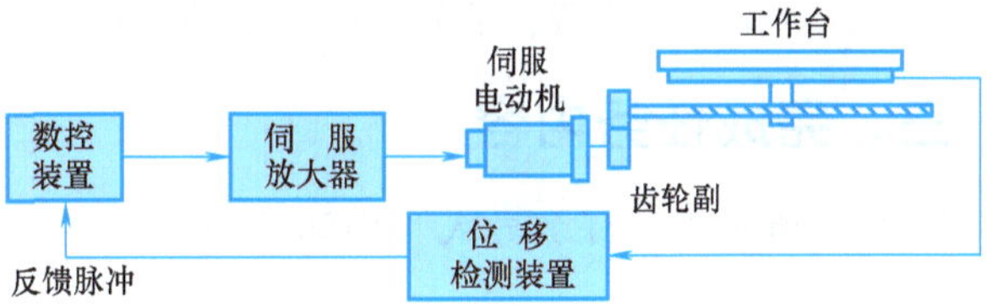

图 1-10 闭环控制数控机床

任务实施

一、参观实训中心或相关的企业

参观学校数控实训中心或相关的数控加工企业等，认识各类数控机床的结构组成和数控系统，了解数控机床操作实训的目的，数控机床加工需要具备的素质、素养等。

二、7S 管理

7S 管理是指在生产现场对人员、机器、材料、方法、信息等生产要素进行有效管理，是整理（Seiri）、整顿（Seiton）、清扫（Seiso）、清洁（Seikeetsu）、素养（Shitsuke）、安全

(Safety)、节约（Saving）七个单词（前五个是日语外来词）的简称。

整理：区分必需品和非必需品，并清除后者。将混乱状态改变为整齐状态。

目的：改善各实习实训场地的形象与品质。

整顿：对各类工具、实训器材、设施设备、教学（实习）用品等每天进行整顿。确保能在很短时间内找到需要的物品，确保每天各类工作用具的正常使用。

目的：提高工作效能，节省各种成本。

清扫：保持教学环境和设施设备的无垃圾、无灰尘、干净整洁状态。

目的：保持教学环境和设施设备处于良好的状态。

清洁：进行彻底整理、整顿、清扫，持之以恒，并且制度化、公开化、透明化。

目的：将整理、整顿、清扫内化为每个人的自觉行为，从而全面提升每个人的职业素质。

素养：全体成员认真执行学校规章制度，严守纪律和标准，促进团队精神的形成。

目的：养成遵章守纪的好习惯，打造优秀的师生团队。

安全：注意、预防、杜绝、消除一切不安全因素和现象，时刻注意安全。

目的：人人都能预防危险，确保实习实训（一体化）教学安全。

节约：对时间、空间、能源等方面合理利用，以发挥它们的最大效能，从而创造一个高效率的、物尽其用的工作场所。

目的：减少资源浪费，节省实习、实训成本。

三、完成任务内容

图 1-11 所示为“任务导入”中问题的答案。

前置刀架数控车床结构视频 1-1

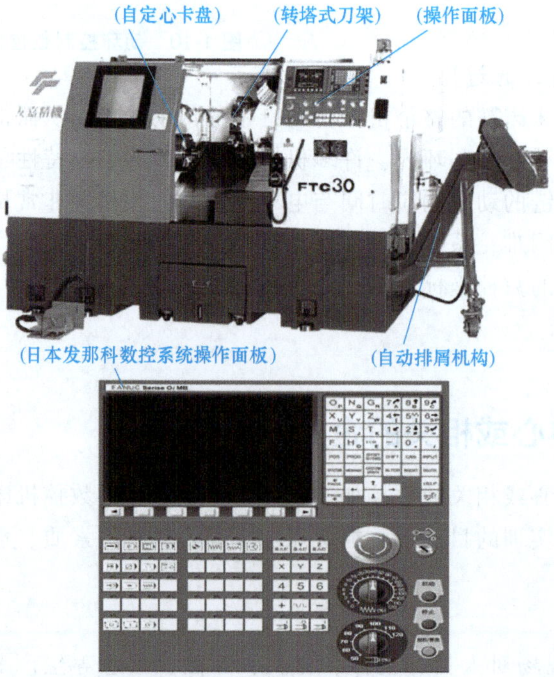

图 1-11　数控车床与数控系统

技能强化

图 1-12 所示为数控铣床，说出机床各部位的名称。

后置刀架数控车床
结构视频 1-2

立式数控铣床
结构视频 1-3

图 1-12 数控铣床

任务 1.2 认识数控编程与数控程序

任务导入

如下所示一个完整的零件加工程序都包括哪些内容？由哪几部分组成？

```
O0001
N10 T0101;
N20 M03 S300;
N30 M08;
N40 G00 X55 Z2;
……;
N200 M30;
```

学习目标

知识目标

1）了解数控编程的概念与方法。

2）了解数控程序的结构与程序段格式。

技能目标

1）会使用基本功能指令。

2）熟练掌握数控机床面板的基本操作。

知识准备

一、数控编程的概念与方法

1. 数控编程的概念

在加工零件前，首先要根据零件图样，分析零件如何才能在数控机床上被加工出来；然后抽取零件的加工信息（包括零件的加工顺序，工件与刀具的相对运动轨迹、方向、位移量，工艺参数如主轴转速、进给量、背吃刀量等，辅助操作如主轴变速、刀具交换、切削液开关、工件夹紧/松开等）；再按一定的格式，用规定的代码编写加工程序单，并将程序单的内容输入到数控系统，从而控制数控机床进行加工。从分析零件图样开始到编写出零件加工程序的过程，称为数控编程。

2. 数控编程的方法

数控加工程序的编制方法主要有两种：手工编程和自动编程。

（1）手工编程　手工编程指主要由人工来完成数控编程中各个阶段的工作。一般几何形状不太复杂的零件，所需的加工程序不长，计算比较简单，用手工编程比较合适。

（2）自动编程　自动编程也称为计算机辅助编程，即程序编制工作的大部分或全部由计算机完成。如由计算机完成坐标值计算、编写零件加工程序单等，甚至帮助进行工艺处理。例如，用 Mastercam、UG、制造工程师等软件可先画出零件的二维图或三维实体图，设置好加工参数、路径等，然后自动生成加工程序。通过自动编程生成的程序还可通过计算机或自动绘图仪进行刀具运动轨迹的检查，编程人员可以检查程序是否正确，并及时修改。自动编程大大降低了编程人员的劳动强度，将效率提高了几十倍乃至上百倍，同时解决了手工编程无法解决的许多复杂零件的编程难题。工作表面形状越复杂，工艺过程越繁琐，自动编程的优势越明显。

二、数控程序的结构

每种数控系统，根据系统本身的特点及编程需要，都有一定的程序格式。对于不同的机床，由于生产厂家使用标准不完全统一，使用代码、指令含义也不完全相同，编程人员要严格参照机床编程手册进行编程。

1. 程序的组成

一个完整的程序一般由程序名、程序内容和程序结束三部分组成。程序内容是由若干程序段组成，并且按照一定顺序排列，能使数控机床完成一系列的动作。

例如：发那科（FANUC）系统某一加工程序：

```
O1234                                        （程序名）
N001 G01 X80 Z-30 F0.2 S300 T0101 M03;       （程序内容）
N002 X120 Z-60;
……
```

N124 G00 X500 Z200;

N125 M02; （程序结束）

这表示一个完整的加工程序，它由125个程序段按操作顺序排列而成。整个程序以“O”开始，以M02作为全程序的结束。

（1）程序名 程序名即为程序的开始部分，为了区别存储器中的程序，每个程序都要有程序编号，在编号前采用程序编号地址码。如在FANUC系统中，一般采用英文字母“O”作为程序编号地址，而其他系统采用“P”“%”或“:”等。

（2）程序内容 程序内容由许多程序段组成，每个程序段由一个或多个指令构成，它表示数控机床要完成的全部动作。程序开头的几个程序段，一般负责进行选刀、换刀，设定切削用量，规定主轴转向，确定是否使用切削液等工作，还要用G54~G59或G92设置编程的原点，然后编写工件各表面加工的内容。

（3）程序结束 程序以指令M02或M30作为整个程序结束的符号。

2. 程序段的格式

零件的加工程序是由若干个程序段组成的。每个程序段由若干个数据字组成，数据字是控制系统的具体指令，它是由表示地址的英语字母、特殊文字和数字集合而成的。

程序段格式是指一个程序段中字、字符、数据的编写规则，现在通常采用字—地址格式。字—地址程序段格式是由语句号字、数据字和程序段结束组成。各字前有地址，各字的排列顺序要求不严格，数据的位数可多可少，不需要的字及与上一程序段相同的续效字可以不写。该格式的优点是程序简短、直观及容易检验、修改，故该格式在目前被广泛使用。

字—地址程序段格式如下：

N_G_X_Y_Z_F_S_T_M_LF

例如，N40 G01 X25 Y-36 F100 S300 T02 M03;

程序段内各字的说明：

1）语句号字（N）：用以识别程序段的编号，用地址码“N”和后面的若干位数字来表示。例如，“N40”表示该语句的语句号为40。

2）准备功能字（G）：使数控机床做某种操作的指令，用地址码“G”和两位数字来表示，从G00~G99共100种。

3）尺寸字：由地址码、+、-符号及绝对值（或增量）的数值构成。尺寸字的地址码有X、Y、Z、U、V、W、P、Q、R、A、B、C、I、J、K、D、H等。例如：X25Y-36，尺寸字的“+”可省略。

尺寸字地址码的含义见表1-1。

表1-1 尺寸字地址码的含义

地址码	含义	地址码	含义
X、Y、Z	X、Y、Z方向的移动指令	A、B、C	绕X、Y、Z坐标的转动
U、V、W	分别平行于X、Y、Z坐标的第二坐标	I、J、K	圆弧中心坐标
P、Q、R	分别平行于X、Y、Z坐标的第三坐标	D、H	补偿号指定

4）进给功能字（F）：表示刀具中心运动时的进给速度，由地址码“F”和后面若干位数字构成。

5）主轴转速功能字（S）：表示主轴系统的旋转速度，由地址码“S”和其后的若干位数字组成。

6）刀具功能字（T）：表示指定的刀号或刀补地址。由地址码“T”和若干位数字组成，数字的位数由所用系统决定。

7）辅助功能字（M）：表示一些机床辅助动作的指令，用地址码“M”和后面两位数字表示，从 M00～M99 共 100 种。

8）程序段结束符：写在每一程序段之后。不同的系统，采用标准不同，则程序段结束形式都不同。如 FANUC 系统用符号“;”表示程序段结束。

三、常用的 G 代码

准备功能字（G 功能字）是指让数控机床做某种操作的指令，一般包括数控轴的基本移动、程序暂停、平面的选择、坐标设定、刀具补偿、固定循环、米制和寸制转换等。G 代码按照功能的不同分为模态代码和非模态代码。非模态代码只在本程序段中有效，模态代码可在连续多个程序段中一直有效，直到被同组的其他代码所取代。FANUC 系统数控车床、铣床常用 G 代码分别见表 1-2 和表 1-3。对于不常用的编程指令，请参考相应数控机床编程手册。

表 1-2　数控车床常用 G 代码及功能（FANUC 系统）

G 代码	功　能	G 代码	功　能
※G00	快速定位	G94	端面车削单一循环
G01	直线插补	G70	精车循环
G02	圆弧插补（顺时针方向）	G71	内、外径粗车复合循环
G03	圆弧插补（逆时针方向）	G72	端面粗车复合循环
G04	暂停指令	G73	成形粗车复合循环
G20	英寸输入	G74	端面车槽复合循环
※G21	毫米输入	G75	外/内径车槽复合循环
G32	螺纹车削	G76	螺纹车削复合循环
※G40	取消刀具半径补偿	※G90	绝对坐标编程方式
G41	刀具半径左补偿	G91	相对坐标编程方式
G42	刀具半径右补偿	G94	每分进给
G54～G59	工件坐标系偏置地址	※G95	每转进给
G90	内、外径车削单一循环	G96	恒线速度控制
G92	螺纹车削单一循环	※G97	恒线速度控制取消（执行恒转速控制）

注：有“※”标记的指令为国内使用的数控车床通常开机默认指令，即已被设定的指令。

四、基本功能指令

1. 刀具功能指令

使用自动换刀装置的数控机床，必须通过刀具功能 T 指令来控制所使用的切削刀具，特别是数控车床和加工中心。因此，选择刀具和确定刀具参数是数控编程的重要步骤。

表1-3 数控铣床常用G代码及功能（FANUC系统）

G代码	功　能	G代码	功　能
※G00	快速定位	G69	取消旋转
G01	直线插补	G73	高速深孔钻循环
G02	圆弧插补(顺时针方向)	G74	攻左旋内螺纹循环
G03	圆弧插补(逆时针方向)	G76	精镗循环
G04	暂停指令	※G80	取消固定循环
※G17	*XY*平面选择	G81	钻孔固定循环
G18	*XZ*平面选择	G82	锪孔循环
G19	*YZ*平面选择	G83	深孔排屑钻循环
G20	英寸输入	G84	攻右旋内螺纹循环
※G21	毫米输入	G85	镗孔循环
※G40	取消刀具半径补偿	G86	镗孔循环
G41	刀具半径左补偿	G87	反镗循环
G42	刀具半径右补偿	G88	镗孔循环
G43	正向刀具长度补偿	G89	镗孔循环
G44	负向刀具长度补偿	※G90	绝对坐标编程方式
G49	刀具长度补偿取消	G91	相对坐标编程方式
G50	比例缩放取消	※G94	每分进给
G51	比例缩放建立	G95	每转进给
G50.1	镜像取消	G96	恒线速度控制
G51.1	镜像建立	※G97	恒线速度控制取消(执行恒转速控制)
G54~G59	工件坐标系偏置地址	G98	返回初始平面
G68	建立旋转	G99	返回*R*点平面

注：有“※”标记的指令为国内使用的数控铣床通常开机默认指令，即已被设定的指令。

（1）编程格式　刀具功能字由地址码“T”和数字组成。刀具功能字中的数字是指定的刀号，数字的位数由所使用的系统决定。不同的数控系统，刀具功能的编程格式有所不同。主要有以下两种编程格式。

1）选刀和刀具补偿号直接由T指令编程。

FANUC数控车系统，采用T××××(T2+2）编程格式，数字的前两位用于选择刀具，后两位用于选择刀具补偿地址。

例如：T0101表示选择01号刀具、01号刀具补偿地址。同一把刀可以有多个刀具补偿地址，如T0104、T0112。采用T2+2编程格式时，可以用T××00取消刀具补偿。

2）选刀和刀具补偿号由T+(D，H）指令编程。

有些数控系统由T指令选择刀具，(D，H）指令选择刀具补偿地址。

例如：T01 D02表示选择01号刀具，刀具半径补偿放在02号地址。

（2）注意事项

1）编程时刀具的编号不得大于刀架的工位号。

2）是采用 T2+2，还是采用 T+（D，H）的格式取决于数控系统。

3）FANUC 数控系统用于车削时采用 T2+2，而在铣削中则采用 T+（D，H）形式。

2. 辅助功能指令

辅助功能指令用地址字“M”和若干数字组成，是控制机床或系统开关功能的一种命令。常用辅助功能的 M 代码见表 1-4。

表 1-4　常用辅助功能的 M 代码的含义及用途（FANUC 系统）

M 代码	含义	用　途
M00	程序停止	执行 M00 指令程序段后，主轴的转动、进给都将停止，切削液关闭。它与单程序段停止相同，模态信息全部被保存，以便进行某一手动操作，如换刀、测量工件的尺寸等。重新起动机床后，继续执行后面的程序
M01	选择停止	与 M00 的功能基本相似，只有在按下“选择停止”键后，M01 才有效，否则机床继续执行后面的程序段；按“启动”键，继续执行后面的程序
M02	程序结束	该指令编在程序的最后一条，表示执行完程序内所有指令后，主轴停止，进给停止，切削液关闭，机床处于复位状态
M03	主轴正转	用于主轴顺时针方向转动
M04	主轴反转	用于主轴逆时针方向转动
M05	主轴停转	用于主轴停止转动
M06	换刀	用于加工中心的换刀动作
M08	切削液开	用于切削液开
M09	切削液关	用于切削液关
M30	程序结束	使用 M30 时，表示除执行 M02 的内容之外，还返回到程序的第一条语句，准备下一个工件的加工
M98	子程序调用	用于调用子程序
M99	子程序返回	用于子程序的结束及返回

3. 主轴功能指令

数控机床的主轴功能由 S 指令控制，可通过恒转速和恒线速度两种方式来控制。

（1）主轴恒转速控制编程

1）编程格式：

G97 S××× M03/M04

其中，G97 指定为恒转速控制模式，通常情况下，数控系统的默认模式为 G97；S×××指定主轴工作转速，单位为 r/min；执行 M03 时，主轴顺时针方向转动；执行 M04 时，主轴逆时针方向转动。

例如：“G97 S500 M03；”表示主轴以 500r/min 的转速顺时针方向转动。

2）注意事项：数控机床通电默认值为恒转速状态，因此，程序若进行恒转速控制，G97 可以省略。

（2）主轴恒线速度控制编程

1）编程格式：

G96 S××× M03/M04

G50（G92）S×××

其中，G96 指定为恒线速度控制模式；S×××指定切削时的线速度，单位为 m/min；M03、M04 控制主轴正、反转；G50（G92）S×××为最高转速限制，S×××的单位为 r/min。

当采用恒线速度切削时，根据 $n=1000v_c/(\pi D)$ 可知，若线速度不变，工件直径 D 越小，主轴转速越大。为了防止主轴转速超过额定转速而飞车，必须限制主轴最高转速。

例如：“G96 S150 M03;”表示主轴采用恒线速度控制，线速度为 150m/min；“G50（G92）S1800;”表示主轴采用最高转速限制，最高转速为 1800r/min。

2）注意事项：

① 有些简易数控机床不是变频主轴，采用机械变速装置，不能实现恒线速度控制。

② G96、G97 均为模态指令，要注意方式的转换。

4. 进给功能指令

进给功能指令表示刀具中心运动时的进给速度，由地址码“F”和后面若干位数字构成。进给速度可以是直线进给速度，单位为 mm/min，也可以是旋转进给速度，单位为 mm/r。进给速度模式必须用相应的代码进行指定。

（1）直线进给速度的编程格式

G94 F×××

例如：“G94 F120;”表示进给速度为 120mm/min。

（2）旋转进给速度的编程格式

G95 F×××

例如：“G95 F 0.2;”表示进给速度为 0.2mm/r。

（3）注意事项

1）直线进给、旋转进给的设定指令，因数控系统的不同而有差别。上电默认值由机床参数设定，两者均可。

2）编写程序时，第一次遇到直线（G01）和圆弧（G02/G03）插补指令时，必须编写进给功能 F 指令，如果没有编写，数控系统默认为 F0。

3）F 指令为模态指令，实际进给速度可以通过 CNC 操作面板上的进给倍率旋钮进行调整，在 0%~120%（150%）之间控制。

五、数控机床面板认识与操作

1. 操作面板按钮的说明

以宇龙仿真软件 FANUC 0i 标准面板为例，斯沃仿真软件稍有不同，可对照参考。

表 1-5 对 FANUC 0i 数控车床标准面板、数控铣床标准面板（图 1-13、图 1-14）的按钮进行了具体说明。

表 1-5 FANUC 0i 标准面板按钮说明

按钮	名称	功能说明
	“自动运行”按钮	此按钮被按下后，系统进入自动加工模式
	“编辑”按钮	此按钮被按下后，系统进入程序编辑模式
	“MDI”按钮	此按钮被按下后，系统进入 MDI 模式，手动输入并执行指令

（续）

按钮	名称	功能说明
	“远程执行”按钮	此按钮被按下后，系统进入远程执行模式即(DNC 模式)，输入、输出资料
	“单节”按钮	此按钮被按下后，运行程序时每次执行一条数控指令
	“单节忽略”按钮	此按钮被按下后，数控程序中的注释符号“/”有效
	“选择性停止”按钮	此按钮被按下后，“M01”代码有效
	“机械锁定”按钮	锁定机床
	“试运行”按钮	空运行
	“进给保持”按钮	程序运行暂停。在程序运行过程中，按下此按钮后运行暂停。按“循环启动”按钮恢复运行
	“循环启动”按钮	程序运行开始。系统处于自动运行或 MDI 模式时按下有效，其余模式下使用无效
	“循环停止”按钮	程序运行停止。在数控程序运行中，按下此按钮可停止程序运行
	“回原点”按钮	机床处于回零模式。机床必须首先执行回零操作，然后才可以运行
	“手动进给”按钮	机床处于手动模式，连续移动
	“手动脉冲”按钮	机床处于手动脉冲控制模式
	“手轮进给”按钮	机床处于手轮控制模式
X	“X 轴选择”按钮	手动模式下 X 轴选择按钮
Y	“Y 轴选择”按钮	手动模式下 Y 轴选择按钮
Z	“Z 轴选择”按钮	手动模式下 Z 轴选择按钮
+	“正向移动”按钮	手动模式下，点击该按钮系统将向所选轴正向移动。在回零模式时，点击该按钮将所选轴回零
−	“负向移动”按钮	手动模式下，点击该按钮系统将向所选轴负向移动
快速	“快速”按钮	点击该按钮将进入手动快速模式
	“主轴控制”按钮	依次为主轴正转、主轴停止、主轴反转
启动	“启动”按钮	系统启动
停止	“停止”按钮	系统停止
超程释放	“超程释放”按钮	系统超程释放
	“主轴速度倍率选择”旋钮	仿真操作(光标移至此旋钮上后，通过单击鼠标的左键或右键来调节主轴旋转速度倍率)
	“进给倍率选择”旋钮	调节运行时的进给速度倍率
	“急停”按钮	按下急停按钮，可使机床移动立即停止，并且所有的输出(如主轴的转动等)都会关闭

（续）

按钮	名称	功 能 说 明
	“手轮显示”按钮（仿真软件用）	按下此按钮，则可以显示出手轮
	手轮面板	仿真操作（点击H按钮，将显示手轮面板，再次点击该按钮手轮面板将被隐藏）
	“手轮轴选择”旋钮	仿真操作（手轮控制模式下，将光标移至此旋钮上后，通过单击鼠标的左键或右键来选择进给轴）
	“手轮进给倍率选择”旋钮	仿真操作（手轮控制模式下，将光标移至此旋钮上后，通过单击鼠标的左键或右键来调节点动/手轮步长。X1、X10、X100 分别代表移动量为 0.001mm、0.01mm、0.1mm）
	手轮	仿真操作（将光标移至此旋钮上后，通过单击鼠标的左键或右键来转动手轮）

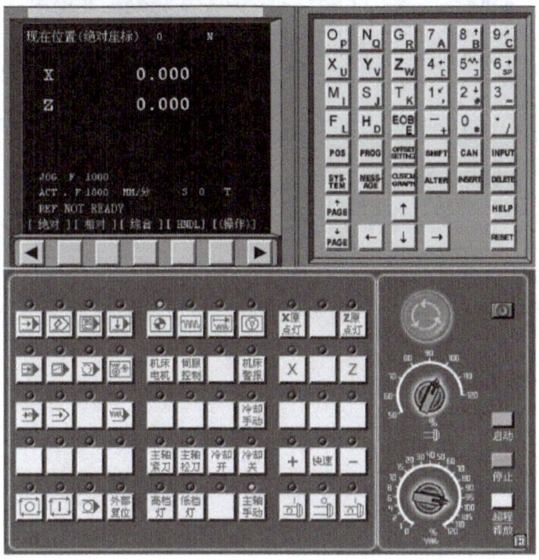

图 1-13　FANUC 0i 数控车床标准面板

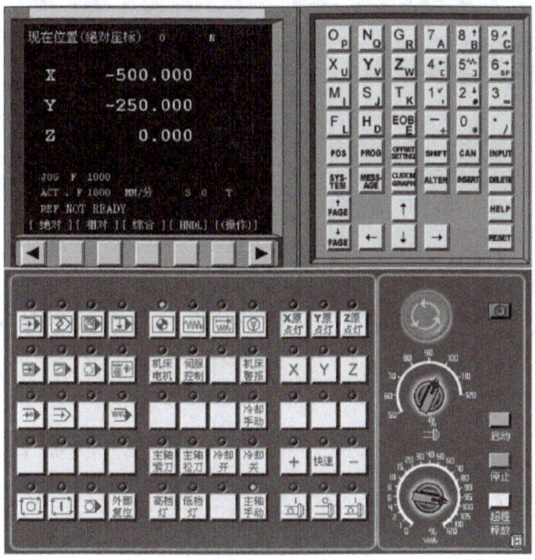

图 1-14　FANUC 0i 数控铣床标准面板

2. 开机与机床回原点

（1）开机　点击“启动”按钮，此时机床电动机和伺服控制的指示灯变亮。检查“急停”按钮是否松开至状态，若未松开，点击“急停”按钮，将其松开，机床则开机。关机时动作顺序相反，先按下“急停”按钮，再点击红色“停止”按钮。

（2）机床回原点　检查操作面板上回原点指示灯是否亮，若指示灯亮，则已进入回原点模式；若指示灯不亮，则点击“回原点”按钮，转入回原点模式。

1）数控车床回原点：在回原点模式下，先将 X 轴回原点，点击操作面板上的“X 轴选择”按钮 X，使 X 轴方向移动指示灯 X 变亮，点击“正向移动”按钮 +，此时 X 轴将回原点，X 轴回原点灯变亮，显示器界面上的 X 坐标变为“600.00”。同样，再点击“Z 轴选择”按钮 Z，使指示灯变亮，点击 +，Z 轴将回原点，Z 轴回原点灯变亮，即显示为 X原点灯 Z原点灯。此时显示器界面如图 1-15 所示。数控车床回原点回的不是机床零点，而是参考点，

因此 X、Z 坐标显示的不是零，而是参考点坐标。

2）数控铣床回原点：在回原点模式下，先将 Z 轴回原点，点击操作面板上的“Z 轴选择”按钮Z，使 Z 轴方向移动指示灯变亮，点击+，此时 Z 轴将回原点，Z 轴回原点灯变亮。同样将 X、Y 轴回原点，X、Y 轴回原点灯都变亮。此时显示器界面如图 1-16 所示。数控铣床回原点回的一般是机床零点，因此 X、Y、Z 坐标显示的是零。

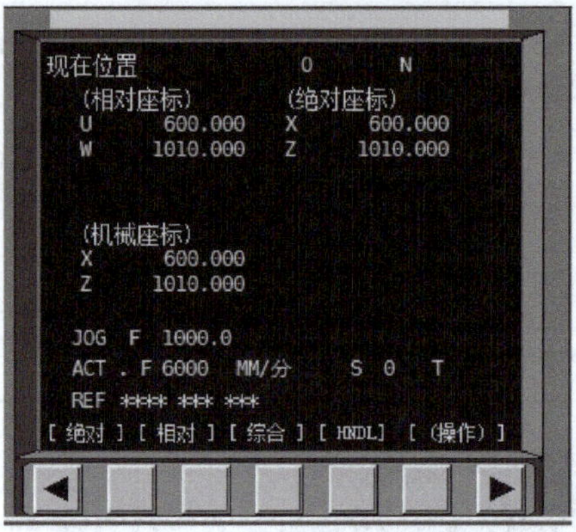

图 1-15 数控车床回原点后的界面

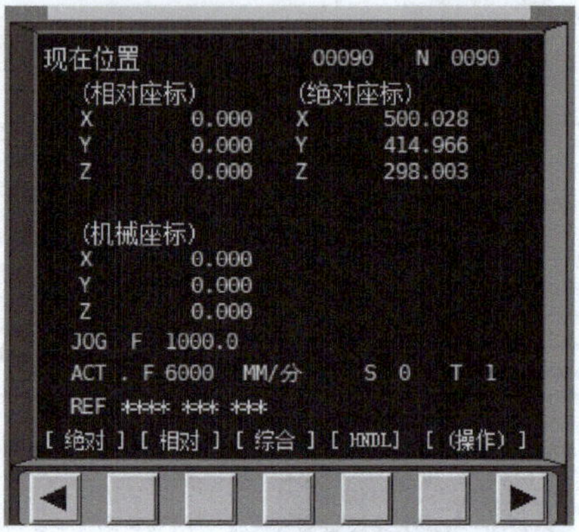

图 1-16 数控铣床回原点后的界面

3. 手动操作

（1）手动/连续方式

1）点击操作面板上的“手动”按钮，使其指示灯亮，机床进入手动模式。

2）分别点击按钮X、Y、Z，选择移动的坐标轴。

3）分别点击按钮+、-，控制机床的移动方向。

4）点击按钮控制主轴的转动和停止。

注意：刀具切削零件时，主轴需转动。加工过程中刀具与零件发生非正常碰撞后（非正常碰撞包括车刀的刀柄与零件发生碰撞、铣刀与夹具发生碰撞等），系统弹出警告对话框，同时主轴自动停止转动，调整到适当位置，继续加工时需再次点击按钮，使主轴重新转动。

（2）手动脉冲方式　在采用手动/连续方式或在对刀，需精确调节机床时，可用手动脉冲方式调节机床。

1）点击操作面板上的“手动脉冲”按钮或，使指示灯变亮。

2）在仿真软件中单击按钮，显示手轮。

3）将光标对准“手轮轴选择”旋钮，单击鼠标左键或右键，选择坐标轴。

4）将光标对准“手轮进给倍率选择”旋钮，单击鼠标左键或右键，选择合适的脉冲当量。

5）将光标对准手轮，单击鼠标左键或右键，精确控制机床的移动。

6）点击按钮控制主轴的转动和停止。

7）在仿真软件中点击按钮H，可隐藏手轮。

任务实施

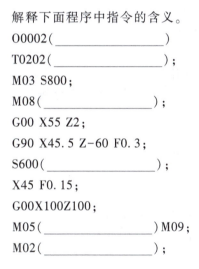

```
O0001→程序名
N10 T0101;          ⎫
N20 M03 S300;       ⎪
N30 M08;            ⎬程序内容
N40 G00 X55 Z2;     ⎪
……                  ⎭
N200 M30;——→        程序结束
```

数控机床开关机介绍视频 1-4

技能强化

解释下面程序中指令的含义。

O0002(________________)

T0202(________________);

M03 S800;

M08(________________);

G00 X55 Z2;

G90 X45.5 Z-60 F0.3;

S600(________________);

X45 F0.15;

G00X100Z100;

M05(________________)M09;

M02(________________);

数控机床面板介绍视频 1-5

模块2 CHAPTER 2 数控车床编程与操作

内容提纲

*1）数控车床的基本操作与外圆车刀、切槽车刀、螺纹车刀等刀具的对刀。
*2）轴类零件加工工艺方案的制订与切削用量的选用。
*3）G00/G01/G02/G03 指令在数控车床中的格式与用法。
4）*G90/G94 单一循环指令的格式与用法。
5）G41/G42 /G40 刀尖圆弧半径补偿指令的格式与用法。
6）*G71/G72/G73/*G70 复合循环指令的格式、各参数的含义及走刀路线。
7）G04/G75 指令的含义和编程格式。
8）G32/ *G92/G76 螺纹加工指令的格式与用法。
9）CAXA 软件数车自动编程的流程及工艺参数的设定。

任务 2.1 数控车床的对刀操作

任务导入

图 2-1 所示为 ϕ50mm×100mm 的棒料毛坯，要求对其进行装夹定位，并进行数控车床的对刀操作。

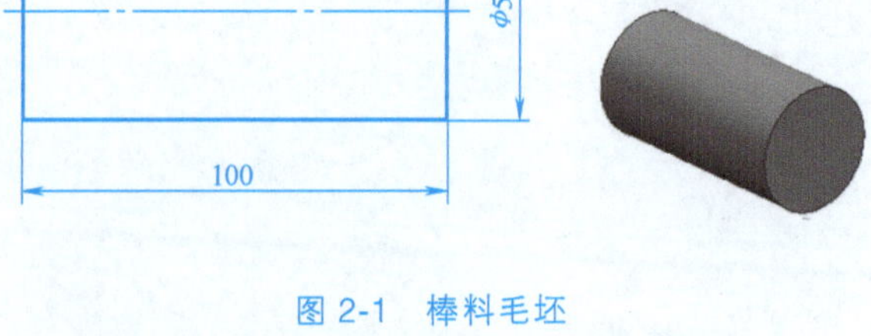

图 2-1 棒料毛坯

学习目标

知识目标

1）掌握数控车床的机床坐标系和工件坐标系。

2）了解数控车床常用刀具及刀位点。

3）掌握数控车床对刀指令与对刀方法。

技能目标

1）熟悉数控车床的基本操作。

2）能对棒料进行数控车削对刀。

3）能对数控机床的报警进行简单诊断。

知识准备

一、数控车床的坐标系

数控机床开机回参考点后，建立了数控机床坐标系，刀具可以在机床坐标系中运动，而为方便编程，需建立工件坐标系，使刀具在工件坐标系中运动。工件装夹到车床上之后，通过对刀操作测出工件坐标系原点在机床坐标系中的位置，并将其值输入到机床相应的存储器中，即可实现刀具在工件坐标系中运动的目标。

1. 机床坐标系

为了确定机床的运动方向和运动距离，要在机床上建立一个坐标系，这个坐标系就称为机床坐标系。

（1）刀具相对于静止的工件运动的原则　在机床上始终认为工件静止，而刀具运动。编程人员可以在不考虑机床上工件与刀具具体运动的情况下，依据零件图样，确定机床的加工过程。

（2）机床坐标系的规定　为了确定机床上的成形运动和辅助运动，应先确定机床上运动的方向和运动的距离，因此必须设定一个机床坐标系。

1）标准机床坐标系中 X、Y、Z 坐标轴的关系与笛卡儿坐标系相同。

如图 2-2 所示，X、Y、Z 轴组成笛卡儿坐标系，围绕 X、Y、Z 坐标轴旋转的旋转坐标轴由 A、B、C 表示。

2）运动方向的确定（机床坐标轴的确定）。

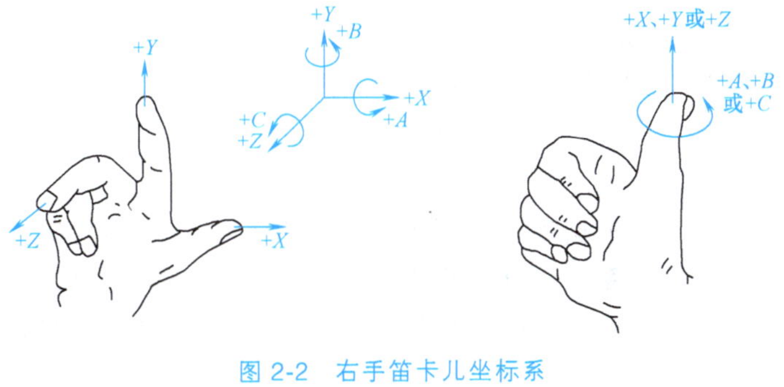

图 2-2　右手笛卡儿坐标系

数控机床某一部件运动的正方向规定为增大刀具与工件之间距离的方向，即刀具离开工件的方向便是机床某一运动的正方向。

① *Z* 轴的确定。*Z* 轴由传递切削力的主轴所决定，与主轴轴线平行的标准坐标轴即为 *Z* 轴。*Z* 轴的正方向是增加刀具与工件之间距离的方向。

② *X* 轴的确定。*X* 轴一般是水平的，它平行于工件的主装夹面，是刀具或工件运动的主要参考坐标轴。

若 *Z* 轴是水平的，从主轴向工件看，*X* 轴正向指向右边；若 *Z* 轴是垂直的，从主轴向立柱看，*X* 轴正向指向右边。

③ *Y* 轴的确定。根据 *X*、*Z* 轴的正方向，按照右手笛卡儿坐标系来确定 *Y* 轴的正方向。

④ 旋转运动坐标轴。*A*、*B*、*C* 轴相应地表示其轴线平行于 *X*、*Y*、*Z* 轴的旋转运动坐标轴。按照右手螺旋法，与 *X* 轴正方向一致取 “+*A*”，与 *X* 轴负方向一致取 “−*A*”。

（3）数控机床的坐标系　图 2-3 所示为数控车床的坐标系；图 2-4 所示为数控铣床的坐标系。

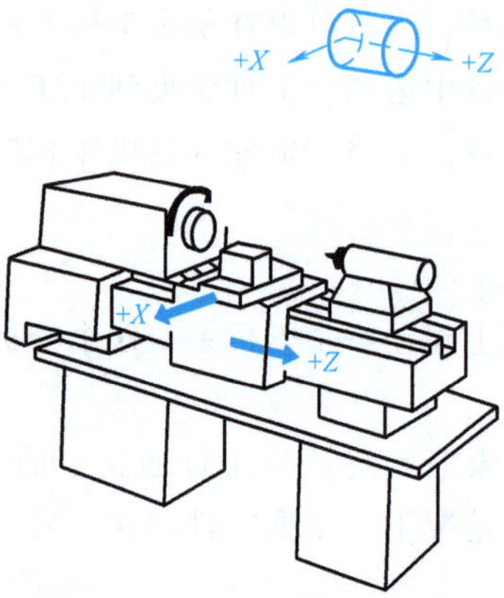

图 2-3　数控车床坐标系

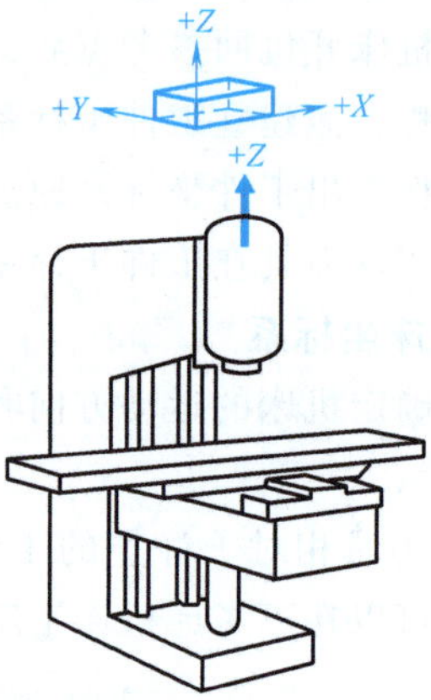

图 2-4　数控铣床坐标系

（4）机床参考点　机床参考点是由机床限位行程开关和基准脉冲来确定的，它与机床坐标系原点有着准确的位置关系。数控机床坐标系原点也称为机械原点，是一个固定点，其位置由制造厂家来确定。数控车床坐标系原点一般位于卡盘端面与主轴轴线的交点上（个别数控车床坐标系原点位于正极限位置上）。数控车床的参考点一般位于行程的正向的极限点上，如图 2-5 所示。数控机床通常通过返回参考点的操作来找到机械原点。所以每次机床上电后，加工前首先要进行返回参考点的操作。

数控车床刀架布置有两种形式：前置刀架位于 *Z* 轴的前面，使用四工位电动刀架；后置刀架位于 *Z* 轴的后面，通常使用多工位塔式刀架。

2. 工件坐标系

工件坐标系是编程人员根据零件图形形状特点和尺寸标注的情况，为了方便计算出编程的坐标值而建立的坐标系。工件坐标系的坐标轴方向必须与机床坐标系的坐标轴方向彼此平行且一致。工件坐标系原点一般位于工件右端面或左端面与轴线的交点上，如图 2-6 所示。

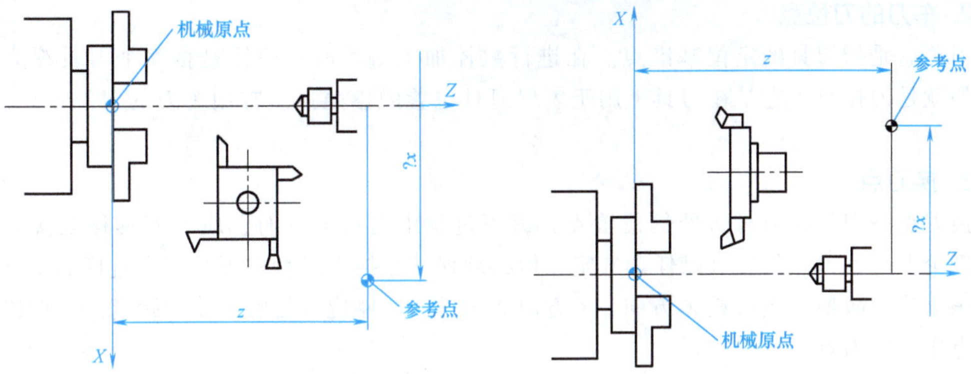

a) 刀架前置的机床参考点　　b) 刀架后置的机床参考点

图 2-5　机床参考点

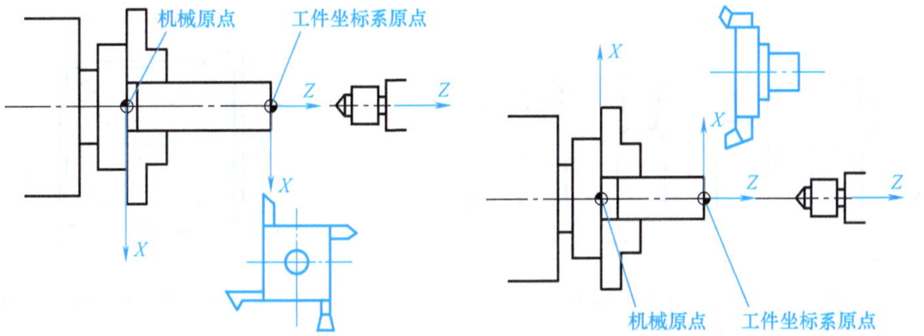

a) 刀架前置的工件坐标系　　b) 刀架后置的工件坐标系

图 2-6　工件坐标系

二、数控车刀类型及刀位点

1. 数控车刀类型

数控车削加工中，根据车刀用途的不同，可将车刀分为外圆车刀、内圆车刀、端面车刀、切槽车刀、螺纹车刀、切断刀、孔加工刀具等，如图 2-7 所示。

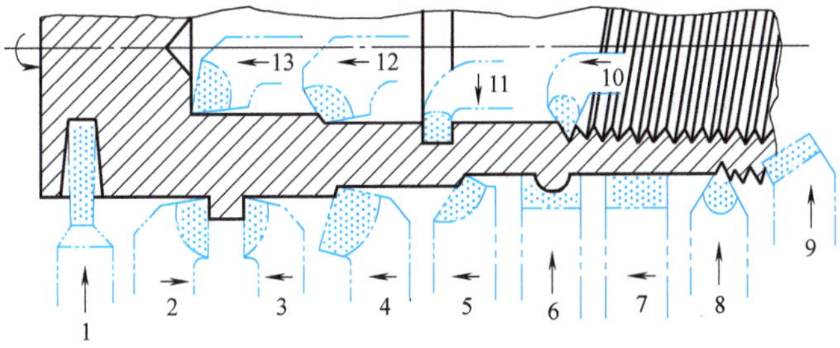

图 2-7　常用车刀类型

1—切断刀　2—90°左偏刀　3—90°右偏刀　4—弯头车刀　5—直头车刀　6—成形车刀　7—宽刃精车刀　8—外螺纹车刀　9—端面车刀　10—内螺纹车刀　11—内槽车刀　12—通孔车刀　13—不通孔车刀

2. 车刀的刀位点

刀位点是指刀具的定位基准点。在进行数控加工编程时，往往是将整个刀具视为一个点，那就是刀位点。它是在刀具上用于表现刀具位置的参照点。常用车刀的刀位点如图 2-8 所示。

3. 换刀点

换刀点是刀具换刀时所处的位置点，编程过程中更换刀具时，应将刀具移至换刀点位置。理论上，换刀点位置可以任意选定，但必须保证在换刀过程中刀具不会碰撞到工件、卡盘、尾座等，故换刀点位置 *Z* 方向、*X* 方向离工件、尾座应有足够的换刀距离。一般以机床参考点作为换刀点。

4. 刀具号及刀具补偿号

FANUC 系统的刀具表示方法："T" 后跟四位数字，其中前两位为刀具号，后两位为刀具补偿号，如 T0101、T0303。数控车床刀架上刀具及刀具号位置如图 2-9 所示。

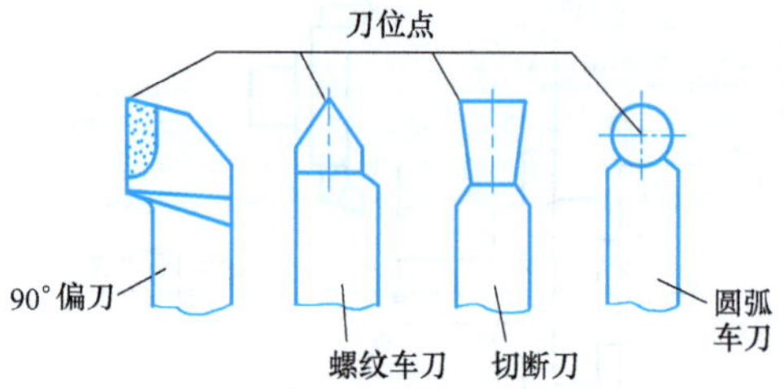

图 2-8　常用车刀的刀位点

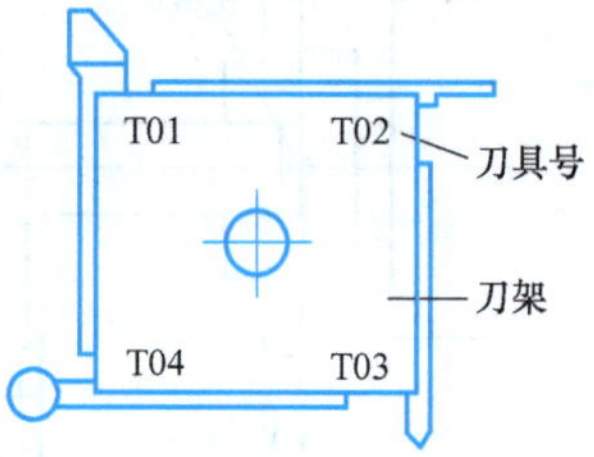

图 2-9　刀具和刀具号位置

说明： 编程过程中用到的刀具号必须与该刀具装夹在刀架上的位置号一致。

三、数控车床的对刀操作

在进行工件加工前，首先要进行对刀，对刀的目的就是建立工件坐标系，确定工件坐标系原点相对于机床坐标系的位置。对刀是数控加工中较为复杂的工艺准备工作之一。对刀的好坏将直接影响加工程序的编制及工件的尺寸精度。数控车的对刀操作常用以下两种方法。

1. 使用工件坐标系（零点偏移）指令对刀

使用工件坐标系指令对刀是通过试切法将工件坐标系原点在机床坐标系中的位置测出并输入到 G54、G55 指令中的一种对刀方法，对刀前需将刀具长度补偿及基本工件坐标系地址中的数值全部清零。以外圆车刀为例，对刀时选择工件右端面中心点为工件坐标系原点，刀尖为编程与对刀刀位点。对刀步骤如下：

（1）刀具 *Z* 方向对刀　在 MDI 模式下输入 "M03 S400" 指令，按数控 "启动" 按钮，使主轴正转。切换成手动（JOG）模式，移动刀具车削工件右端面，再按 "+X" 按钮退出刀具（刀具 *Z* 方向位置不能移动），如图 2-10 所示。然后进行面板操作，面板操作步骤见表 2-1。

（2）刀具 *X* 方向对刀　在 MDI 模式下输入 "M03 S400" 指令，按数控 "启动" 按钮，使主轴正转。换成手动（JOG）模式，移动刀具车削工件外圆（长 2～5mm），再按 "+Z" 按钮退出刀具（刀具 *X* 方向位置不能移动），如图 2-11 所示。停车测量车削段的外圆直径，然后进行面板操作，面板操作步骤见表 2-1。

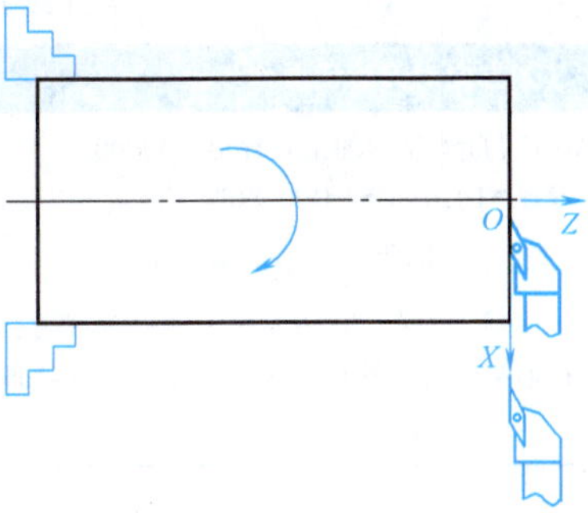

图 2-10 刀具 Z 向对刀

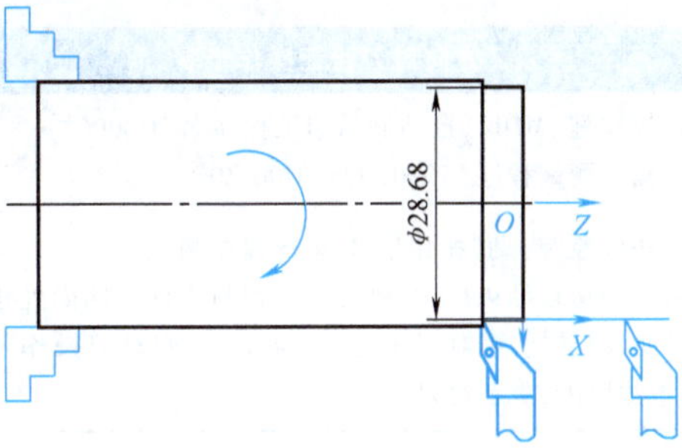

图 2-11 刀具 X 向对刀

表 2-1 FANUC 系统外圆车刀使用工件坐标系指令对刀操作步骤

Z 方向对刀面板操作步骤	X 方向对刀面板操作步骤
1)按参数键,弹出图 2-12 所示的界面 2)按软键"坐标系",弹出图 2-13 所示的界面 3)光标移至 G54 的 Z 轴数据 4)输入刀具在工件坐标系中 Z 轴坐标值,此处为"Z0",按软键"操作",再按"测量",完成 Z 方向对刀	1)按参数键,弹出图 2-12 所示的界面 2)按软键"坐标系",弹出图 2-13 所示的界面 3)光标移至 G54 的 X 轴数据 4)输入刀具在工件坐标系中 X 轴坐标值(直径),此处为"测量得的车削段外圆直径",按软键"操作",再按软键"测量",完成 X 方向对刀

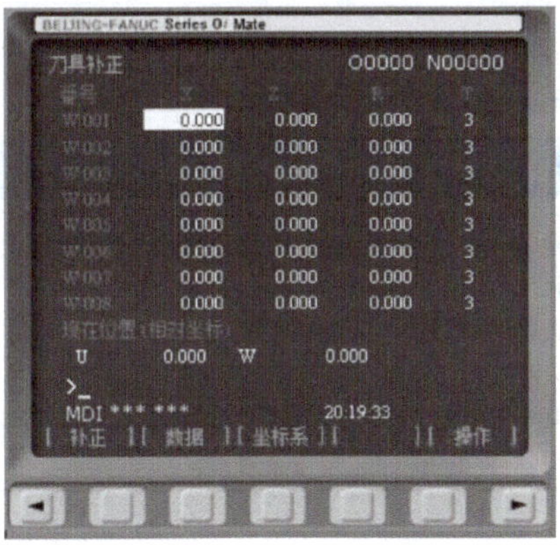

图 2-12 FANUC 系统参数界面

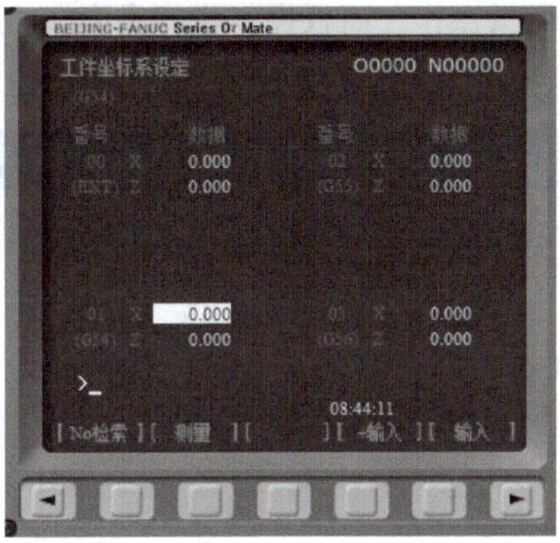

图 2-13 X、Z 轴零点偏置测量界面

(3) 对刀验证 对刀结束后,在 Z 轴方向和 X 轴方向分别验证对刀操作是否完全正确。X 轴方向验证对刀时,应使刀具沿 Z 方向离开工件;Z 轴方向验证对刀时,应使刀具沿 X 方向离开工件,防止刀具移动过程中撞到工件。FANUC 系统对刀验证步骤见表 2-2。

表 2-2 FANUC 系统外圆车刀对刀验证操作步骤

Z 方向对刀验证操作步骤	X 方向对刀验证操作步骤
1)JOG(手动)方式使刀具沿+X 方向离开工件 2)使机床运行于 MDI(手动输入)工作模式 3)按程序键	1)JOG(手动)方式使刀具沿+Z 方向离开工件 2)使机床运行于 MDI(手动输入)工作模式 3)按程序键

（续）

Z 方向对刀验证操作步骤	X 方向对刀验证操作步骤
4）按软键“MDI”，自动显示加工程序名“O0000” 5）输入测试程序“T0101 G54 G00 Z0” 6）按数控“启动”按钮，运行程序测试 7）程序运行结束后，观察刀尖是否与工件右端面处于同一平面，如果是，则对刀正确；如果不是，则对刀操作不正确，查找原因，重新对刀	4）按软键“MDI”，自动显示加工程序名“O0000” 5）输入测试程序“T0101 G54 G00 X0” 6）按数控“启动”按钮，运行程序测试 7）程序运行结束后，观察刀尖是否处于工件轴线上，如果是，则对刀正确；如果不是，则对刀操作不正确，查找原因，重新对刀

2. 使用长度补偿对刀

使用长度补偿对刀是通过试切法将工件坐标系原点在机床坐标系中的位置测出并输入到刀具长度补偿号中的一种对刀方法，对刀前将基本工件坐标系中的数值清零。以外圆车刀为例，对刀时选择工件右端面中心点为工件坐标系原点，刀尖为编程与对刀刀位点。对刀操作如下：

（1）刀具 *Z* 方向对刀　在 MDI 模式下输入“M03 S400”指令，按数控“启动”按钮，使主轴正转。切换成手动（JOG）模式，移动刀具车削工件右端面，再按“+X”按钮退出刀具（刀具 *Z* 方向位置不能移动），如图 2-10 所示。然后进行面板操作，面板操作步骤见表 2-3。

（2）刀具 *X* 方向对刀　在 MDI 模式下输入“M03 S400”指令，按数控“启动”按钮，使主轴正转。切换成手动（JOG）模式，移动刀具车削工件外圆（长 2~5mm），再按“+Z”按钮退出刀具（刀具 *X* 方向位置不能移动），如图 2-11 所示。停机测量车削外圆直径，然后进行面板操作，面板操作步骤见表 2-3。

表 2-3　FANUC 系统外圆车刀使用长度补偿对刀操作步骤

Z 向对刀面板操作步骤	X 向对刀面板操作步骤
1）按参数键 OFFSET SETTING，弹出图 2-12 所示界面 2）按软键“补正” 3）按软键“形状”，弹出图 2-14 所示界面 4）光标移至对应刀号行的 *Z* 轴数据区，输入刀具在工件坐标系中 *Z* 轴坐标值，此处为“Z0”，按软键“测量”，完成 *Z* 轴对刀	1）按参数键 OFFSET SETTING，弹出图 2-12 所示界面 2）按软键“补正” 3）按软键“形状”，弹出图 2-15 所示界面 4）光标移至对应刀号行的 *X* 轴数据区，输入刀具在工件坐标系中 *X* 轴坐标值（直径），此处为“测量得的车削段外圆直径”，按软键“测量”，完成 *X* 轴对刀

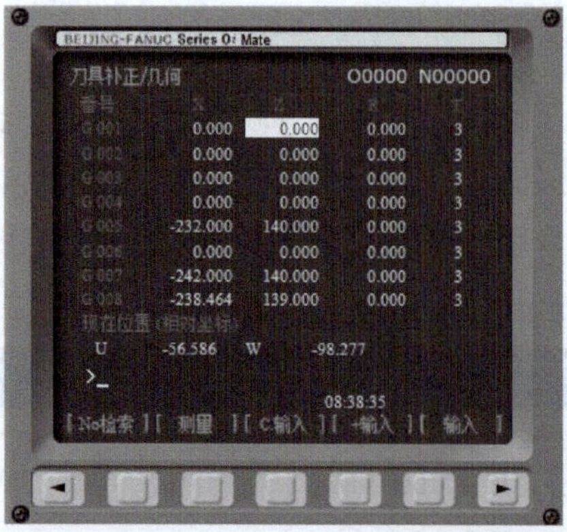

图 2-14　FANUC 系统刀具 *Z* 向补偿界面

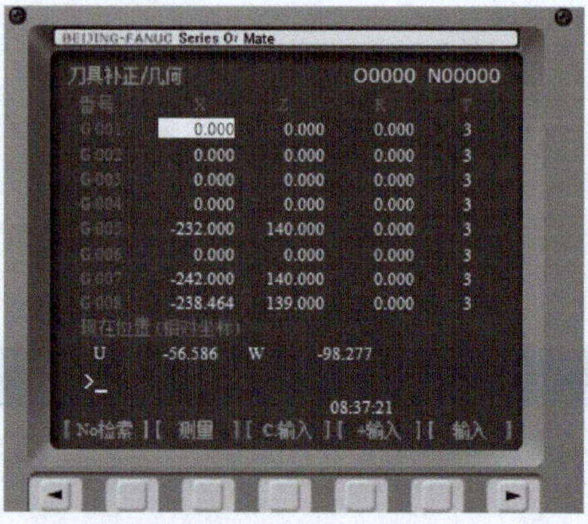

图 2-15　FANUC 系统刀具 *X* 向补偿界面

（3）对刀验证　对刀结束后同样需要分别验证 X、Z 方向对刀操作是否正确，验证步骤同表 2-2，只需将 Z 方向测试程序改为“T0101 G00 Z0”，X 方向测试程序改为“T0101 G00 X0”。

生产过程中，因数控车床所用刀具较多，选择工件坐标系指令数目有限，故采用刀具长度补偿对刀更方便。使用刀具长度补偿对刀和加工空运行时，可将 FANUC 系统 G54 的 00 组中的 Z 轴数据设置为 200~300mm，使刀具远离工件或卡盘进行空运行和仿真，保证安全。空运行和仿真结束后再将 Z 轴数据恢复到 0。

四、数控机床报警与诊断

当数控机床出现故障、操作失误或程序错误时，数控系统就会报警，显示报警界面（或报警信息），机床停止运行。数控机床报警后，应查找报警原因并加以消除后才能继续进行零件加工。

（1）FANUC 系统报警显示界面　当 FANUC 系统出现报警时，显示报警界面及报警信息，报警信息由错误代码、编号及报警原因组成。有时不显示报警界面，但在显示屏下方有报警显示，按信息功能键就会显示报警界面。

（2）报警履历　FANUC 系统可储存多达 50 个最近发生的 CNC 报警信息，并可显示在报警界面上，操作步骤如下：

1）按信息功能键显示报警界面。

2）按软键“履历”，界面上显示报警履历。报警履历内容包括报警发生的日期和时刻、报警类别、报警号、报警信息和储存报警件数等。若要删除记录的报警信息，按软键“操作”，然后按软键“DELETE”。

3）用翻页键进行翻页，查找其他报警信息。

（3）报警处理及报警界面切换　根据报警原因或查阅 FANUC 系统说明书中报警一览表，消除引起报警的故障，然后按复位键。处于报警界面时，通过消除报警或按下信息功能键可以返回到显示报警界面前所显示的界面。

数控机床常见报警类型、原因及删除方法见表 2-4。

表 2-4　数控机床常见报警类型、原因及删除方法

序号	报警类型	原因及删除方法
1	回参考点失败	原因：回参考点时，方向选择错误；回参考点的起点太靠近参考点；紧急停止按钮被按下 删除方法：释放紧急停止按钮，按复位键后重回参考点
2	X、Y、Z 方向超程	原因：手动移动各坐标轴过程中或编写程序中，刀具移动位置超出 $+X$、$+Z$、$+Y$ 或 $-X$、$-Z$、$-Y$ 极限开关 删除方法：在手动（JOG）方式下，反方向移动该坐标轴或修改程序中的 X、Y、Z 数据
3	操作模式错误	原因：在前一工作模式未结束的情况下，启用另一工作模式 删除方法：按复位键后重新启用新的工作模式
4	程序错误	原因：非法 G 代码，指令格式错误，数据错误 删除方法：修改程序
5	机床硬件故障	原因：机床限位开关松动，接触器跳闸，变频器损坏 删除方法：修理机床硬件

任务实施

一、仿真软件对刀

采用试切法将图 2-1 所示棒料毛坯的工件坐标系原点建立在工件右端面中心。仿真软件具体操作步骤如下。

1. 选择机床

打开斯沃数控仿真软件，按图 2-16 所示选取机床，机床选好后，单击“运行”按钮，进入斯沃数控仿真软件界面。

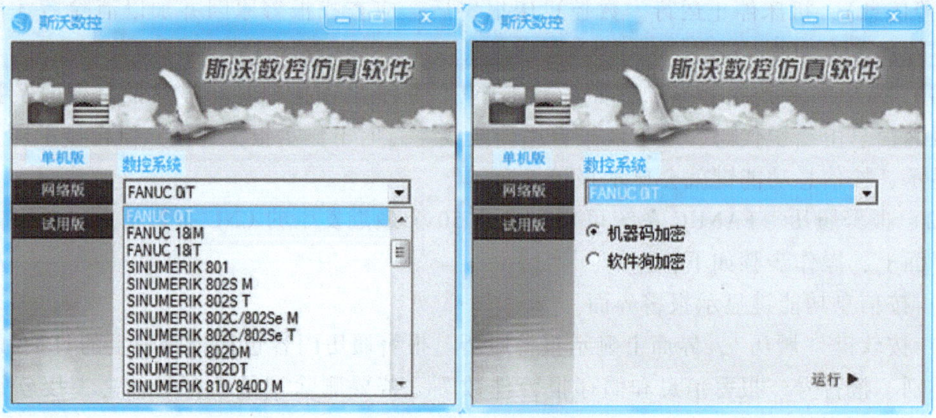

图 2-16　选择机床

2. 开机、回原点

参照任务 1.2 知识准备，将机床各轴回原点，如图 2-17 所示。

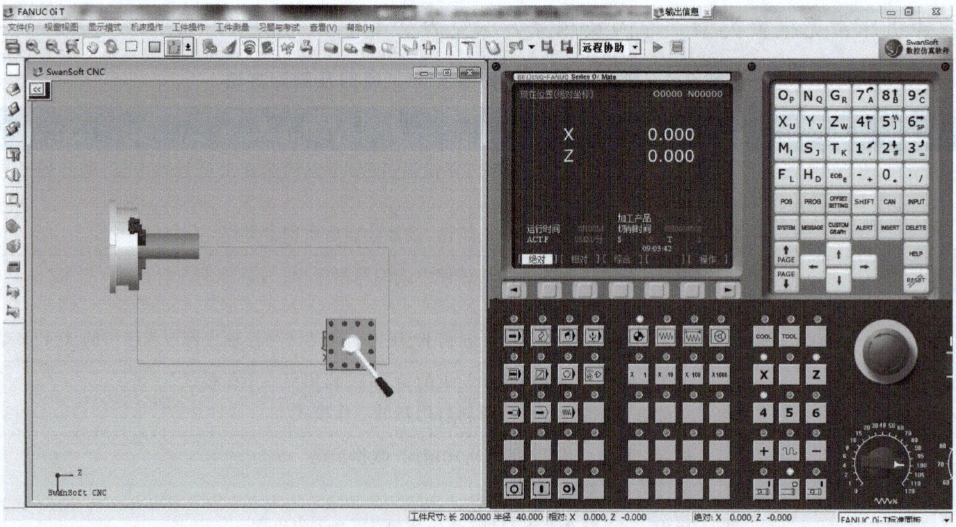

图 2-17　回原点后刀具的位置

3. 定义毛坯

单击工具条上的，按图 2-18 所示对话框设置毛坯参数。

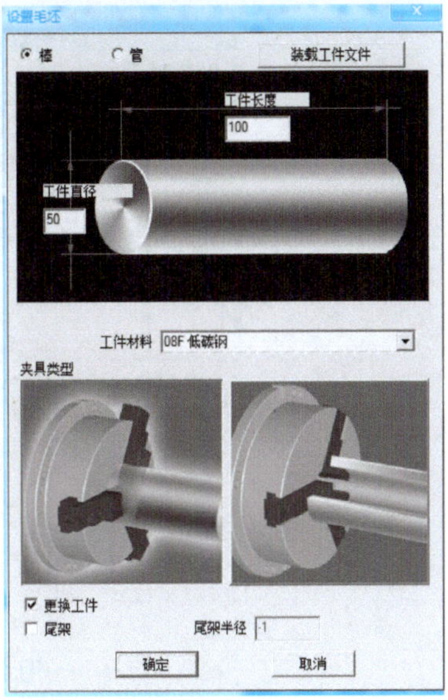

图 2-18　定义毛坯

4. 安装毛坯

安装毛坯后，可通过工件夹紧位置微调按钮、左右调整毛坯至合适位置。

5. 选择并安装刀具

单击工具条中的，系统弹出“刀具库管理”对话框，如图 2-19a 所示。选择 Tool1 外圆车刀，为防止干涉，可修改刀具参数，如图 2-19b 所示。刀具参数确定后，将其拖放到“机床刀库”指定刀号位置上，并单击“转到加工位”按钮，如图 2-19c 所示。

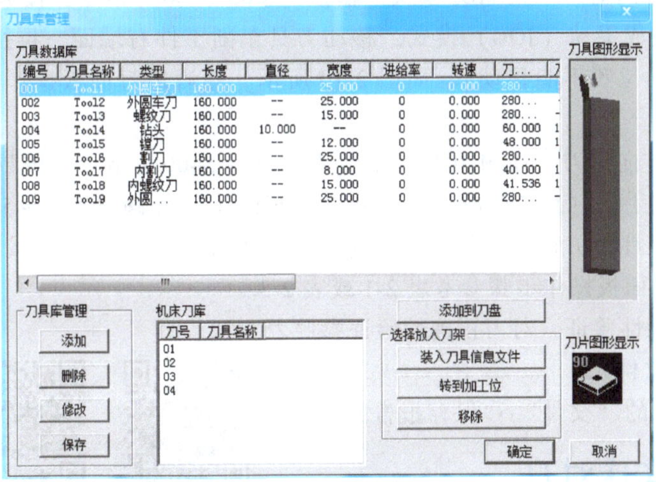

a) 刀具选择界面

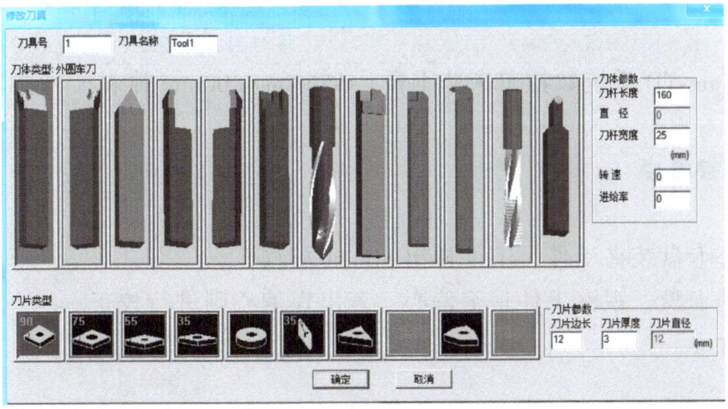

b) 修改刀具参数界面

图 2-19　选择并安装刀具

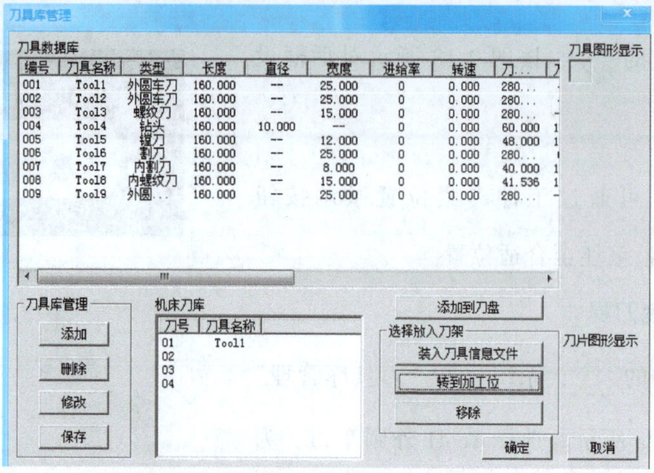

c) 将刀号位置对应刀具转到加工位

图 2-19　选择并安装刀具（续）

1~5 步操作视频 2-1

6. 对刀（试切法对刀）

（1）刀具 Z 方向对刀　在 MDI 模式下输入“M03 S400”指令，按数控“启动”按钮，使主轴正转。切换成手动（JOG）模式，移动刀具车削工件右端面，再按“+X”按钮退出刀具（刀具 Z 方向位置不能移动），如图 2-10 所示。然后进行面板操作，面板操作步骤参考表 2-1 或表 2-3。

（2）刀具 X 方向对刀　在 MDI 模式下输入“M03 S400”指令，按数控“启动”按钮，使主轴正转。换成手动（JOG）模式，移动刀具车削工件外圆（长 2~5mm），再按“+Z”按钮退出刀具（刀具 X 方向位置不能移动），如图 2-11 所示。停车测量车削外圆直径，然后进行面板操作，面板操作步骤参考表 2-1 或表 2-3。

（3）对刀正确性验证　对刀正确性验证参照表 2-2。

7. 保存报告文件

单击主菜单中的“文件”→“保存报告文件”。

工件坐标系零点偏移对刀视频 2-2　长度补偿对刀视频 2-3　斯沃专用快速定位对刀视频 2-4

二、数控车床对刀

1. 实施条件

FANUC 0i Mate-TD 系统数控车床若干台、ϕ50mm×200mm 棒料、外圆车刀、游标卡尺、卡盘扳手等。

2. 开机并回参考点

3. 装夹工件

1）用自定心卡盘装夹工件，工件伸出 80mm 左右。

2）手动转动卡盘，观察工件是否偏心，若出现偏心则进行校正。

3）夹紧工件。

4. 装夹车刀

1）在 MDI 方式下输入“T0101”，按数控“启动”按钮，选择 1 号刀位。

2）将外圆车刀装夹在刀架 1 号刀位，伸出 25mm 左右。

3）调整车刀刀尖高度，使刀尖与工件轴线等高，刀杆垂直于工件轴线。

4）夹紧刀具。

5. 对刀

1）起动主轴。采用 JOG（手动）方式使刀具快速接近工件，切换到 MDI 操作模式 →按程序键 →翻页到“程序段值”界面→输入“M03 S400”→按“循环启动”按钮。

2）在手轮模式下试切工件外圆，保持 X 方向不变，刀具沿 Z 向退刀。主轴停转，使用测量工具测量试切后外圆直径，并输入到刀补表中对应刀具序号中，点击“测量”键。

3）在手轮模式下试切工件右端面，保持 Z 向不变，刀具沿 X 向退刀。在刀补表中对应刀具序号中输入 Z0。点击“测量”键。

4）对刀结束，使用时在程序中直接调用“T0101”即可。

6. 对刀验证

1）刀具退离工件表面，保证验证对刀时不发生碰撞。

2）在 MDI 模式下输入验证程序“M03 S500 T0101；G01 Z0 F0.2”，按数控“启动”按钮。程序运行结束后，按“RESET”复位键停机，验证 Z 向对刀是否正确。

3）在 MDI 模式下输入验证程序“M03 S500 T0101；G01 X0 F0.2”，按数控“启动”按钮。程序运行结束后，按“RESET”复位键停机，验证 X 向对刀是否正确。

数控车床一把刀对刀视频 2-5

问题归纳

1）开机忘记回原点，可能会引起对刀不生效、程序不运行等，因此开机切记回原点操作。

2）数车回原点一般先回 X 轴，再回 Z 轴。回原点通常回的是 X、Z 轴的正极限位置（即参考点），回原点后不能再往+X 或+Z 方向移动，否则会超程。

3）FANUC 数控机床开机通电后，主轴首次旋转需要在 MDI 模式下用指令起动，直接在手动或手轮模式下点击“主轴控制”按钮，主轴旋转不会生效。

4）使用长度补偿对刀，数值在“补正”→“形状”中测量，切勿在“补正”→“磨耗”中测量。

5）对刀验证切勿使用“G00 X0 Z0”，否则会导致直接撞刀。

技能强化

如图 2-20 所示，将工件坐标系原点设置在工件右端面中心点处，请完成装夹与对刀操作。

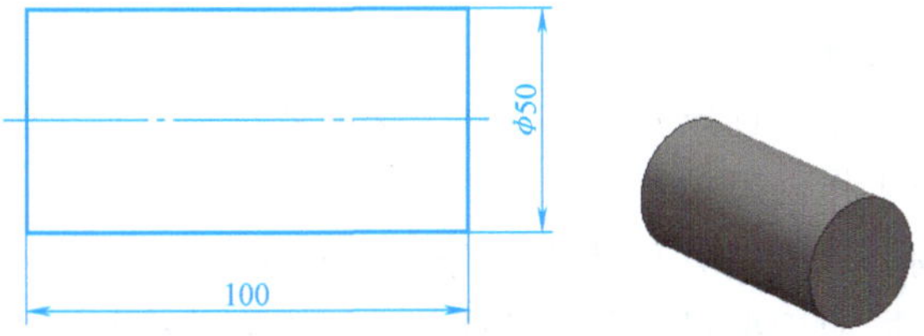

图 2-20　数控车床对刀

任务 2.2 圆柱轴的编程与加工

任务导入

图 2-21 所示为圆柱轴零件图，毛坯为 ϕ50mm×100mm 的棒料，材料为 45 钢，完成 ϕ45mm 外圆的加工。

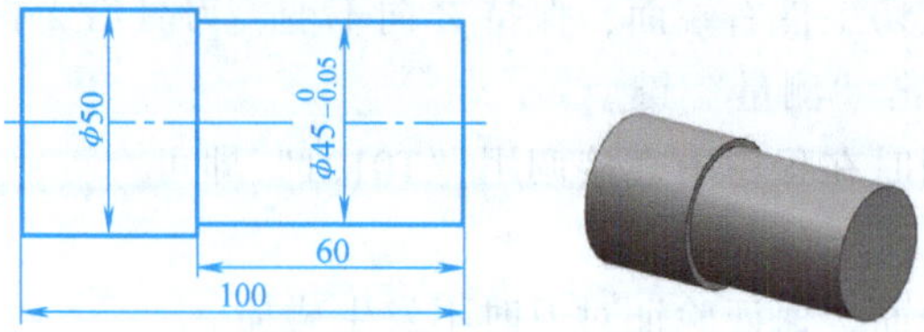

图 2-21 圆柱轴零件图

学习目标

知识目标

1）了解数控车床编程的特点与基本方法。

2）掌握 G00/G01 等指令的格式与用法。

技能目标

1）具有简单轴类零件工艺分析与编程能力。

2）能够使用仿真软件和数控车床加工简单轴类零件。

知识准备

一、数控车削加工工艺分析

数控工艺设计是零件数控加工过程中的首要工作，工艺设计的合理性直接影响到数控程序编制的难易程度，以及零件的加工质量和生产效率，对生产任务的完成起着关键性的作用。

数控车削加工工艺主要包括数控加工零件图的工艺性分析、零件的装夹、数控车削加工顺序的安排、进给路线的确定、数控车削刀具及其选择、切削用量的选择等。

1. 零件图的工艺性分析

零件图是编制加工程序、选择刀具及工件装夹的依据。制订车削工艺前必须对零件图进行认真的分析，其主要工作内容如下：

（1）零件图尺寸标注及轮廓几何要素的分析　零件图上尺寸标注最好以同一基准引注或直接给出坐标尺寸，既便于编程又利于设计基准、工艺基准与工件坐标系原点的统一。在编制程序时，必须认真分析构成零件轮廓的几何要素及其关系。手工编程时，需要计算所有基点和节点的坐标；自动编程时，需要对构成零件轮廓的几何要素进行定义。因此，在分析零件图时，要分析给定的几何元素的条件是否充分。

（2）尺寸公差和表面粗糙度的分析　分析零件图样的尺寸公差和表面粗糙度要求，是选择机床、刀具、切削用量及确定零件尺寸精度的控制方法的重要依据。在数控车削加工中，常对零件要求的尺寸取上极限尺寸和下极限尺寸的平均值作为编程的尺寸依据。对表面粗糙度值要求较小的表面，应采用恒线速度切削。此外，还要考虑工序中的数控车削加工精度能否达到图样要求，若达不到要求，应给后道工序留有足够的加工余量。

（3）几何公差及技术要求的分析　零件图上给定的几何公差是保证零件精度的重要要求。在工艺分析过程中，应按图样的几何公差要求确定零件的定位基准和加工工艺，以满足公差要求。在数控车削加工中，零件圆度误差主要与主轴的回转精度有关；圆柱度误差与主轴轴线与纵向导轨的平行度有关；同轴度误差与零件的装夹有关。车床机械精度必须能够达到图样给定的几何公差要求，当机床精度达不到要求时，需在工艺准备中考虑进行技术性处理的相关方案，以便有效地控制其形状和位置误差。

2. 零件的装夹

正确安装的目的就是使零件在整个切削过程中始终保持正确的位置，零件安装的质量和速度，直接影响到零件的加工质量和效率。数控车床常用装夹方法见表 2-5。

表 2-5　数控车床常用装夹方法

序号	装夹方法	图　例	特　点	适用范围
1	自定心卡盘	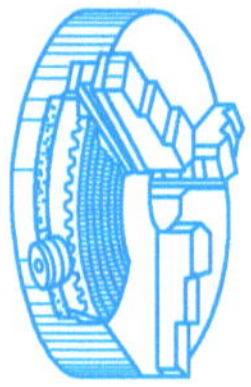	装夹速度快，夹紧力小，一般不需要找正	适合于装夹中、小型圆柱轴
2	单动卡盘		需要找正，夹紧力大，装夹精度高	适合于不规则的零件、大型零件
3	两顶尖	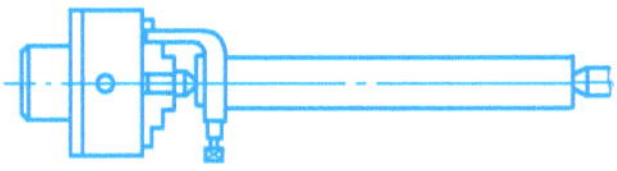	容易保证定位精度，不能承受较大的切削力，装夹不牢靠	适合于细长轴类零件

3. 数控车削加工顺序的安排

在数控车床上加工零件时，一般应按工序集中原则划分工序，即在一次安装中尽可能加工大部分或全部的零件表面。加工顺序的安排一般遵循下列原则：

1）先粗后精。在车削加工中，按照粗车→半精车→精车的顺序安排加工，逐步提高加工表面的精度和减小表面粗糙度。粗车时用较短时间切除毛坯的大部分加工余量，以提高生产率，同时，尽量满足精加工的余量均匀性要求，为精车做好准备。

2）先近后远。离起刀点近的部位先加工，离起刀点远的部位后加工。这样可以缩短刀具移动距离，减少空行程时间，提高生产率，此外，还有利于保证坯件或半成品的刚性，改善切削条件。

3）先内后外。对既要加工内表面又要加工外表面的零件，安排加工顺序时，应先进行内、外表面的粗加工，再进行内表面的精加工，然后进行外表面的精加工。

4）刀具集中。用同一把刀具连续加工完成相应各部位后，再更换另一把刀具，加工零件相应的其他部位，以减少空行程时间和换刀时间。

4. 进给路线的确定

进给路线是指刀具从起刀点开始运动，直至返回该点并结束加工程序所经过的路径，包括刀具切入、切出等非切削空行程。

（1）刀具切入、切出　在数控车床上进行加工时，尤其精车时，要妥善考虑刀具的切入、切出路线，尽量使刀具沿轮廓的切线方向切入、切出，以免因切削力突然变化而造成零件的弹性变形，致使光滑连接轮廓上产生表面划伤、形状突变或滞留刀痕等缺陷。

（2）确定最短的空行程路线　为了确定最短的空行程路线，除了要依靠大量的实践经验外，还应善于分析，必要时可辅以一些简单的计算。

（3）合理设置起刀点　图 2-22 所示为采用矩形循环方式粗车的一般情况。其中图 2-22a 中所示为将对刀点与起刀点设置在同一点，即 A 点，其走刀路线如下：

第一刀：$A \to B \to C \to D \to A$

第二刀：$A \to E \to F \to G \to A$

第三刀：$A \to H \to I \to J \to A$

图 2-22b 所示为将对刀点与起刀点分离，设置为两点，即 A 点和 B 点，其走刀路线如下：

对刀点与起刀点分离的空行程：$A \to B$

第一刀：$B \to C \to D \to E \to B$

第二刀：$B \to F \to G \to H \to B$

第三刀：$B \to I \to J \to K \to B$

显然，采用图 2-22b 所示的走刀路线，可以缩短走刀路线，提高加工效率。该方法也可用在其他循环车削（如螺纹车削）的加工中。

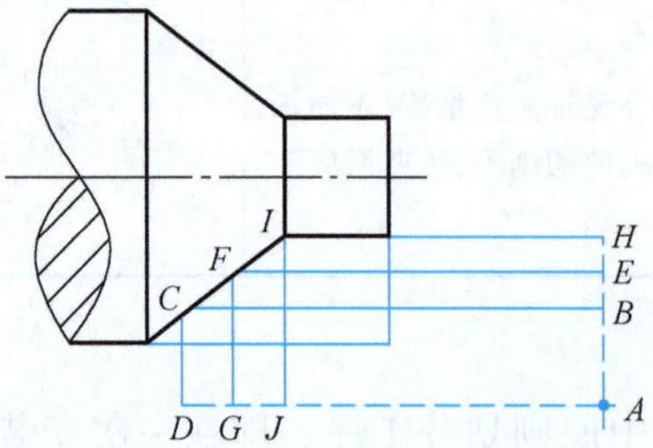

a) 对刀点与起刀点设置在同一点

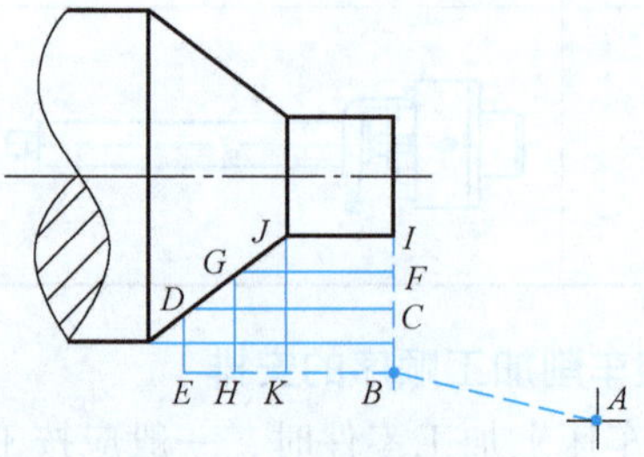

b) 将对刀点与起刀点分离

图 2-22　合理设置起刀点

(4) 合理设置换刀点　为了换刀的方便和安全，可将换刀点设置在离零件较远的位置处，但会导致换刀后空行程路线的增长。所以可以在满足换刀空间的前提下将换刀点设置在较近点，以缩短空行程距离。

(5) 确定最短的切削进给路线　在保证加工质量的前提下，使加工程序具有最短的切削进给路线，可有效地提高生产率，减少一些不必要的刀具损耗。在安排粗加工或半精加工的切削进给路线时，应同时兼顾被加工零件的刚性及加工的工艺性的要求。

图 2-23 所示为零件粗车的几种不同循环切削走刀路线的安排示意图。其中，图 2-23a 为沿轮廓走刀路线；图 2-23b 为三角形走刀路线；图 2-23c 为矩形走刀路线。这三种走刀路线中，矩形走刀路线的进给总长度最短。

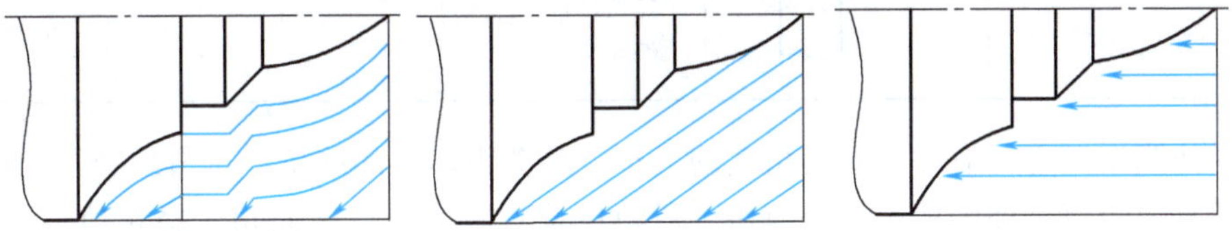

a) 沿轮廓走刀路线　b) 三角形走刀路线　c) 矩形走刀路线

图 2-23　粗车进给路线示例

5. 数控车削加工刀具及其选择

数控外圆车刀同一般车床外圆车刀，常用的有整体式、焊接式、机夹式、可转位式。为适应数控加工的特点，数控车床常用可转位车刀，并采用涂层刀片，提高加工效率。常用的外圆车刀有 45°主偏角车刀、75°主偏角车刀、90°主偏角车刀、93°主偏角车刀、95°主偏角车刀等。它们的特点和用途见表 2-6。

表 2-6　常用外圆车刀的种类及用途

序号	刀具名称	刀具图片	特点及用途
1	45°主偏角车刀	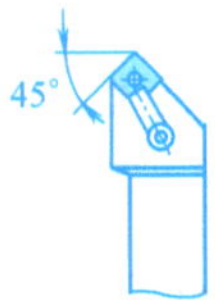	45°主偏角车刀主要用于外圆及端面的粗车削，其刀片为正方形，所以可以转位八次，经济性好
2	75°主偏角车刀	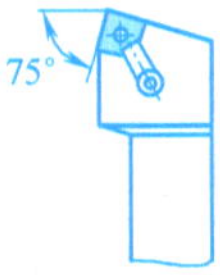	75°主偏角车刀只能用于外圆粗车削，其刀片为正方形，所以可以转位八次，经济性好
3	90°主偏角车刀	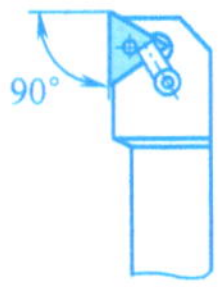	90°主偏角车刀用于外圆粗、精车削，其刀片为三角形，切削刃较长，刀片可以转位六次，经济性好

（续）

序号	刀具名称	刀具图片	特点及用途
4	93°主偏角车刀	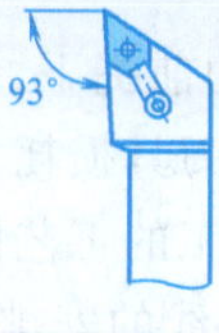	93°主偏角车刀的刀片为菱形，刀尖角为 55°，刀尖强度相对较弱，所以该车刀主要用于仿形精加工
5	95°主偏角车刀	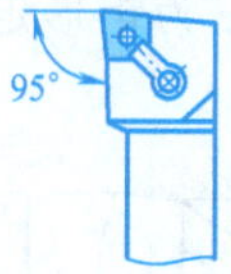	95°主偏角车刀主要用于外圆及端面的半精加工及精加工，其刀片为菱形，通用性好

选择外圆车刀时，应考虑刀具角度的大小。外圆粗车刀的前角、后角应选择较小值，刃倾角选择零或负值；外圆精车刀的前角、后角应选择较大值，刃倾角选择正值；车台阶时，车刀主偏角应大于或等于 90°，保证台阶面与零件轴线垂直。

6. 切削用量的选择

背吃刀量、进给速度和切削速度是切削用量三要素，受加工过程中切削力的影响，切削速度大小可以调节的范围较小。要增加切削稳定性，提高切削效率，就要在背吃刀量和进给速度上面做文章。具体情况可参照表 2-7。

表 2-7 数控车床加工中切削用量的选取

参数	选　取
背吃刀量 a_p/mm	粗车时，背吃刀量的选择主要与切削力大小和车削工艺系统刚度有关，若机床刚度足够，在保留精车、半精车余量的前提下，应尽可能选择较大的背吃刀量，以减少走刀次数，提高效率。一般粗加工可取 5~8mm；半精加工（Ra=1.6~6.3μm）时，可取 0.5~2mm；精加工（Ra=0.4~1.6μm）时，可取 0.2~0.5mm
进给量 f/(mm/r)	进给量是指刀具在进给方向上相对工件的位移量，其值与加工性质有密切关系。一般粗加工可取 0.3~0.8mm/r；半精加工可取 0.1~0.3mm/r；切断时可取 0.05~0.2mm/r
主轴转速 S/(r/min)	粗加工可取 600~800r/min；半精加工可取 800~1000r/min；切断时可取 400~500r/min

二、数控车床的编程特点

1. 编程坐标的选用

编程人员根据图样标注的尺寸，可以采用绝对坐标编程、相对坐标编程或混合坐标编程。绝对坐标编程是指程序段中的坐标点值均是相对于工件坐标系原点来计量的，数控车床绝对坐标编程坐标字用 X、Z 表示。相对坐标编程是指程序段中的坐标点值均是相对于刀具前一点的坐标值来计量的，数控车床相对坐标编程坐标字用 U、W 表示。根据车削类零件的尺寸特性，也可以进行混合坐标编程，即用 X、W 或 U、Z 表示。编程实例具体见下文 G00、G01 指令。

2. *X* 方向编程方式

数控车床 *X* 方向编程有直径和半径两种。直径编程是指 *X* 轴上的有关尺寸为直径值，

半径编程是指 *X* 轴上的有关尺寸为半径值。由于数控车床加工的零件多为轴类零件，而轴类零件图样上的径向标注多采用直径标注的形式，因此，为了避免尺寸换算过程中可能造成的错误，数控车床 *X* 向编程通常采用直径编程。如果特殊情况下需要采用半径编程，可以通过修改机床控制系统中的参数设定半径编程方式。

3. 基点

零件各几何要素之间的连接点称为基点，如两条直线的交点、直线与圆弧的切点等，这些点往往作为直线插补、圆弧插补的目标点，是编写数控程序的重要依据。编程时工件坐标系建立后，首先应计算出零件轮廓上各基点坐标。

4. 零件加工程序编制方法

编制一个完整的零件加工程序主要步骤如下：

1）建立工件坐标系。

2）拟订加工工艺并计算轮廓基点坐标及工艺点坐标，作为快速点定位或直线（圆弧）插补目标点。

3）给程序命名。FANUC 系统一般以“O”开头，后跟四位数字。

4）编写加工程序。程序一般包括程序名、程序内容、程序结束三部分。其中，程序开始通常要给出机床准备工作的动作指令，如主轴正转指令（M03）、转速指令（S 指令）、所用刀具指令（T 指令）、切削液开指令（M08）等。然后根据零件加工工艺路线，依次编写刀具移动过程的程序指令。最后，写入程序结束指令 M02 或 M30。

三、快速点定位指令 G00

1. 指令功能

G00 指令使刀具以点位控制方式从刀具所在的当前点位置快速移动到目标点位置，通常用于加工前的快速进刀和加工后的快速退刀，用于非切削状态。G00 指令使刀具快速移动到指定点，无运动轨迹要求，速度由系统参数设定，编程时不需要设定。

2. 指令格式

G00 X(U)__ Z(W)__;

X、*Z* 表示刀具移动到的目标点相对于工件坐标系原点的坐标值。数控车床 *X* 方向一般采取直径编程，所以 *X* 为刀具目标点的直径。

U、*W* 表示从刀具所在的当前点到刀具移动的目标点之间的差值。*U* 为 *X* 方向差值，数控车床 *X* 方向一般采用直径编程，所以 *U* 为刀具移动的 *X* 方向的直径差值，刀具从当前点移动到目标点且朝向 *X* 正方向，则 *U* 取正值，反之为负值；*W* 为 *Z* 方向差值，刀具从当前点移动到目标点是朝向 *Z* 正方向，则 *W* 取正值，反之为负值。

注意事项：

1）G00 指令的进给速度不需要编程，由机床参数指定，可以通过机床操作面板上的快速修调倍率旋钮来调整大小。

2）G00 是模态指令，具有续效功能，直到被同组代号（G01、G02 等）取代之前一直有效。

3）使用 G00 指令时，控制轴分别以各自的快进速度向目标点移动，实际路线可能为折线。因此，使用 G00 时要注意刀具是否与工件和夹具发生干涉。另外，目标点不能设置在工件表面，应与工件表面有 2~5mm 的安全距离。

3. 应用实例

如图 2-24 所示，要求刀具从 *A* 点快速进刀到 *B* 点，编写程序：

G00 X40 Z2；或 G00 U-60 W-38；或 G00 X40 W-38；

图中所示折线为 G00 可能的实际刀具路径。

四、直线插补指令 G01

1. 指令功能

G01 指令用于直线或斜线运动，可使数控车床以指定的进给速度沿 *X* 轴、*Z* 轴方向执行单轴运动，也可以在 *XOZ* 平面内执行联轴运动。

2. 指令格式

G01 X(U)__ Z(W)__ F__；

X、*Z* 和 *U*、*W* 的含义同 G00 指令；*F* 为刀具的进给速度。

注意事项：

1）G01 是模态指令，具有续效功能。

2）F 也是模态指令，通常在第一次出现 G01 时设定，后面可省略。F 指令的单位由直线进给速度或旋转进给速度指令确定，数控车床一般采用旋转进给速度形式，因此，F 指令单位一般为 mm/r。

3. 应用实例

如图 2-25 所示，刀具已经到起刀点 *A*，要求刀具由 *A* 点快速移动到 *B* 点，然后沿 *BC*、*CD* 以指令 F 中给定的速度实现直线切削，再由 *D* 点快速返回至起刀点 *A*。

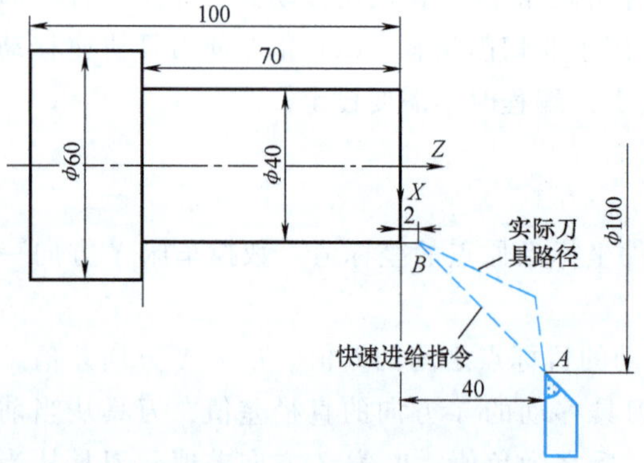

图 2-24　G00 应用实例

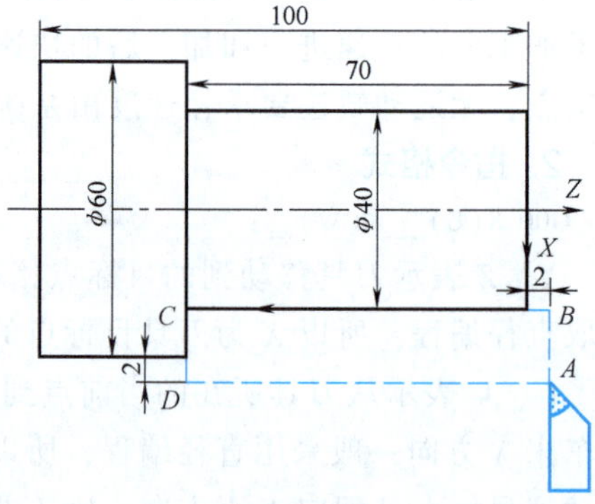

图 2-25　G01 应用实例

编写程序：

刀具快速从 *A* 点定位至 *B* 点：G00 X40 Z2；

刀具以 F 指令设定的速度从 *B* 点车至 *C* 点：G01 X40 Z-70 F0.2；或 G01 X40 W-72 F0.2；

刀具以 F 指令设定的速度从 *C* 点车至 *D* 点：G01 X64 Z-70 F0.2；或 G01 U24 Z-70 F0.2；

刀具快速从 *D* 点返回至 *A* 点：G00 X64 Z2；

五、数控程序的处理

1. 程序界面

点击操作面板上的编辑键，编辑状态指示灯变亮，点击 MDI 键盘上的 PROG，进入程序界面。

2. 程序的管理

(1) 新建一个数控程序　进入程序界面，输入某一程序名，点击 MDI 键盘上的 INSERT，将新建一个程序。

(2) 选择一个数控程序　点击菜单软键“DIR”，将列出系统中所有的程序，输入其中某一程序名，点击 MDI 键盘上的 INSERT 将显示该程序。

(3) 导入一个数控程序　提前将要导入的程序存储成 .txt 格式的文本文档（注意一个程序段成一行）。进入程序界面，点击菜单软键“操作”→“F 检索”，找到提前保存好的文本文档程序，点击“READ”，给程序命名（可以和文档程序名不同），点击“EXEC”则程序导入系统。

(4) 删除一个数控程序　进入程序界面，利用 MDI 键盘输入“Ox”（x 为要删除的数控程序在目录中显示的程序号），按 DELETE，程序即被删除。

(5) 删除全部数控程序　进入程序界面，利用 MDI 键盘输入“O-9999”，按 DELETE，全部数控程序即被删除。

3. 程序的编辑

在程序界面，可利用以下功能键对程序进行手动输入、编辑等。

(1) 移动光标　按 ↑PAGE 和 ↓PAGE 用于翻页，按方位键 ↑ ↓ ← → 移动光标。

(2) 插入字符　先将光标移到所需位置，点击 MDI 键盘上的数字/字母键，将代码输入到输入域中，按 INSERT，把输入域的内容插入到光标所在代码后面。

(3) 删除输入域中的数据　按 CAN 删除输入域中的数据。

(4) 删除字符　先将光标移到需删除字符的位置，按 DELETE，删除光标所在的代码。

(5) 替换　先将光标移到需替换字符的位置，将替换成的字符通过 MDI 键盘输入到输入域中，按 ALTER，用输入域的内容替代光标所在处的代码。

任务实施

一、工艺分析

1. 零件结构的工艺分析

1）本任务是加工一个外圆面，外圆尺寸精度要求较高，分粗、精车加工。

2）确定加工基准。因为轴向尺寸从右端面采取集中标注的方式，所以按基准统一的原则，确定零件的右端面为加工基准。

2. 确定装夹方案

采用自定心卡盘装夹 ϕ50mm 的外圆面。

3. 制订零件的加工方案

工步一：粗车 ϕ45mm 外圆，留 0.25mm 的单边精车余量。

工步二：精车 ϕ45mm 外圆到尺寸。

4. 选择刀具及切削用量

粗、精车均采用 90°外圆车刀。粗加工进给量为 0.3mm/r，主轴转速为 300r/min。精加工进给量为 0.15mm/r，主轴转速为 600r/min。粗加工一次完成，精加工一次完成。具体切削用量见表 2-8。

表 2-8 数控加工工序卡

工步号	工步内容	切削用量			刀具		量具名称	备注
		主轴转速 n/(r/min)	进给量 f/(mm/r)	背吃刀量 a_p/mm	编号	名称		
01	车削右端面	300	0.30	2	T0101	外圆车刀	游标卡尺	手动
02	粗车外轮廓,留余量 0.5mm	300	0.30	2	T0101	外圆车刀	游标卡尺	自动
03	精车外轮廓	600	0.15	0.5	T0202	外圆车刀	游标卡尺	自动

二、程序编制

用 G00、G01 指令完成粗、精车，程序如表 2-9 所示。

表 2-9 圆柱轴的数控加工程序

程　　序	程序说明
O2201	程序名
T0101;	调用 01 号刀具
M03 S300;	主轴正转,粗加工转速 300r/min
M08;	切削液开
G00 X55 Z2;	快速定位至离端面 2mm 处
X45.5;	快速定位至外圆粗车进刀点(单边余量 0.25mm)
G01 Z-60 F0.3;	刀具以 0.3mm/r 的速度,粗车 ϕ45 的外圆面
X55;	车轴肩
G00 X100 Z100;	快速退刀到换刀点(100,100)
T0202;	换 02 号刀具
S600;	精加工转速 600r/min
G00 X55 Z2;	快速定位至外圆精车进刀点
X45;	快速定位到(45,2)处
G01 Z-60 F0.15;	刀具以 0.15mm/r 的速度,精车 ϕ45 的外圆面
X55;	车轴肩
G00 X100;	X 方向快速退刀到 X100
Z100;	Z 方向快速退刀到 Z100
M09;	切削液关
M05;	主轴停转
M30;	程序结束

三、仿真加工

1. 选择机床

打开斯沃数控仿真软件，如图 2-26 所示，选择数控系统“FANUC 0iT”，单击“运行”按钮。

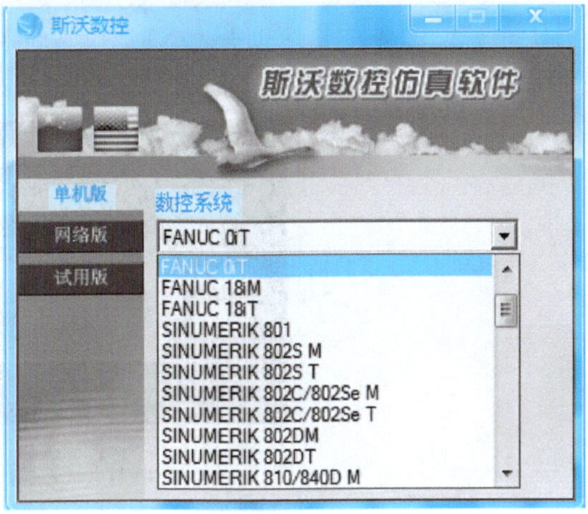

图 2-26 选择机床

2. 开机、回原点

在机床操作面板上点击“急停”按钮，将其松开。检查操作面板上回原点指示灯是否亮，若指示灯亮，则已进入回原点模式；若指示灯不亮，则点击“回原点”按钮，转入回原点模式。*X* 正方向、*Z* 正方向分别回零，回零后操作面板灯亮，此时显示器界面上 *X*、*Z* 的绝对坐标和刀具位置如图 2-27 所示。

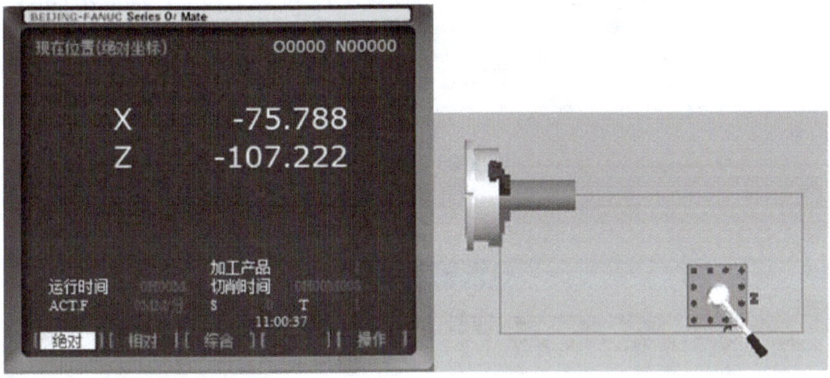

图 2-27 回原点

3. 定义毛坯并安装

在仿真软件的主菜单中选择“工件操作”→“设置毛坯”或在工具条上选择，系统打开图 2-28 所示的对话框，选择毛坯形状为“棒”，定义工件直径 50mm、长度 150mm，单击“确定”按钮，进行安装。

4. 选择并安装刀具

在仿真软件的主菜单中选择“机床操作”→“刀具管理”或者在工具条中选择，系统弹出“刀具库管理”对话框，在 01、02 号刀位上分别安装 90°外圆车刀，如图 2-29 所示。

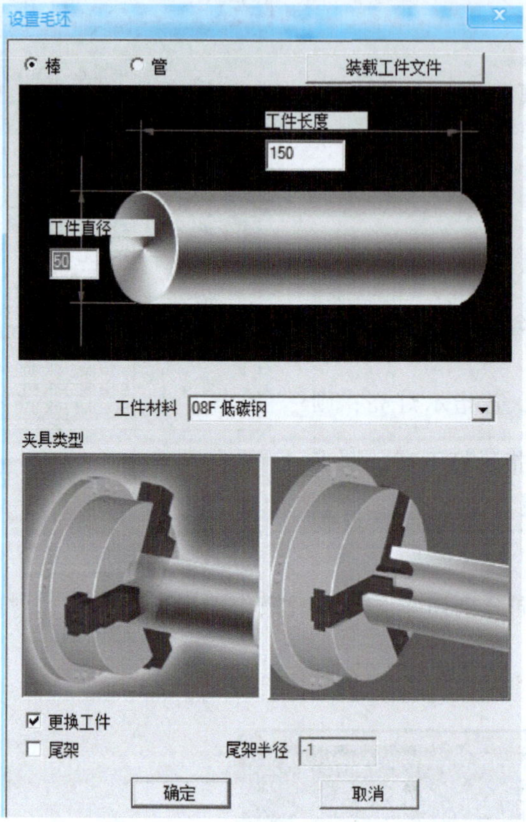

图 2-28　定义毛坯

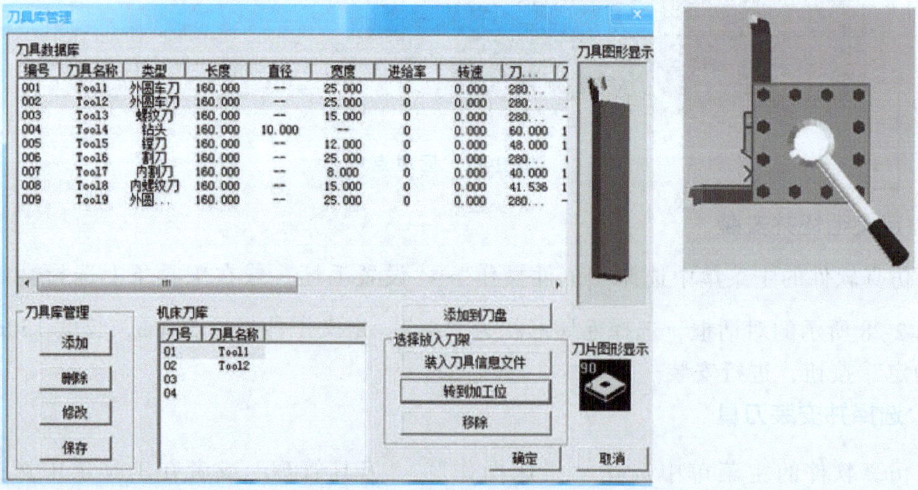

图 2-29　选择并安装刀具

5. 对刀（具体步骤见任务 2.1）

6. 输入或导入程序

（1）输入程序　点击操作面板上的“编辑”按钮，再点击 MDI 键盘上的 PROG，输入“O001”，点击 MDI 键盘上的 INSERT，进入程序编辑状态。输入一个程序段，点击 EOB，程序段结束。点击 MDI 键盘上的 INSERT，插入每个程序段，依此类推，逐段输入。

（2）导入程序　提前将要导入的程序存储成 .txt 格式的文本文档。点击操作面板上的“编辑”按钮，再点击 MDI 键盘上的 PROG，接着点击菜单软键“操作”→“F 检索”，找到提前保存好的文本文档程序，点击“READ”，给程序命名（可以和文档程序名不同），点击“EXEC”，则程序导入系统。

7. 自动加工

确认光标在程序名上，点击操作面板上的“自动运行”按钮，再点击操作面板上的“循环启动”按钮，开始加工。仿真加工结果如图 2-30 所示。

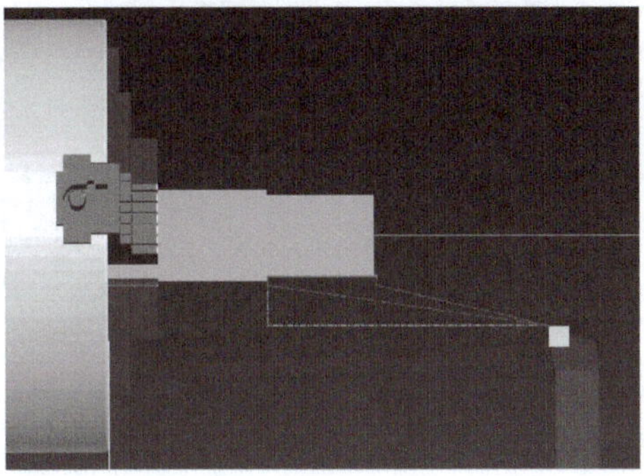

图 2-30　仿真加工结果

8. 测量零件

在仿真软件的主菜单中选择“工件测量”，单击“特征线”测量，弹出车削的剖面图，单击车削部分轮廓，测量车削后的尺寸值，测量结果如图 2-31 所示。

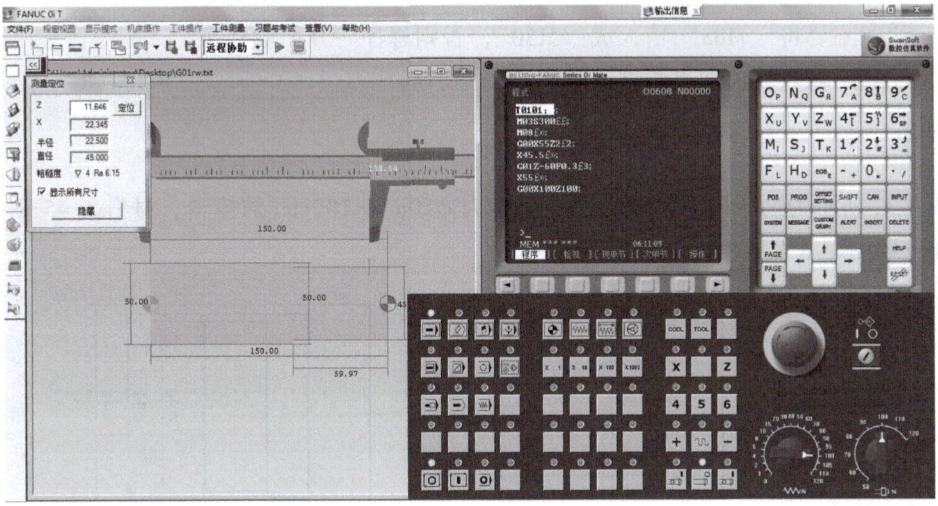

图 2-31　测量结果

圆柱轴仿真加工视频 2-6

9. 保存报告文件

在主菜单中选择“文件”→“保存报告文件”。

四、机床加工

1. 毛坯、刀具、量具及其他工具准备

1）准备 ϕ50mm×150mm 的棒料，材料为 45 钢，将毛坯正确安装到自定心卡盘上。

2）准备两把 90°外圆车刀，并正确安装至刀架上。

3）准备规格为 125mm 的游标卡尺。

4）正确摆放所需工具。

2. 程序输入与编辑

1）数控车床通电、开机。

2）回参考点。

3）输入程序。

4）程序校验。

程序的录入与编辑

视频 2-7

3. 零件加工

1）对刀。

2）自动加工。

4. 零件检测

用游标卡尺测量外圆直径与长度。

问题归纳

1）数控车床 X 方向默认采用直径方式编程，若需要采用半径编程，需先设置系统参数。

2）FANUC 系统程序名以“O”开头，不是“0”，请区分清楚。

3）注意不要将“M03”输入成“M30”，否则程序一开始就结束了。

4）注意毛坯装夹的伸出长度，装夹不当会引起撞刀。

技能强化

图 2-32 所示为两个圆柱轴零件图，毛坯为 ϕ50mm×100mm 的棒料，材料为 45 钢，完成外圆柱轮廓的编程及加工。

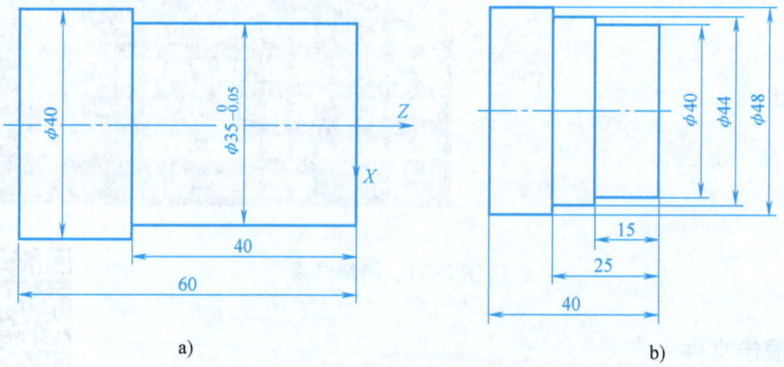

图 2-32 圆柱轴零件图

任务 2.3 圆锥轴的编程与加工

任务导入

图 2-33 所示为外圆锥轴零件图，毛坯为 ϕ50mm×100mm 的棒料，材料为 45 钢，完成外圆锥轴的编程、程序校验及数车加工。

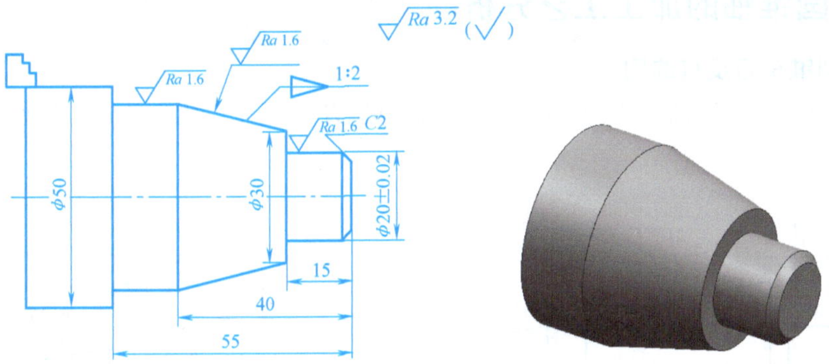

图 2-33 外圆锥轴零件图

学习目标

知识目标

1） 了解圆锥的基本参数和相关尺寸的计算方法。

2） 掌握 G90/G94 等指令的格式与用法。

技能目标

1） 掌握外圆锥轴零件加工工艺的制订方法。

2） 会编写外圆锥轴的加工程序，并能进行仿真加工和数车加工。

知识准备

内、外圆锥面配合传递转矩大，且内、外圆锥面结合后同轴度高，具有较好的定心作用，故圆锥轴在轴类零件中比较常见，如机床主轴、各种传动轴等。

一、圆锥的基本参数

圆锥有五个基本参数，分别为最大圆锥直径 D、最小圆锥直径 d、圆锥长度 L、锥度 C 和圆锥角 α，如图 2-34 所示。

1. 锥度 C

锥度是指两个垂直于圆锥轴线的截面上圆锥直径 D 和 d 之差与该两截面之间的轴向距离 L 之比，其表达式为

$$C=\frac{D-d}{L}$$

锥度一般用比例形式来表示，如 1∶2。

2. 圆锥角 α

圆锥角是指在通过圆锥轴线的截面内两条素线之间的夹角。圆锥角的一半即为圆锥半角 $\frac{\alpha}{2}$，圆锥角与锥度之间的表达式为

$$C=2\tan\frac{\alpha}{2}$$

二、圆锥轴的加工工艺分析

1. 外圆锥车刀及其选用

车倒锥时，车刀副偏角应足够大，避免副切削刃与已加工表面产生干涉现象，如图 2-35 所示。

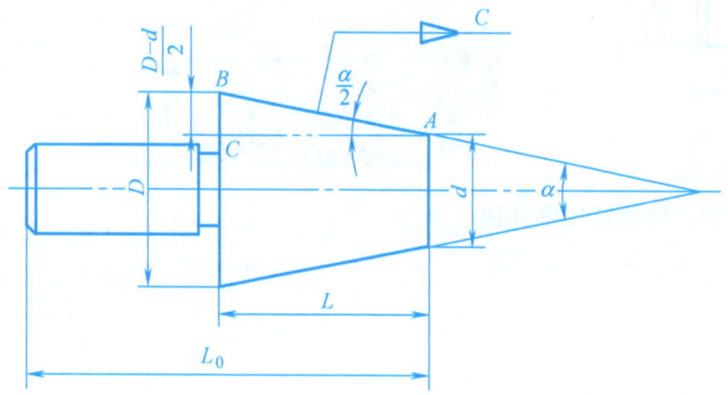

图 2-34　圆锥基本参数

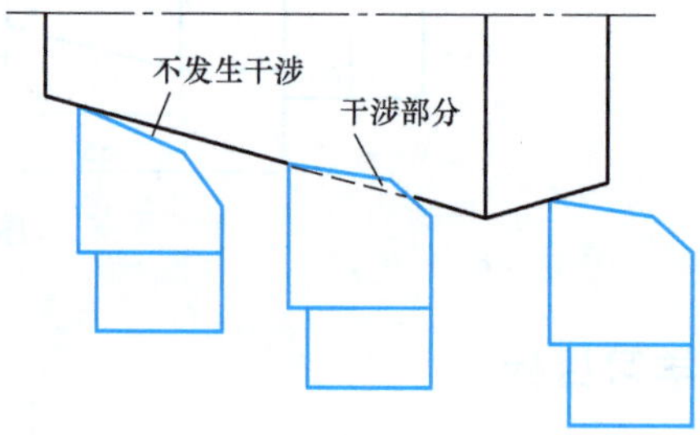

图 2-35　车圆锥面时副切削刃干涉情况

2. 车锥面的走刀路线设计

车圆锥面之前毛坯是圆柱表面，圆锥大、小端加工余量不均匀，若一刀切削，小端余量过大会使切削力过大而引发加工事故，可采用如图 2-36 所示的切削法。

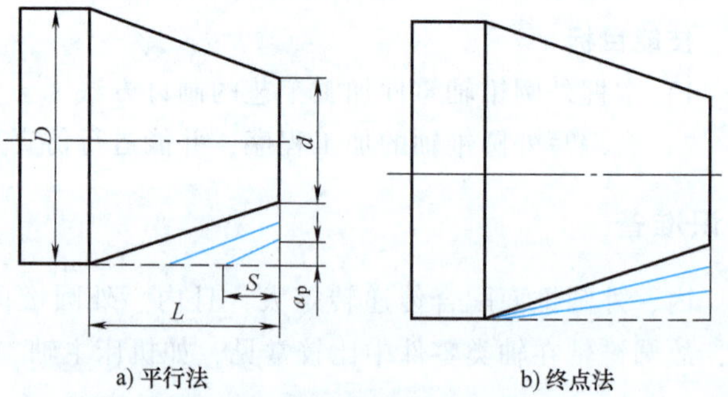

图 2-36　粗车外圆锥时的加工路线

图 2-36a 所示为采用平行法车正锥的加工路线。用平行法车正锥时，刀具每次切削的背吃刀量相等，切削运动的距离较短。采用这种加工路线时，加工效率高，但需要计算终刀距 S，利用相似三角形可得

$$\frac{D-d}{2L}=\frac{a_p}{S}, \text{即 } S=\frac{2La_p}{D-d}$$

图 2-36b 所示为采用终点法车正锥的加工路线。用终点法车正锥时，不需要计算终刀距 S，但在每次切削中，背吃刀量是变化的，而且切削运动的路线较长，容易引起工件表面粗

糙度不一致。

考虑大、小端余量不均匀会影响圆锥表面质量，故粗车圆锥表面时需沿圆锥面方向分层加工，走刀次数视小端余量及每刀的背吃刀量而定。

三、内、外径车削单一循环指令 G90

单一固定循环指令可以将一系列的加工工步连续动作用一个循环指令完成。所谓“单一”是指执行这个指令时，刀具的轨迹是一个矩形或梯形，也可以认为是切削“一层”。

凡是固定循环指令通常需设定固定循环起点，一般选择在毛坯外圆表面与端面交点附近，如离毛坯太远会增加空走刀路线，影响加工效率。

1. 指令功能

G90 指令适用于内、外圆柱面（圆锥面）上毛坯余量较大的零件或棒料，用以去除毛坯轴向上的大部分余量。

2. 指令格式

（1）车削内、外圆柱面格式

G90 X(U)__ Z(W)__ F__;

指令中，*X*、*Z* 为切削段的终点绝对坐标值；*U*、*W* 为切削段的终点相对于循环起点的增量坐标值；*F* 为进给速度。

运动轨迹如图 2-37a 所示，*A* 点为固定循环起点，刀具从 *A* 点开始沿 *X* 轴快速移动到 *B* 点，再以 F 指令的进给速度切削到 *C* 点，以切削进给速度退到 *D* 点，最后快速退回到循环起点 *A*，完成一个矩形路线切削循环。

（2）车削内、外圆锥面格式

G90 X(U)__ Z(W)__ R__ F__ ;

X、*Z*、*U*、*W*、*F* 的含义同上。

R 为圆锥面切削起点和切削终点的半径差（无论是绝对编程还是增量编程）。编程时，应注意 *R* 的符号，若锥面起点坐标值大于终点坐标值时（*X* 轴方向），*R* 为正，反之为负。即 $R<0$ 时为正锥，$R>0$ 时为倒锥。

运动轨迹如图 2-37b 所示。刀具从固定循环起点 *A* 开始，沿 *X* 轴快速移动到 *B* 点，再以 F 指令的进给速度切削到 *C* 点，以切削进给速度退到 *D* 点，最后快速退回到循环起点 *A*，完成一个梯形路线切削循环。

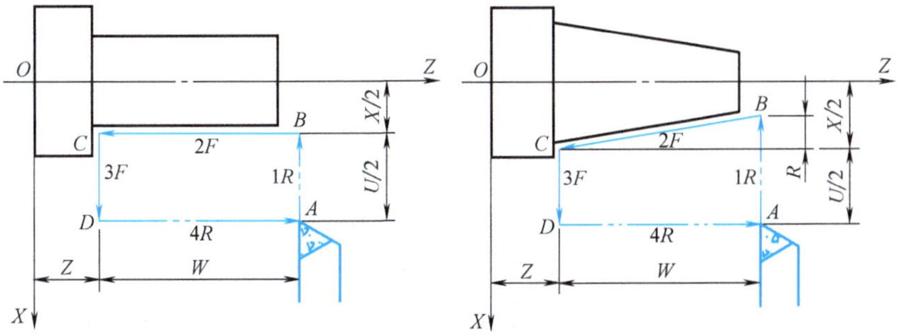

a) 圆柱面单一固定循环　　b) 圆锥面单一固定循环

图 2-37　G90 指令加工循环路径

注意事项：

1）在应用G90指令编程时，刀具必须先定位到一个循环起点，然后开始执行G90指令，且刀具每执行完一次走刀循环后总回到循环起点。对于该点，一般宜选择在离开工件或毛坯1~2 mm处。

2）圆锥的切削方法有两种：一是X、Z终点坐标尺寸位置不变，每个程序段只改变R的尺寸；二是R、Z尺寸不变，每个程序段只改变X的尺寸。

3）一般用G90指令粗加工，然后用G01指令精加工。

4）G90是模态指令，具有续效功能。

3. 应用实例

1）如图2-38所示，用G90指令车削圆柱面，分4层车削，每次车削路线均为矩形，具体编程如下：

```
G00 X64 Z2;              （刀具快速走刀到固定循环起点A）
G90 X53 Z-70 F0.2;       （刀具完成A—B1—C1—D—A第一层矩形车削路线）
X47;                     （刀具完成A—B2—C2—D—A第二层矩形车削路线）
X41;                     （刀具完成A—B3—C3—D—A第三层矩形车削路线）
X40 F0.15;               （刀具完成A—B—C—D—A第四层矩形车削路线）
```

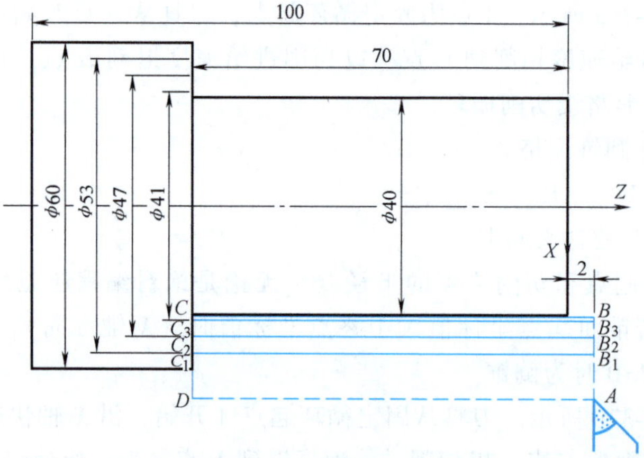

图2-38　G90车削圆柱面

编程说明：G90为模态指令，后面程序段可以省略；车削长度和速度一样时也可省略。

2）如图2-39所示，用G90指令车削圆锥面，分4层车削，每次车削路线均为梯形，具体编程如下：

```
G00 X64 Z2;              （刀具快速走刀到固定循环起点A）
G90 X54 Z-50 R-7.8 F0.2;（刀具完成A—B1—C1—D—A第一层梯形车削路线）
X50;                     （刀具完成A—B2—C2—D—A第二层梯形车削路线）
X46;                     （刀具完成A—B3—C3—D—A第三层梯形车削路线）
X45 F0.15;               （刀具完成A—B—C—D—A第四层梯形车削路线）
```

R的具体算法：如图2-39所示，根据相似三角形性质有$EF/BG=CF/CG$，即$7.5/BG=$

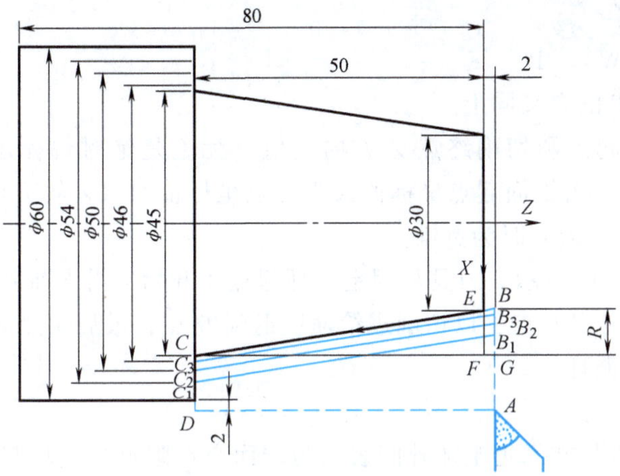

图 2-39 G90 车削圆锥面

50/52，求得 BG=7.8，BG 就是 R 段距离，又因锥面起点 X 坐标值小于终点 X 坐标值，所以 R 为-7.8。

四、端面车削单一循环指令 G94

1. 指令功能

G94 指令适用于一些长径比小的零件的垂直端面或锥形端面的加工，用以去除毛坯径向上的大部分余量。

2. 指令格式

（1）车圆柱端面格式

G94 X(U)__ Z(W)__ F__;

指令中，X、Z 为切削段的终点绝对坐标值；U、W 为切削段的终点相对于循环起点的增量坐标值；F 为进给速度。

运动轨迹如图 2-40a 所示，A 点为固定循环起点，刀具从 A 点开始沿 Z 轴快速移动到 B 点，再以 F 指令的进给速度切削到 C 点，以切削进给速度退到 D 点，最后快速退回到循环起点 A，完成一个矩形路线切削循环。

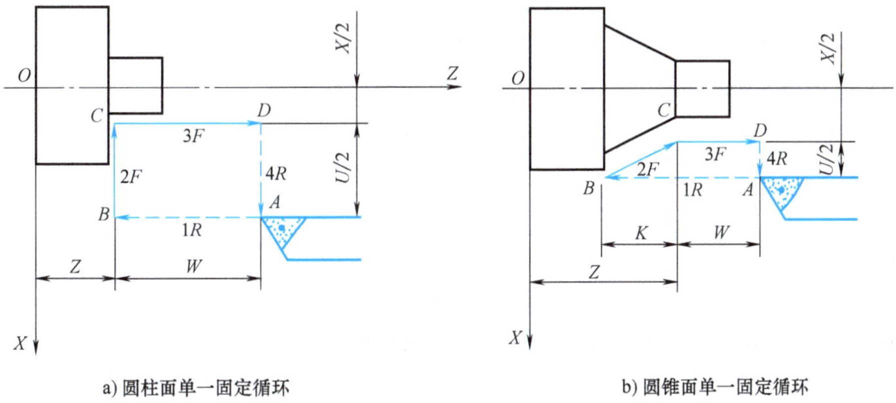

图 2-40 G94 指令加工循环路径

(2) 车锥面格式

G94 X(U)__ Z(W)__ R __ F __;

X、*Z*、*U*、*W*、*F* 的含义同上。

R 为圆锥面切削起点和切削终点 *Z* 方向差值（无论是绝对编程还是增量编程）。编程时，应注意 *R* 的符号，若锥面起点坐标值大于终点坐标值时（*Z* 轴方向），*R* 为正，反之为负。即 $R<0$ 时为正锥，$R>0$ 时为倒锥。

运动轨迹如图 2-40b 所示。刀具从固定循环起点 *A* 开始，沿 *Z* 轴快速移动到 *B* 点，再以 F 指令的进给速度切削到 *C* 点，以切削进给速度退到 *D* 点，最后快速退回到循环起点 *A*，完成一个梯形路线切削循环。

注意事项：

1）循环起点应选择在靠近毛坯外圆表面与端面交点附近。循环起点离毛坯太远会增加走刀路线，影响加工效率。

2）注意根据粗、精加工不同的加工状态改变切削用量。

3. 应用实例

根据图 2-41 所示的零件，利用端面车削单一循环指令编写加工程序。

该零件切削过程可以分为两步，先加工端面，再加工锥面。加工轨迹如图 2-42 所示。

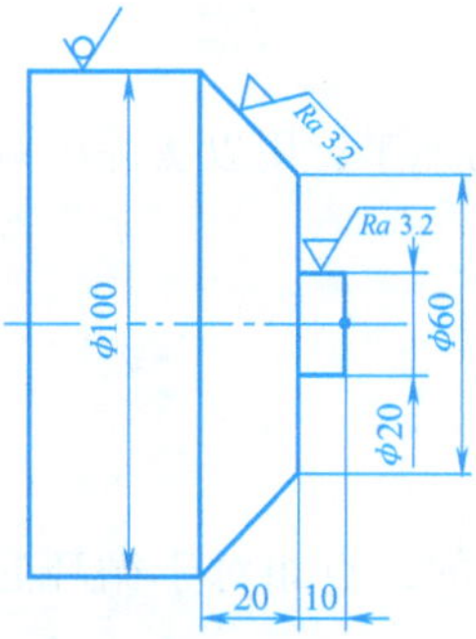

图 2-41 端面车削单一循环实例

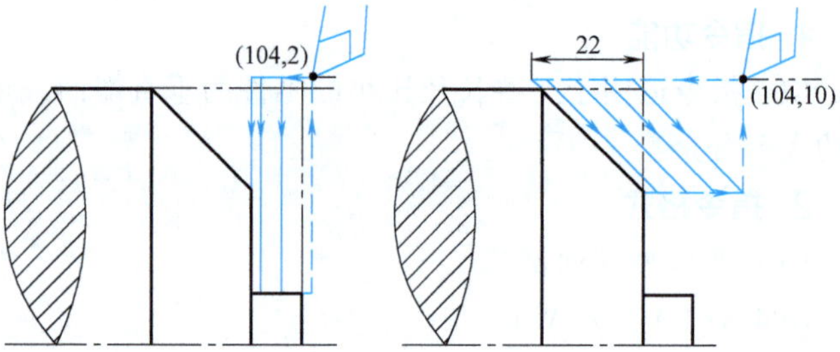

a) 车端面 b) 车锥面

图 2-42 端面车削单一循环实例轨迹

```
O2301
G98 G21 G97;                  (程序初始化)
M03 S1000 T0303;              (转速 1000r/min;换 03 号刀并建立工件坐标系)
G00 X104.0 Z2.0;              (快速移到加工起始点)
G94 X20 Z-3 F100 M08;         (横向切削端面的切削循环)
Z-5.5;                        (G94 为模态指令)
Z-7.5;
Z-9.5;
Z-10;                         (精加工,背吃刀量 0.5mm)
G00 X104.0 Z10.0;             (快速移到下一个锥面加工起始点)
G94 X60.0 Z6.0 R-22.0 F100;   (横向切削锥面的切削循环)
Z2.0;
Z-2.0;
```

Z-6.0；

Z-9.5；

Z-10.0；

G00 X150 Z150；　　　　　　（退刀）

M30；　　　　　　　　　　　（程序结束,关闭切削液,主轴停止）

任务实施

一、工艺分析

1. 零件结构的工艺分析

（1）分析尺寸　如图 2-33 所示的外圆锥轴零件形状，结构尺寸变化不大。该零件有两个圆柱面和一个圆锥面，其中锥度 $C=1:2$，锥面大端直径未给出，需要计算得出。计算过程如下：

由 $C=\dfrac{D-d}{L}$，得 $D=d+LC=\left(30+25\times\dfrac{1}{2}\right)\text{mm}=42.5\text{mm}$。

（2）确定加工基准　因为轴向尺寸从右端面采取集中标注，所以根据基准统一的原则，确定零件的右端面为加工基准。

2. 确定装夹方案

零件的毛坯为 ϕ50mm 棒料，采用自定心卡盘进行装夹。毛坯的长度远远大于零件的长度，为便于装夹找正，毛坯的夹持部分可以适当加长。

3. 制订加工工艺路线

根据先粗后精的原则，该零件的加工顺序为先粗车外圆轮廓面，留 0.25mm 的单边精车余量，然后沿外轮廓精车。该零件的粗车加工工艺路线设计如图 2-43 所示，先整个粗车 ϕ42.5mm 外圆柱面①，然后粗车 ϕ20mm 外圆柱面②和外圆锥面③，最后精车整个外轮廓。

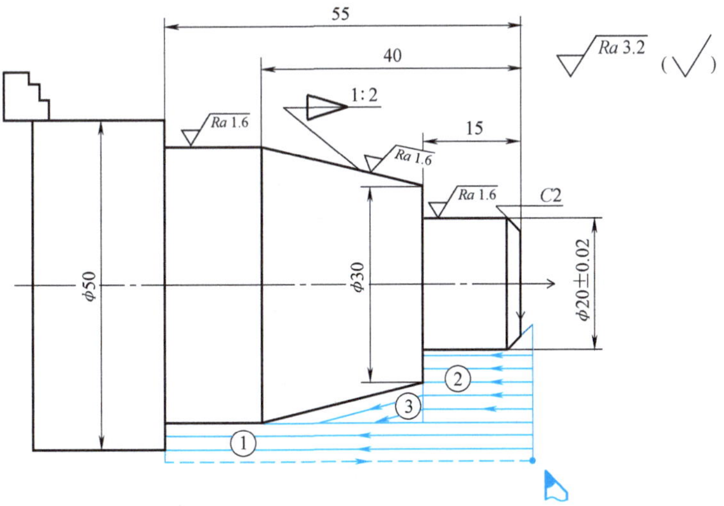

图 2-43　圆锥轴粗、精车轮廓轨迹图

4. 选择刀具及切削用量

为了避免刀具磨损引起的误差，提高零件的表面加工质量，粗、精车各用一把外圆车刀。因此，需要准备两把90°菱形外圆车刀，分别置于T01、T02号刀位。具体切削用量见表2-10。

表2-10 数控加工工序卡

工步号	工步内容	切削用量			刀具		量具名称	备注
		主轴转速 n/(r/min)	进给量 f/(mm/r)	背吃刀量 a_p/mm	编号	名称		
01	车削右端面	400	0.30	2	T0101	外圆车刀	游标卡尺	手动
02	粗车外轮廓，留单边余量0.25mm	400	0.30	2	T0101	外圆车刀	游标卡尺	自动
03	精车外轮廓	800	0.15	0.5	T0202	外圆车刀	游标卡尺	自动

二、程序编制

用G90、G01指令完成粗、精车，程序见表2-11。

表2-11 外圆锥的数控加工程序

程序	程序说明
O2302	程序名
T0101;	调用01号刀具
M03 S400;	主轴正转，粗加工转速400r/min
G00 X54Z2;	快速定位至循环起点(54,2)
G90X46Z-55F0.3;	用G90指令分层粗加工 ϕ42.5mm外圆柱面
X43;	
G01X45Z2;	更换循环起点(45,2)
G90X39Z-15;	用G90指令分层粗加工 ϕ20mm外圆柱面
X35;	
X31;	
X27;	
X23;	
X20.5;	
G01X52Z-13;	更换循环起点(52,-13)
G90X47Z-40R-6.25F0.3;	用G90指令分层粗加工外圆锥面
X45;	
X43;	
G00X100Z100;	返回换刀点
T0202;	换02号刀
S800;	设置主轴以800r/min正转
G00X25Z2;	快速定位至循环起点(25,2)
G01X16Z0F0.15;	用G01指令精车外轮廓，进给量为0.15mm/r
X20Z-2;	
Z-15;	
X30;	
X42.5Z-40;	

（续）

程　序	程序说明
Z-55；	
X52；	
G00X100Z100；	快速退刀至换刀点(100,100)
M05；	主轴停转
M30；	程序结束

三、仿真加工

1. 选择机床

2. 开机、回原点

3. 定义毛坯

定义 ϕ50mm×100mm 的圆柱毛坯。

4. 选择并安装刀具

在 1、2 号刀位上分别安装 90°粗、精车外圆车刀。

5. 对刀（具体步骤见任务 2.1）

6. 导入或输入程序

7. 自动加工

仿真加工结果如图 2-44 所示。

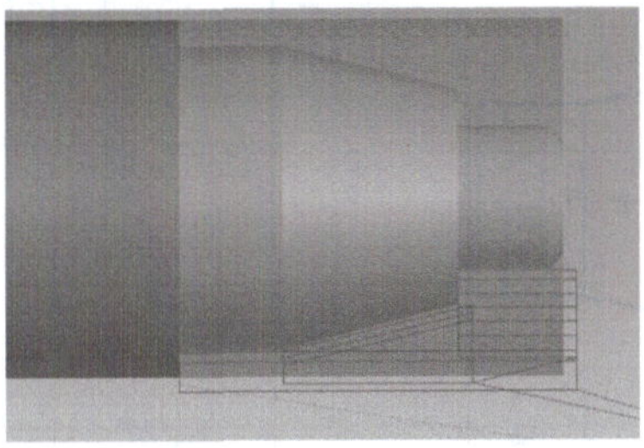

图 2-44　仿真加工结果

圆锥轴仿真加工

视频 2-8

8. 测量零件

9. 保存报告文件

四、机床加工

1. 毛坯、刀具、量具及其他工具准备

1）准备 ϕ50mm×150mm 的棒料，材料为 45 钢，将毛坯正确安装到自定心卡盘上。

2）准备两把 90°外圆车刀，并正确安装至刀架上。

3）准备规格为 125mm 的游标卡尺。

4）正确摆放所需工具。

2. 程序输入与编辑

1）数控车床通电、开机。

2）回参考点。

3）输入程序。

4）程序校验。

3. 零件加工

1）对刀。

2）自动加工。

4. 零件检测

用游标卡尺测量外圆直径与长度。

问题归纳

1）车倒锥时，车刀副偏角选择不当会产生干涉现象，选择合适的、较大的副偏角可避免此问题。

2）使用 G90/G94 指令车锥面，注意 R 数值的计算，若计算错误，则锥度达不到要求。

技能强化

图 2-45 所示为圆锥轴零件图，毛坯为 ϕ50mm×100mm 的棒料，材料为 45 钢。完成圆锥轴的编程、校验及数车加工。

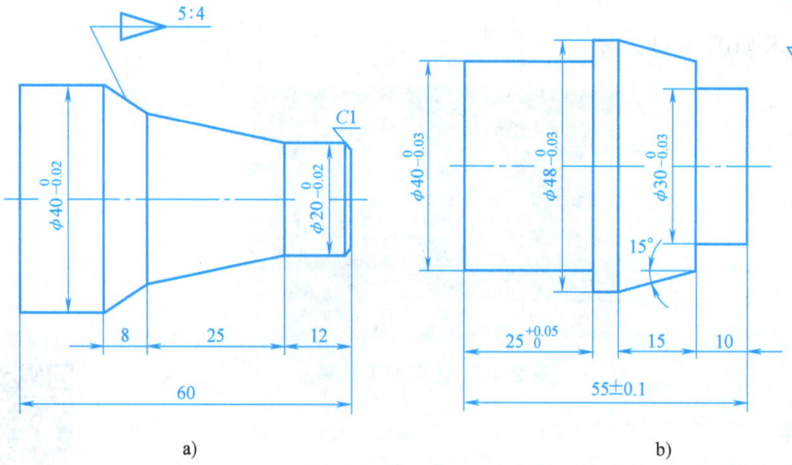

图 2-45　圆锥轴零件图

任务 2.4　圆弧轴的编程与加工

任务导入

图 2-46 所示为圆弧轴的零件图，零件毛坯为 ϕ50mm×100mm 的 45 钢棒料，编写该零件的数控程序并加工。

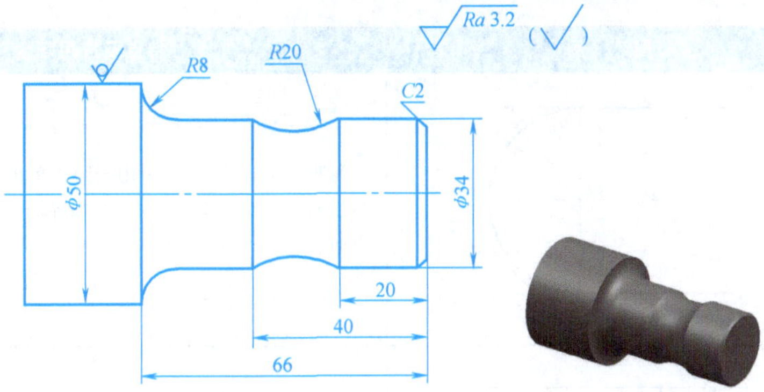

图 2-46 圆弧轴零件图

学习目标

知识目标

1）熟悉圆弧面的粗车方法和刀具的选用。
2）掌握 G02/G03 指令的格式与用法。
3）掌握 G41/G42 /G40 刀具半径补偿指令的格式与用法。

技能目标

1）能制订圆弧面轴类零件的加工工艺方案。
2）会用刀具半径补偿指令对圆弧面、圆锥面等轮廓面进行补偿。
3）会用圆弧插补指令编写圆弧面轴类零件的加工程序。

知识准备

一、工艺分析

1. 圆弧面的车削方法

车削圆弧面时，由于各部分余量不等，若一刀就把圆弧面加工出来，吃刀量太大，容易打刀。所以，实际车圆弧面时，需要多刀车削。先将大部分余量通过粗车切除，然后沿着轮廓面进行精车。常采用的圆弧面粗车方法有车圆、车锥、车阶梯等，见表 2-12。

表 2-12 圆弧面粗车方法的特点及应用场合

切削方法	图 例	特点及应用场合
车圆法	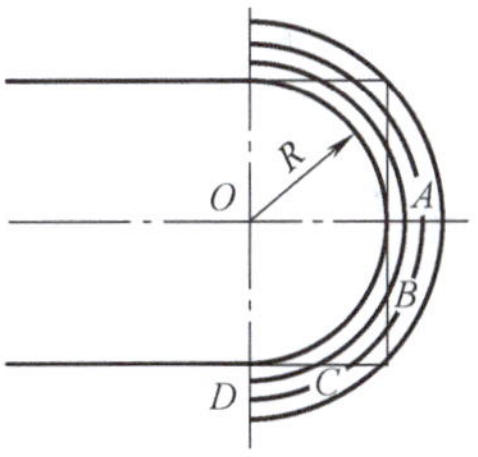	编程坐标计算简单,切削路径短,余量均匀

（续）

切削方法	图　　例	特点及应用场合
车锥法	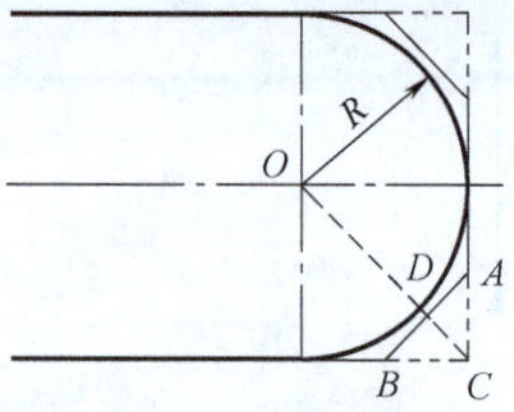	编程坐标计算简单，适用于圆心角小于 90°且不跨象限的圆弧面。粗车时不能超过 AB 临界圆锥面，否则会损坏圆弧表面
车阶梯法	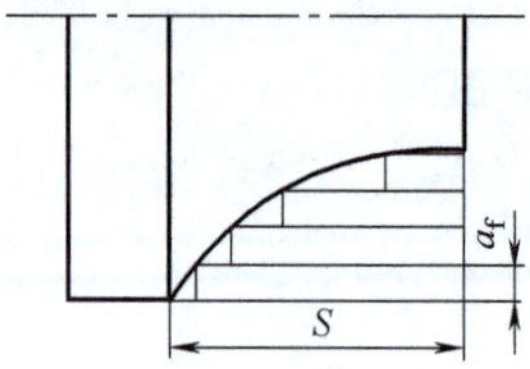	切削力分布合理，但编程坐标计算复杂

2. 圆弧面车削刀具的选择

在加工圆弧面时要选择副偏角大的刀具，以免刀具的后刀面和工件产生干涉，如图 2-47 所示。

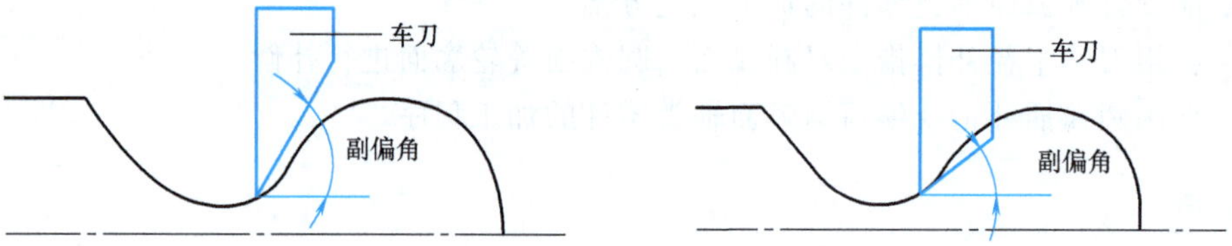

a) 副偏角大，不干涉　　　b) 副偏角小，产生干涉

图 2-47　加工圆弧面的车刀

3. 切削用量的选择

车圆弧面时，为防止主、副切削刃与工件表面产生干涉，车刀主、副偏角一般选择较大，于是车刀刀尖角小，刀尖强度低，故车圆弧面的切削用量比车外圆要小。具体选择如下：

（1）背吃刀量　当车刀刚度足够时，在保留精车、半精车余量的前提下，应尽可能选择较大的背吃刀量，以减少走刀次数，提高效率。精车、半精车余量通常取 0.1~0.3mm。

（2）进给量　粗车时进给量大一些，以提高加工效率；精车时进给量小一些，以保证表面质量。粗车进给量一般取 0.2~0.4mm/r，精车进给量一般取 0.08~0.15mm/r。

（3）主轴转速　使用硬质合金车刀粗车时选择中速，精车时选择高速。一般粗车时主轴转速取 400~700r/min，精车时主轴转速取 800~1200r/min。

二、圆弧插补指令 G02/G03

1. 指令功能

G02/G03 指令用于切削圆弧轮廓，可使数控车床以指定的进给速度在 *XOZ* 平面内执行联轴运动，完成刀具从圆弧起点到圆弧终点的移动。

2. 指令格式

（1）格式一：指定半径

G02/G03 X(U)__ Z(W)__ R __ F __;

（2）格式二：指定圆心

G02/G03 X(U)__ Z(W)__ I __ K __ F __;

指令中，*X*、*Z* 表示刀具移动到的目标点相对于工件坐标系原点的坐标值；*U*、*W* 表示从刀具所在的当前点到刀具移动的目标点之间的差值；*R* 表示圆弧的半径；*I*、*K* 表示圆弧起点到圆弧中心所作矢量分别在 *X*、*Z* 坐标轴方向上的分矢量（矢量方向指向圆心），如图 2-48 所示，*I*、*K* 为增量值，并带有“±”号，当分矢量的方向与坐标轴的方向一致时取“+”号，不一致时取“-”号；*F* 表示刀具的进给速度。

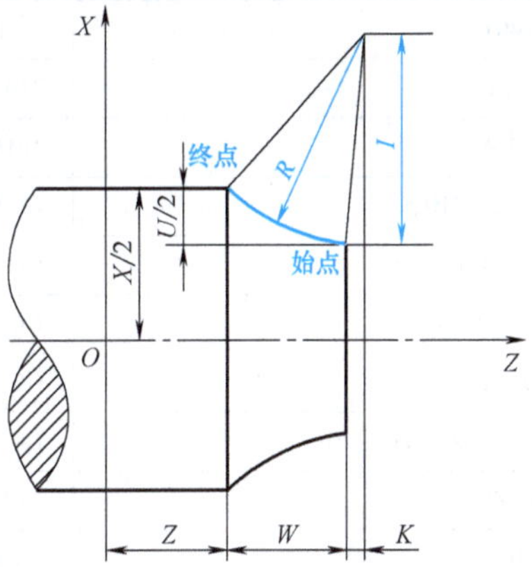

图 2-48　圆弧插补指令参数示意图

注意事项：

1）G02 为顺时针方向圆弧插补，G03 为逆时针方向圆弧插补，所谓顺时针方向和逆时针方向，对于 *XOZ* 平面来说，首先用右手笛卡儿坐标找出 *Y* 轴正方向，然后从 *Y* 轴的正方向往负方向看去，判断圆弧的顺、逆方向，如图 2-49 所示。记忆口诀：车床刀架前后置，圆弧顺逆各不同，刀架后置为标准，刀架前置顺逆反。

2）采用绝对值编程时，圆弧终点坐标为圆弧终点在工件坐标系中的坐标值，用 *X*、*Z* 表示。当采用增量值编程时，圆弧终点坐标为圆弧终点相对于圆弧起点的增量值，用 *U*、*W* 表示。

3）用半径 *R* 指定圆心位置时，不能描述整圆。

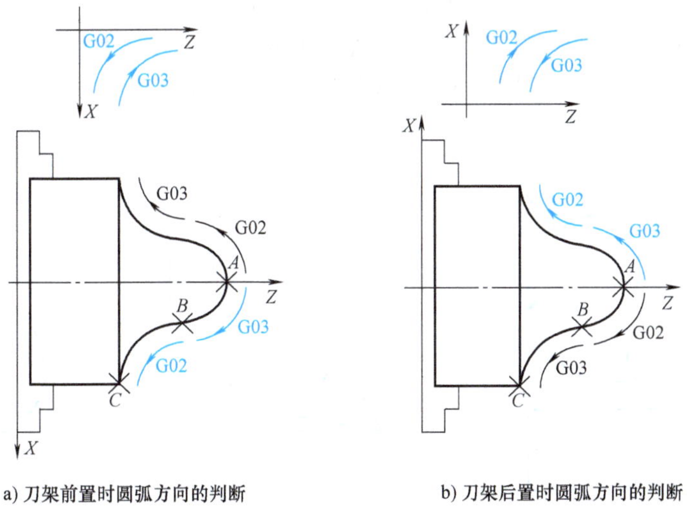

图 2-49　圆弧的顺逆方向与刀架位置的关系

3. 应用实例

如图 2-50 所示，毛坯为 ϕ30mm 的棒料，材料为铝料，试用圆弧插补指令编写零件的精加工程序。

分别利用圆弧插补指令格式一和格式二编写圆弧轴零件的精加工程序一和程序二，具体见表 2-13。

表 2-13　圆弧轴零件的精加工程序及说明

程序一（指定半径编程）	程序二（指定圆心编程）	程序说明
O2401	O2402	程序名
T0101；	T0101；	选取 01 号刀
M03S800；	M03S800；	设置主轴转速
G00X0 Z10；	G00X0 Z10；	快速定位到(0,10)处
G01Z4F0.1；	G01Z4F0.1；	以 0.1mm/r 速度运动到 Z4 处
G02X0Y0R2；	G02X0Y0I0K-2；	圆弧切入加工轮廓
G03X24Z-24R15；	G03X24Z-24I0K-15；	加工 *R*15mm 的逆时针方向圆弧
G02X26Z-31R5；	G02X26Z-31R5；	加工 *R*5mm 的顺时针方向圆弧
G01Z-40；	G01Z-40；	加工 ϕ26mm 的圆柱
X40；	X40；	车出 *X* 方向轴肩
G00X100Z100；	G00X100Z100；	退刀
M05；	M05；	主轴停转
M30；	M30；	程序停止

三、刀具半径补偿指令 G40/G41/G42

1. 刀具半径补偿原因

编制数控车床加工程序时，车刀刀尖被看作是一个点（图 2-51a 所示的假想刀尖 *P* 点），但实际上为了提高刀具的使用寿命和降低工件表面粗糙度，车刀刀尖被磨成半径不大的圆弧，如图 2-51b 所示，这必然将产生加工工件的形状误差。另一方面，刀尖圆弧所处位置、车刀的形状对工件加工也将产生影响，这些都可采用刀具圆弧半径补偿来解决。

当加工轨迹与机床轴线不平行（如加工轨迹为斜线或圆弧）时，实际切削点与假想刀

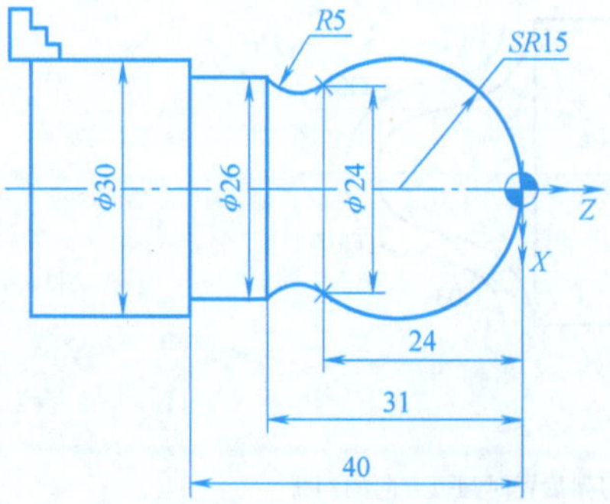

图 2-50　圆弧轴零件图

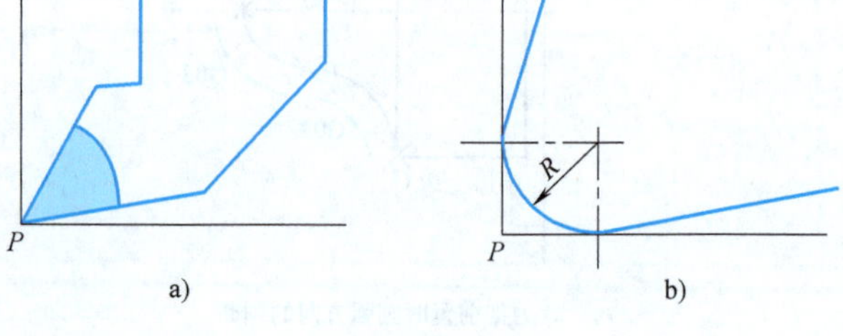

图 2-51　车刀假想刀尖与刀尖圆弧

尖点之间在 X、Z 轴方向都存在位置偏差，如图 2-52 所示。以假想刀尖点 P 编程的进给轨迹为图中外轮廓线，圆弧刀尖的实际切削轨迹为图中虚线所示，会出现少切或过切现象，造成了加工误差，且刀尖圆弧半径 R 越大，加工误差越大。

在车端面时，刀尖圆弧的实际切削点与假想刀尖点的 Z 坐标值相同；车外圆柱表面和内圆柱孔时，实际切削点与假想刀尖点的 X 坐标值相同。因此，在车端面和内、外圆柱表面时，刀尖圆弧半径对加工精度不造成影响。

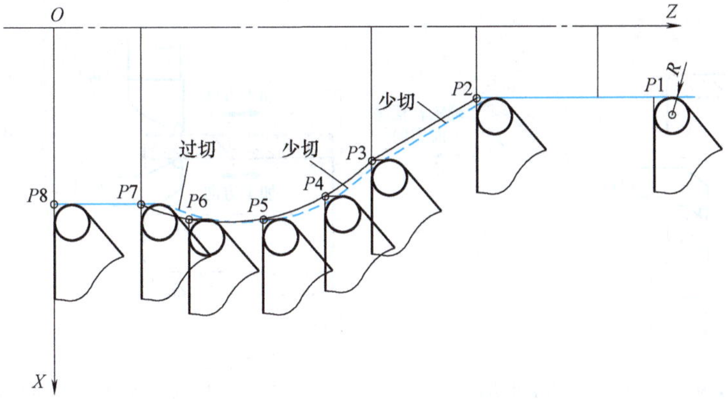

图 2-52 加工时少切与过切现象

为减小刀尖圆弧半径对加工精度的影响，数控车床设置了刀尖圆弧半径补偿功能，可根据给定的工件轮廓和设定的刀尖圆弧半径，自动进行刀具轨迹的计算，如图 2-53 所示。

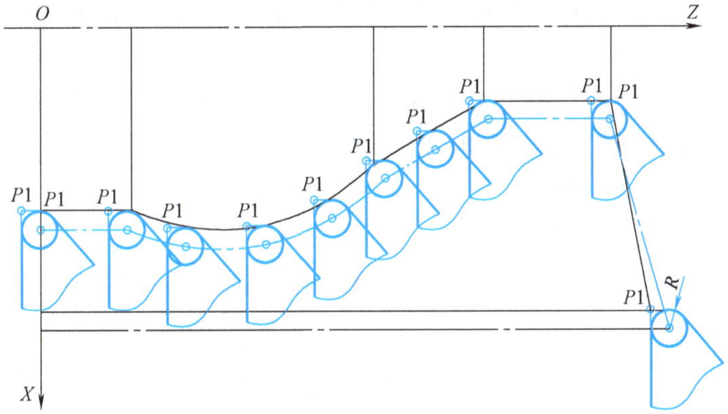

图 2-53 采用刀具半径补偿后的刀具轨迹

车刀刀尖圆弧半径一般为 0.2~0.8mm。粗加工时为满足刀具强度要求，取大值，通常为 0.8mm。精加工时，为保证刀具锐利，则取值较小，通常可为 0.2mm。

如前所述，在加工锥面或成形回转面时，车刀刀尖圆弧半径会造成加工精度的偏差。为消除误差，可利用刀尖圆弧半径补偿功能进行补偿。

2. 刀具半径补偿指令

(1) 指令格式

1) 刀具半径左补偿指令 G41 格式：

G41 G01(G00)X(U)__ Z(W)__ F __;

2）刀具半径右补偿指令 G42 格式：

G42 G01(G00)X(U)__ Z(W)__ F__；

3）取消刀具半径补偿指令 G40 格式：

G40 G01(G00)X(U)__ Z(W)__；

（2）刀具半径补偿方向的判断 以后置刀架为准，沿刀具运动方向看，刀具在工件左侧时，用刀具半径左补偿；刀具在工件右侧时，用刀具半径右补偿。前置刀架与之相反，如图 2-54 所示。

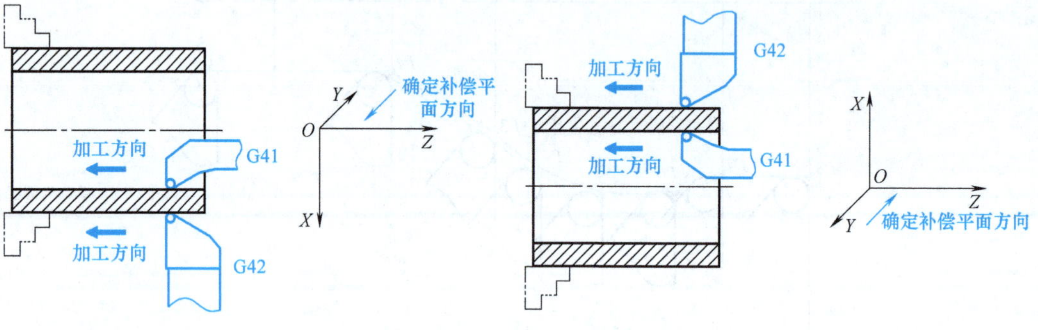

a) 前置刀架补偿平面及刀具半径补偿方向

b) 后置刀架补偿平面及刀具半径补偿方向

图 2-54 刀尖圆弧半径补偿方向

注意事项：

1）G41、G42 和 G40 是同组模态指令，不能同时使用。

2）不能在圆弧指令段建立或取消刀具半径补偿，只能在 G00 或 G01 指令段建立或取消。

3）在使用 G41、G42 指令模式中，不允许有两个连续的非移动指令，否则刀具会在前面程序段终点的垂直位置停止，且产生过切或少切现象。

3. 刀具圆弧半径补偿的过程

刀具圆弧半径补偿的过程分为三步，如图 2-55 所示。

1）刀补的建立：刀具中心从与编程轨迹重合过渡到与编程轨迹偏离一个补偿量的过程。

2）刀补的运行：执行 G41 或 G42 指令的程序段后，刀具中心始终与编程轨迹相距一个补偿量。

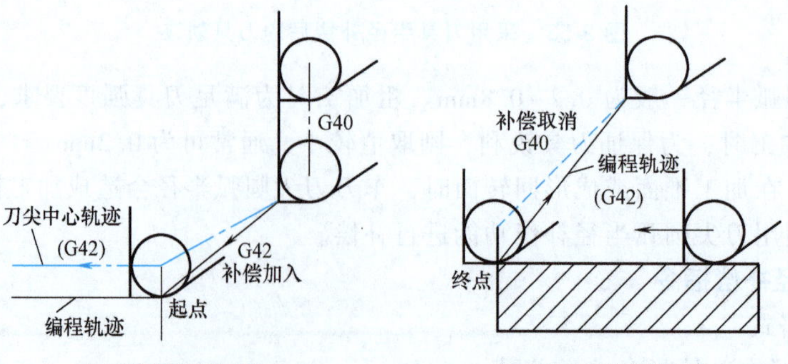

a) 刀具半径补偿的建立

b) 刀具半径补偿的取消

图 2-55 刀具半径补偿的建立与取消

3）刀补的取消：刀具离开工件，刀具中心轨迹过渡到与编程轨迹重合的过程。

4. 刀尖圆弧半径补偿的参数设置

（1）刀尖方位的确定　数车刀具刀尖圆弧半径补偿功能执行时除了和刀具刀尖半径大小有关外，还和刀尖的方位有关。不同的刀具，刀尖圆弧的位置不同，刀具自动偏离零件轮廓的方向就不同。假想刀尖的方位有 8 种位置，如图 2-56 所示。图中箭头表示刀尖方向。例如外圆左偏刀的刀尖方位为 3，而常用的精车刀，若刀尖在中间，则可设为 0 或 9。

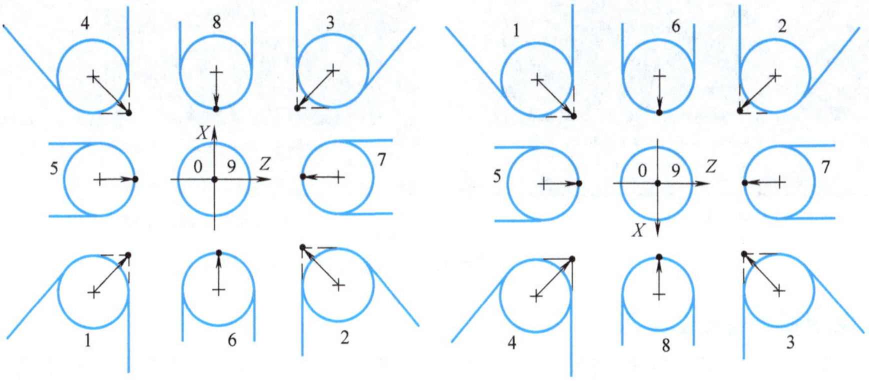

a) 后置刀架　　b) 前置刀架

图 2-56　刀尖方位号

（2）刀具半径补偿量的设置　每一把刀具都应设置相应的刀具补偿号。每个补偿号对应一组补偿量，包括 X、Z 偏置量、刀尖圆弧半径补偿量 R 和刀尖方位号 T。例如 2 号刀（刀尖圆弧半径为 0.4mm、刀位号为 3）刀具半径补偿量的设置过程如下：首先根据 2 号刀位置确定刀尖方位号为 3；接着打开刀具偏置补偿“刀具补正/几何”界面，用光标选中该刀所对应的番号“G_02”（通常选择的番号同刀位号），输入“0.4”后，再按软键盘上的“输入”就完成了刀尖圆弧半径的设置；最后输入刀尖方位号“3”后，再按软键盘上的“输入”就完成了刀尖方位号的设置。操作过程如图 2-57 所示。

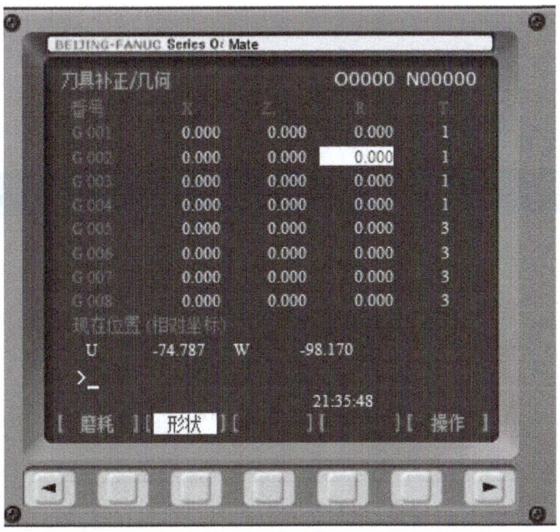

a)“刀具补正/几何”界面

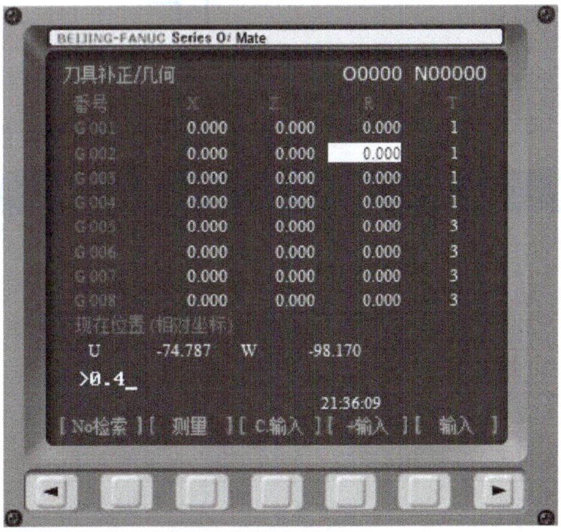

b) 输入刀尖圆弧半径

图 2-57　刀尖圆弧半径和方位号的设置

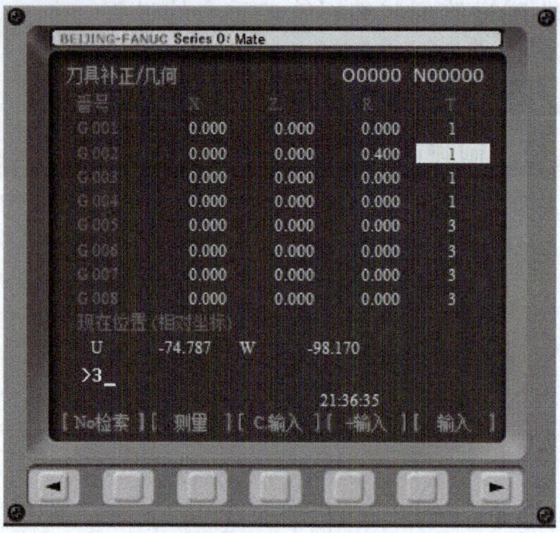

c) 输入刀尖方位号

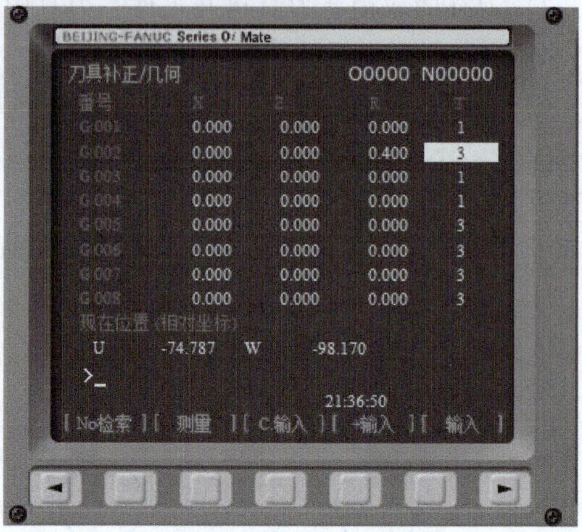

d) 2号刀的刀尖圆弧半径与方位

图 2-57 刀尖圆弧半径和方位号的设置（续）

5. 刀尖圆弧半径补偿实例

如图 2-58 所示，在工件右端面中心建立工件坐标系，利用刀尖圆弧半径补偿指令编写精车轮廓程序。已知 03 号刀为外圆精车刀，且刀尖圆弧半径和方位号已设置好。具体加工程序见表 2-14 。

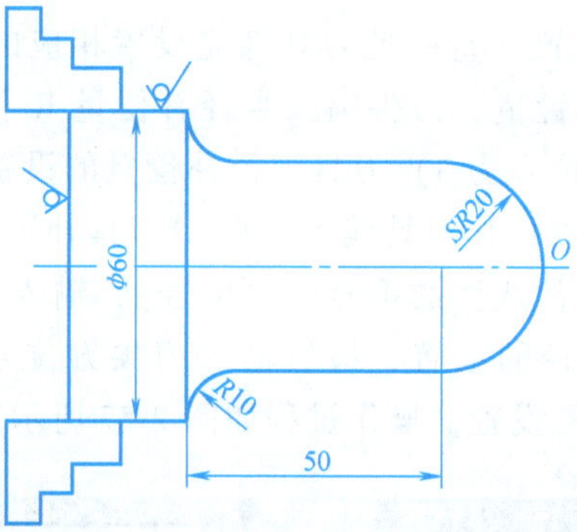

图 2-58 圆弧轴刀尖圆弧半径补偿实例零件图

表 2-14 圆弧轴刀尖圆弧半径补偿实例加工程序

程　序	程序说明
O2403	主程序名
G98 G21 G97 T0303;	初始化，选 03 号外圆精车刀并建立工件坐标系
M03 S1400;	主轴正转，转速 1400r/min
G00 X0 Z10;	刀具快速移到加工起始点
G42 G01 X0 Z0 F120 M08;	建立刀尖圆弧半径补偿，进给至圆弧起点，进给速度为 80mm/min，打开切削液
G03 X40 Z-20 R20;	切削 *R*20mm 圆弧
G01 Z-60;	切削外圆
G02 X60 Z-70 R10;	切削 *R*20mm 圆弧
G40 G00 X150 Z150;	取消刀尖圆弧半径补偿指令并退刀
M30;	程序结束

任务实施

一、工艺分析

1. 零件结构的工艺分析

1）本任务是加工外圆柱面、外圆弧面、倒角及倒圆，表面粗糙度要求较高，分粗、精车加工。

2）确定加工基准。因为轴向尺寸从右端面采取集中标注，所以根据基准统一的原则，确定零件的右端面为加工基准。

2. 确定装夹方案

采用自定心卡盘夹持 ϕ50mm 的外圆面。

3. 制订加工工艺路线

本次任务加工工艺路线为夹住毛坯外圆，粗车 ϕ34mm 外圆，留 0.25mm 的单边精车余量；然后利用车圆法粗车 R20mm、R8mm 圆弧面；最后精车零件外轮廓表面，如图 2-59 所示。

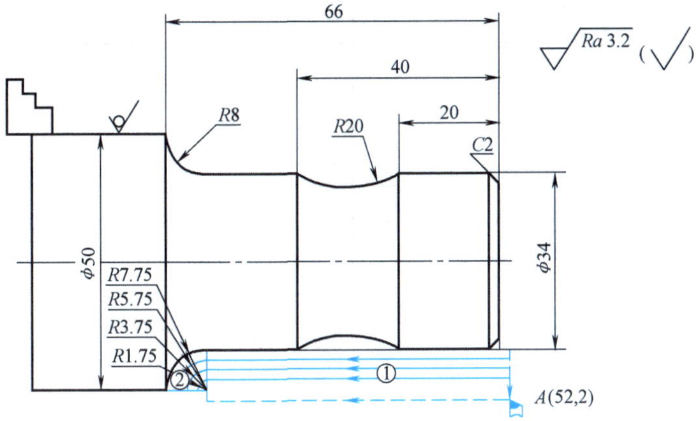

图 2-59 圆弧轴粗、精车轮廓轨迹图

4. 选择刀具及切削用量

粗、精车分别采用主偏角 90°、副偏角 55°的外圆车刀。粗加工进给量为 0.25mm/r，主轴转速为 600r/min；精加工进给量为 0.1mm/r，主轴转速为 1000r/min。粗加工一次完成，精加工一次完成。具体切削用量见表 2-15。

表 2-15 圆弧轴数控加工工序卡

工步号	工步内容	切削用量			刀具		量具名称	备注
		主轴转速 n/(r/min)	进给量 f/(mm/r)	背吃刀量 a_p/mm	编号	名称		
01	粗车外圆柱轮廓 ϕ34mm，留余量 0.5mm	600	0.25	2	T0101	外圆车刀	游标卡尺	自动
02	粗车外圆弧轮廓 R20mm、R8mm，留余量 0.5mm	600	0.25	2	T0101	外圆车刀	游标卡尺	自动
03	精车外轮廓	1000	0.10	0.5	T0202	外圆车刀	游标卡尺	自动

二、程序编制

用 G90、G01、G02、G03 指令完成粗、精车外轮廓，程序见表 2-16。

表 2-16 圆弧轴加工程序

程　　序	程序说明
O2404	程序名
T0101;	调用 01 号刀具
M03 S600;	
G00 X52Z2;	快速定位至循环起点(52,2)
G90 X46 Z-58 F0.25;	用 G90 指令分层粗加工 ϕ34mm 外圆柱面
X42;	
X38;	
X34.5;	
G01 X34.25 Z-20.25 F0.25;	
G02 X34.25 Z-39.75 R19.75 F0.25;	用 G02 粗车 R20mm 外圆弧面
G01 X46.5 Z-57.75 F0.25;	
G02 X50 Z-59.75 R1.75;	利用车圆法粗车 R8mm 外圆弧面
G01 Z-57.75;	
X42.5;	
G02 X50 Z-61.75 R3.75;	
G01 Z-57.75;	
X38.5;	
G02 X50 Z-63.75 R5.75;	
G01 Z-57.75;	
X34.5;	
G02 X50 Z-65.75 R7.75;	
G00 X100 Z100;	返回换刀点
T0202;	换 02 号刀具
S1000;	设置主轴转速为 1000r/min
G00 X26 Z2;	
G01 X34 Z-2 F0.1;	精车倒角 C2
Z-20;	精车外轮廓
G02 X34 Z-40 R20 F0.1;	
G01 Z-58;	
G02 X50 Z-66 R8;	
G00 X100 Z100;	快速退刀至换刀点(100,100)
M05;	主轴停转
M30;	程序结束

三、仿真加工

1. 选择机床

2. 开机、回原点

3. 定义毛坯

定义直径 50mm，长度 100mm 的毛坯。

4. 选择并安装刀具

在 1、2 号刀位上分别安装 35°菱形刀片的粗、精车外圆车刀。

5. 对刀（具体步骤见任务 2.1）

6. 输入程序

7. 自动加工

仿真加工结果如图 2-60 所示。

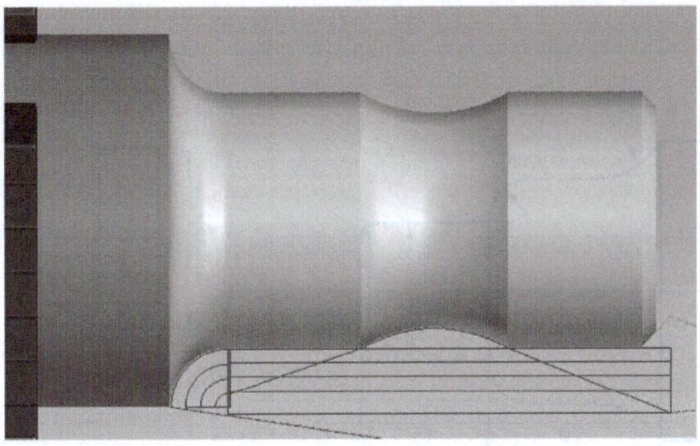

图 2-60　仿真加工结果

8. 测量零件

9. 保存报告文件

圆弧轴的仿真加工

视频 2-9

四、机床加工

1. 毛坯、刀具、量具及其他工具的准备

1）准备 ϕ50mm×100mm 的棒料，材料为 45 钢，将毛坯正确安装到自定心卡盘上。

2）准备两把主偏角 90°、副偏角 55°的外圆车刀，并正确安装至刀架上。

3）准备规格为 125mm 的游标卡尺。

4）正确摆放所需工具。

2. 程序输入与编辑

1）数控车床通电、开机。

2）回参考点。

3）输入程序。

4）程序校验。

3. 零件加工

1）对刀。

2）自动加工。

4. 零件检测

用游标卡尺测量外圆直径与长度。

问题归纳

1）在前置刀架中，G02/G03 指令的方向容易判断错误，切记口诀“刀架前置顺逆反”。

2）刀尖圆弧半径补偿时，刀尖方位号无法确定时，先明确刀架的前、后置和刀具类型。

3）车削圆弧面时，刀具副偏角选择不当容易过切，应尽量选副偏角大的刀具。

技能强化

图 2-61 所示为圆弧轴零件图，毛坯为 ϕ36mm×80mm 的棒料，材料为 45 钢，完成外圆弧轴的编程与加工。

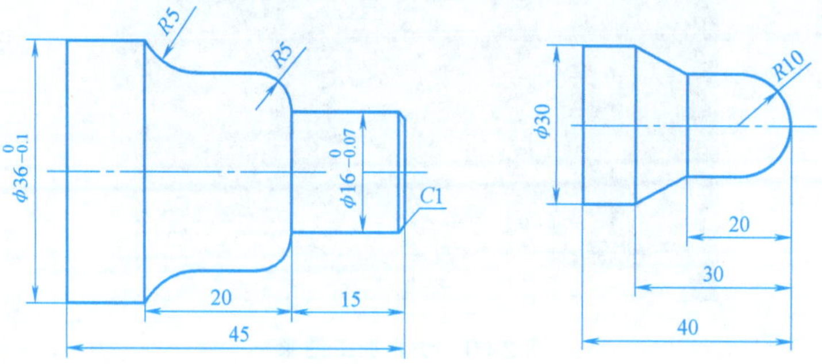

a)　　b)

图 2-61　圆弧轴零件图样

任务 2.5　复合轴的编程与加工

任务导入

图 2-62 所示为复合轴零件图，零件由圆柱面、圆弧面、圆锥面组成，形状复杂，且零件尺寸精度要求较高，表面质量要求也较高。毛坯为 ϕ50mm×200mm 的棒料，材料为 45 钢，完成复合轴零件的编程与加工。

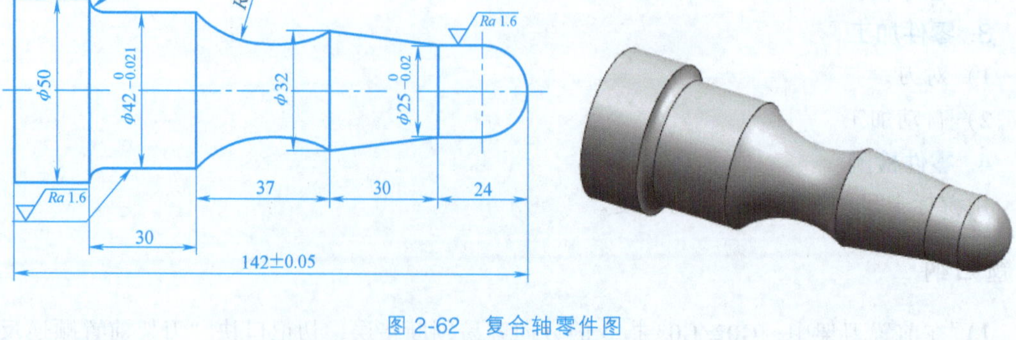

图 2-62　复合轴零件图

学习目标

知识目标

1）了解轮廓粗、精加工复合循环功能和使用场合。

2）掌握 G71/G72/G73/G70 复合循环指令的格式、各参数的含义及走刀路线。

技能目标

1）会制订复合轴零件的加工工艺方案。

2）会用轮廓加工复合循环指令编写复合轴零件的粗、精加工程序。

3）具备加工复合轴并使其达到一定精度要求的能力。

知识准备

一、工艺知识准备

1. 刀具的选用

复杂阶梯轴加工车刀以外圆车刀为主，根据零件精度要求，分别用粗、精车刀进行粗加工和精加工；若阶梯轴零件有圆锥面、圆弧面，则需考虑车刀主、副偏角大小，防止出现干涉现象。

2. 切削用量选择

复杂阶梯轴加工切削用量的选择与车外圆、端面、圆锥面等切削用量选择相同，当工艺系统刚度足够时，应尽可能选择较大的背吃刀量，以减少走刀次数，提高效率，精车时选小一些的进给量。

二、外圆/内孔粗车复合循环指令 G71

1. 指令功能

G71 指令适用于切除棒料毛坯的大部分加工余量，而且此类工件的特点是尺寸沿径向单调增大或减小。

2. 指令格式

G71 U$\underline{\Delta d}$ R$\underline{e}$;

G71 P$\underline{ns}$ Q$\underline{nf}$ U$\underline{\Delta u}$ W$\underline{\Delta w}$ F$\underline{f}$ S$\underline{s}$ T$\underline{t}$;

由图 2-63 可以看出，在使用 G71 指令时 CNC 装置会按固定的层层走刀路线控制刀具完成粗车，且最后留够精车余量后会沿着轮廓粗车一刀，再退回至循环起点 C 完成粗车循环。

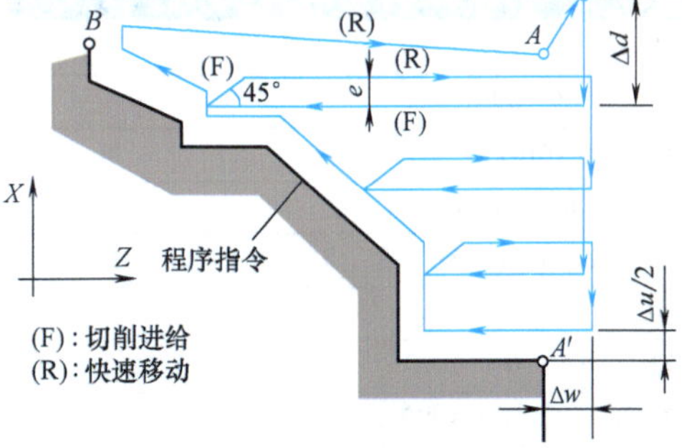

图 2-63　G71 指令切削加工路线图

G71 指令格式中参数的含义如下：

1）Δd 表示 X 方向每次背吃刀量，为半径值，无符号，单位为 mm。

2）e 表示每次径向退刀量，为半径值，无符号，单位为 mm。

3）ns、nf 表示精加工首地址（精加工路径程序段中的开始程序段顺序号）及精加工尾地址（精加工路径程序段中的结束程序段顺序号）。

4）Δu 表示 X 轴方向的精加工余量，为直径值，单位为 mm。外形轮廓加工取正值，内孔车削取负值。默认输入时，系统按 $\Delta u=0$ 处理。Δw 表示 Z 轴方向的精加工余量，单位为 mm。默认输入时，系统按 $\Delta w=0$ 处理。

5）f、s、t 表示设定粗加工的进给速度、主轴转速和使用的刀具号。

注意事项：

1）使用 G71 指令之前需要设定固定循环起点，如 G00 X $\underline{\alpha}$ Z $\underline{\beta}$，α、β 表示循环起点 A 的坐标。粗车外径时，α 值应比毛坯外径大 1～2mm；粗车内径时，α 值应比毛坯内径小 1～2mm。β 值应取离毛坯右端面 2～3mm。

2）G71 程序段中的 F、S、T 指令对粗加工循环有效，而对精加工循环无效；在 ns～nf 精加工形状程序段中的 F、S、T 指令对精加工循环有效，而对粗加工循环无效。

3）在 ns 的程序段中只能用 G00/G01 指令。第一步中刀具只允许 X 方向的移动，不能有 Z 指令。

4）在 A' 至 B 之间必须符合 X、Z 轴方向的径向尺寸单调增加或减小的模式，即径向尺寸一直增加或一直减小。

5）在加工循环中可以进行刀具半径补偿。

6）精车之前，如需换精加工刀具，则应注意换刀点的选择。加工批量小的情况下精车可以不换刀，批量大时刀具磨损较多，精车尽量换刀。

7）使用 G71 指令粗车内孔轮廓时，须注意 Δu 为负值。

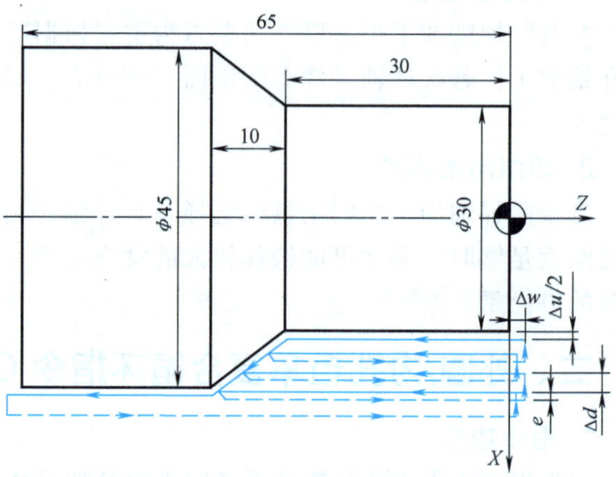

图 2-64　G71 指令应用实例图

3. 应用实例

毛坯为 ϕ50mm 的棒料，材料为 45 钢，试用 G71 粗车复合循环指令编写图 2-64 所示零件的加工程序。具体加工程序见表 2-17。

表 2-17　G71 指令应用实例加工程序

程　　序	程序说明
O2501	定义程序名
G21 G40 G97 G99;	程序初始化
M03 S500 T0101;	设置主轴转速，调用 01 号刀具
G00 X50.0 Z2.0 M08;	快速移动到起刀点，切削液开
G94 X-2.0 Z0 F0.3;	车圆柱端面
G00 X48.0;	快速移动到 G71 程序循环起点处
G71 U1.5 R1.0;	设置背吃刀量和退刀量
G71 P80 Q120 U0.4 W0.2 F0.3;	确定精加工余量
N80 G00 X30.0 S1000;	快速移动到切削起点位置

（续）

程 序	程序说明
G01 Z-30.0;	车 ϕ30mm 外圆
X45.0 W-10.0;	车圆锥面
Z-65.0;	车 ϕ45mm 外圆
N120 X50.0;	退刀
G00 X100.0 Z50.0;	快速移动到换刀点
M30;	程序停止

三、精车循环指令 G70

1. 指令功能

使用 G71、G72、G73 指令完成零件的粗车之后，可以用 G70 指令进行精车，切除粗车循环中留下的余量。

2. 指令格式

G70 P *ns* Q *nf*

其编程格式为：

G71 P *ns* Q *nf*……;	G71、G72 或 G73 粗车循环指令
N *ns*……;	精车路径的第一个程序段
N *nf*……;	精车路径的最后一个程序段
G70 P *ns* Q *nf*;	精车循环指令

注意事项：

1）精车过程中的 F、S 在程序段号 *ns* 至 *nf* 之间指定。

2）必须先使用 G71、G72 或 G73 指令后，才可使用 G70 指令。

3）在车削循环期间，刀具半径补偿功能有效。

四、端面粗车复合循环指令 G72

1. 指令功能

端面粗车复合循环指令 G72 的含义与 G71 类似，不同之处是刀具平行于 *X* 轴方向切削。该循环方式适用于长径比较小的盘类工件端面的粗车。

2. 指令格式

G72 WΔd R*e*;

G72 P *ns* Q *nf* UΔu WΔw F *f* S *s* T *t*;

如图 2-65 所示，G72 指令切削加工路线图与 G71 指令类似，不同之处在于刀具切削时走 $-X$ 轴方向，吃刀量则沿着 $-Z$ 轴方向，与 G71 正好相反。

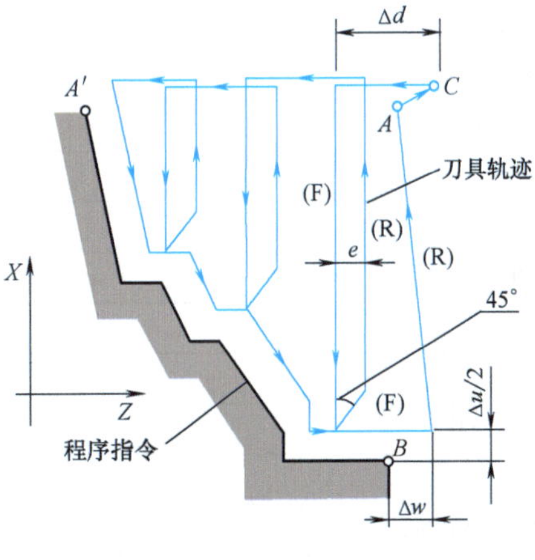

图 2-65　G72 指令切削加工路线图

G72 指令格式中参数的含义如下：

1）Δd 为 Z 方式每次背吃刀量，指定时不加符号。

2）e 为每次退刀量，无符号。

3）ns 为精加工路径第一程序段的顺序号；nf 为精加工路径最后程序段的顺序号。

4）Δu 为 X 方向精加工余量，为直径值；Δw 为 Z 方向精加工余量。

5）f、s、t 表示设定粗加工的进给速度、主轴转速和使用的刀具号。

注意事项：

1）在 ns 的程序段中只能用 G00/G01 指令。第一步中刀具只允许 Z 方向的移动，不能有 X 指令。

2）注意精加工路线的方向，图 2-65 所示的精加工路线应从左端往右端编写（与 G71 相反）。

3）对加工内轮廓编程时，X 方向的精加工余量 Δu 为负值。

3. 应用实例

图 2-66 所示为盘类零件图，试采用 G72/G70 指令编写其粗、精加工程序。具体加工程序见表 2-18。

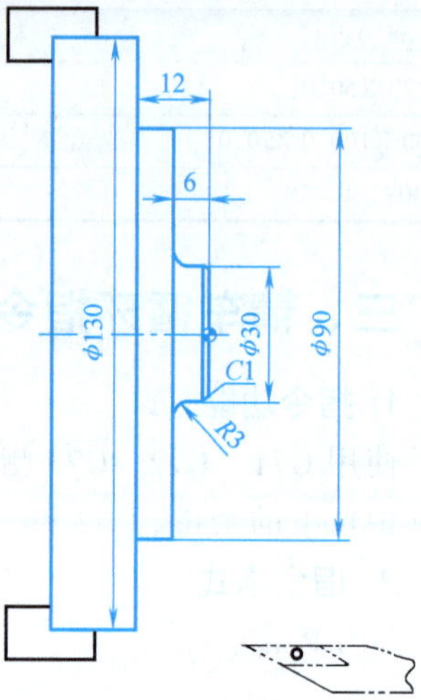

图 2-66　盘类零件图

表 2-18　G72 指令应用实例加工程序

程　序	程序说明
O2502	程序名
T0101;	换 01 号刀具，确定其坐标系
M03 S400;	主轴以 400r/min 正转
G00 X132 Z2;	快速移到循环起点位置
G72 W2 R0.3;	端面粗车循环加工
G72 P1 Q2 U0.2 W0.5 F0.3;	
N1G00 Z-12;	精加工轮廓开始
G01 X90 F0.15;	精加工 $Z12$ 处端面
Z-6;	精加工 ϕ90mm 外圆
X36;	精加工 $Z6$ 处端面
G03 X30 W3 R3;	精加工 R3mm 圆弧
G01 Z-1;	精加工 ϕ30mm 外圆
N2 X26 Z1;	精加工倒角 $C1$，精加工轮廓结束
G00 X150 Z80;	退出已加工表面
T0202;	
S600;	
G00X132Z2;	
G70 P1 Q2;	
G00 X150 Z80;	
M30;	主轴停转，主程序结束并复位

五、固定形状粗车复合循环指令 G73

1. 指令功能

固定形状粗车循环指令 G73 是按照一定的切削形状，采用逐渐地接近最终形状的循环切削方式，一般用于毛坯的形状已用锻造或铸造方法成形的零件的粗车，加工效率很高。

2. 指令格式

G73 UΔi WΔk Rd

G73 Pns Qnf UΔu WΔw Ff Ss Tt

图 2-67 所示为 G73 粗车循环指令的进给路径，刀具由循环起点 A 快速退到 D 点，然后从 D 点沿着 X、Z 两个方向各快进一个切削深度，然后开始封闭粗车循环，每次偏移固定的切削深度。当最后一次粗车循环后，零件各表面在 X 方向留精车余量 Δu，Z 方向留精车余量 Δw。粗车循环结束后，刀具返回到循环起点。

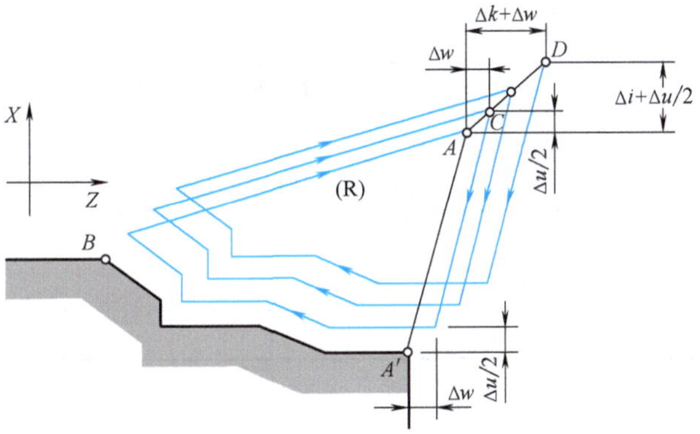

图 2-67 G73 指令切削加工路线图

G73 指令格式中参数的含义如下：

1）Δi 为 X 轴方向的粗加工总余量；Δk 为 Z 轴方向的粗加工总余量；d 为粗车次数。

2）ns 为精加工路径第一程序段的顺序号；nf 为精加工路径最后程序段的顺序号。

3）Δu 为 X 方向的精加工余量，为直径值；Δw 为 Z 方向的精加工余量。

4）f、s、t 表示设定粗加工的进给速度、主轴转速和使用的刀具号。

3. 应用实例

图 2-68 所示为手柄零件图，毛坯为 ϕ35mm×160mm 的棒料，材料为铝。试采用 G73/G70 指令编写其粗、精加工程序。具体加工程序见表 2-19。

工艺分析：编程原点确定在该轴右侧圆弧面顶点，各切削参数选用如下：主轴转速 S=1000r/min；进给量f=0.2mm/r，固定循环点坐标为（37，2）。选择主偏角 90°、副偏角 35°的外圆车刀，分别用于粗车和精车。

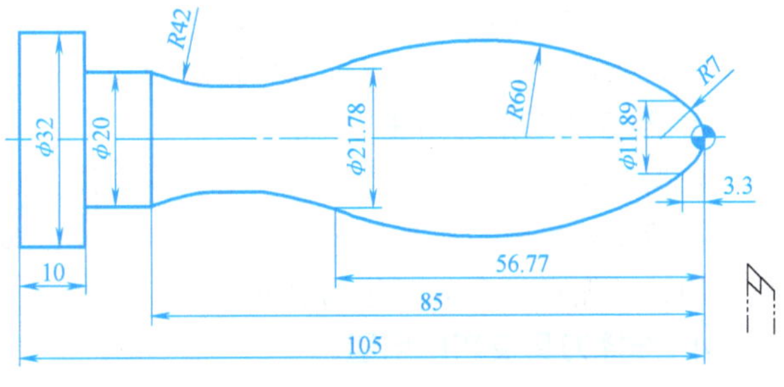

图 2-68 手柄零件图

表 2-19 G73 指令应用实例加工程序

程 序	程序说明
O2503	
T0101;	调用 01 号刀具
M03 S1000;	
G00 X37.0 Z2.0;	设定固定循环点
G73 U15W2 R6;	
G73 P30 Q100 U0.2 W0.2 F0.2;	
N30G01 X0F0.1;	
Z0;	
G03 X11.89 Z-3.3 R7.0;	
X21.78 Z-56.77 R60.0;	
G02 X20.0 Z-85.0 R42.0;	
G01 Z-95.0;	车 Z-95 的端面
X32;	沿 X 轴切 ϕ32 的外圆
N100Z-105.0;	
G70 P30 Q100;	用同一把刀精车
G00X100Z100;	
M05;	
M30;	

任务实施

一、工艺分析

1. 零件结构的工艺分析

(1) 分析尺寸　图 2-62 所示的复合轴零件有圆柱面、圆锥面、圆弧面及倒圆结构，尺寸精度和表面粗糙度要求都比较高，因此采用粗、精数车加工。

(2) 确定加工基准　因为轴向尺寸从右端面采取集中标注，所以根据基准统一的原则，确定零件的右端面为加工基准。

2. 确定装夹方案

毛坯为 ϕ50mm 棒料，采用自定心卡盘进行装夹。毛坯的长度远远大于零件的长度，为便于装夹找正，毛坯的夹持部分可以适当加长。

3. 制订加工工艺路线

根据先粗后精、先近后远的原则，本次任务加工工艺路线为装夹毛坯外圆，先粗车外轮廓，再精车外轮廓。粗车外圆轮廓时，利用粗车复合固定循环指令 G71，留 0.5mm 精车余量，用精车循环指令 G70 进行精车。

4. 选择刀具及切削用量

因为此类零件的各外径均要求加工，所以需要准备粗、精车两把车刀，选择主偏角

90°、副偏角 35°的外圆车刀，分别置于 01、02 号刀位。粗加工进给量为 0.3mm/r，主轴转速为 400r/min；精加工进给量为 0.15mm/r，主轴转速为 800r/min。粗加工分层完成，精加工一次完成。具体切削用量见表 2-20。

表 2-20 数控加工工序卡

工步号	工步内容	切削用量			刀具		量具名称	备注
		主轴转速 $n/(r/min)$	进给量 $f/(mm/r)$	背吃刀量 a_p/mm	编号	名称		
01	车削右端面	400	0.30	2	T0101	外圆车刀	游标卡尺	手动
02	粗车外轮廓，留 0.5mm 余量	400	0.30	2	T0101	外圆车刀	游标卡尺	自动
03	精车外轮廓	800	0.15	0.5	T0202	外圆车刀	游标卡尺	自动

二、程序编制

用 G71、G70 指令完成粗、精车，程序见表 2-21。

表 2-21 数控加工工序卡

程　序	程序说明
O2504	程序名
T0101;	调用 01 号刀具
M03 S400;	主轴正转，粗加工转速为 400r/min
M08;	切削液开
G00 X55 Z2;	
G71 U2 R1;	用 G71 指令分层粗加工外轮廓
G71 P10 Q80 U0.2 W0.1 F0.3;	
N10 G01 X0 F0.15;	
Z0;	
G03 X25 Z-12.5 R12.5;	
G01 Z-24;	
G01 X32 W-30;	
G02 X42 Z-91 R33;	
G01 W-26;	
N80 G02 X50 Z-121 R4;	
G00 X100 Z100;	返回换刀点
T0202 S800;	换 02 号刀，设置主轴以 800r/min 正转
G00 X55 Z2;	
G70 P10 Q80;	用 G70 指令精车外轮廓，进给量为 0.15mm/r
G00 X100 Z100;	
M05;	主轴停转
M09;	切削液关
M30;	程序结束

三、仿真加工

1. 选择机床

2. 开机、回原点

3. 定义毛坯

选择毛坯形状为棒料，定义工件直径为50mm，长度为200mm。

4. 选择并安装刀具

在1、2号刀位上分别安装55°菱形刀片的外圆车刀。

5. 对刀

6. 输入程序

7. 自动加工

仿真加工结果如图2-69所示。

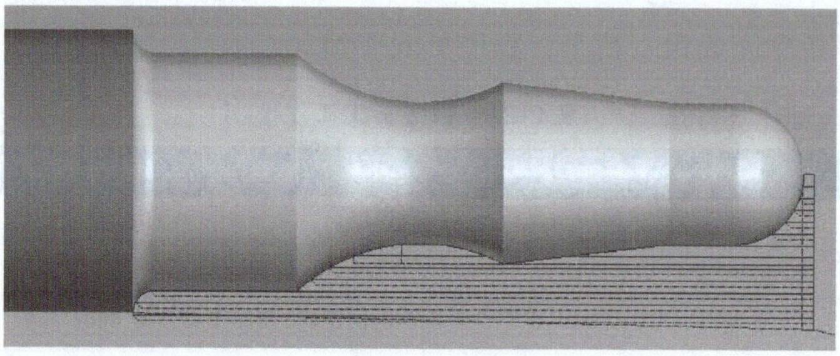

图 2-69 仿真加工结果

8. 测量零件

9. 保存报告文件

在仿真软件的主菜单中选择“文件”→“保存报告文件”。

复合轴的仿真加工
视频 2-10

四、机床加工

1. 毛坯、刀具、量具及其他工具的准备

1）准备ϕ50mm×150mm的棒料，材料为45钢，将毛坯正确安装到自定心卡盘上。

2）准备两把主偏角90°、副偏角35°的外圆车刀，并正确安装至刀架上。

3）准备规格为125mm的游标卡尺。

4）正确摆放所需工具。

2. 程序输入与编辑

1）数控车床通电、开机。

2）回参考点。

3）输入程序。

4）程序校验。

3. 零件加工

1）对刀。

2）自动加工。

4. 零件检测

用游标卡尺测量外圆直径与长度。

问题归纳

1）注意 G71/G72/G73 指令的适用场合。G71 指令适用于轴向余量大的棒料毛坯，G72 指令适用于径向余量大的棒料毛坯，G73 指令通常用于有一定铸造形状的毛坯。

2）注意 G72 指令的精加工路线从左端往右端编写（与 G71 指令相反）。

3）G71/G72/G73 程序段中的 F 指定的是粗车速度，*ns* 至 *nf* 之间程序段中 F 指定的是精车速度，两个速度一个也不能少。

技能强化

毛坯为 ϕ50mm×120mm 棒料，材料为 45 钢。要求设计图 2-70 所示零件的数控加工工艺方案，编制加工程序并仿真加工。

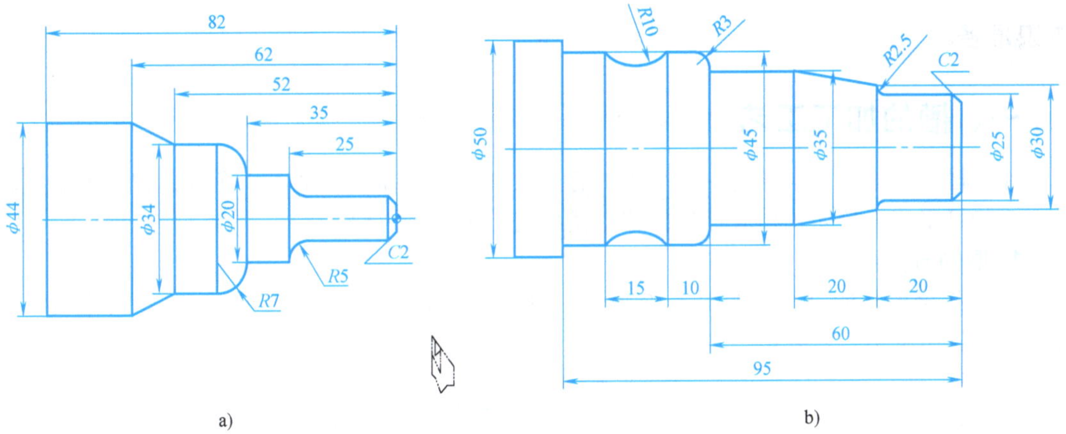

图 2-70 复杂轴零件图样

任务 2.6 沟槽的编程与加工

任务导入

图 2-71 所示为带沟槽轴的零件图，毛坯为 ϕ45mm×100mm 的棒料，材料为 45 钢，完成沟槽轴零件的编程和加工。

学习目标

知识目标

1）掌握 G04、G75 指令的含义和编程格式。

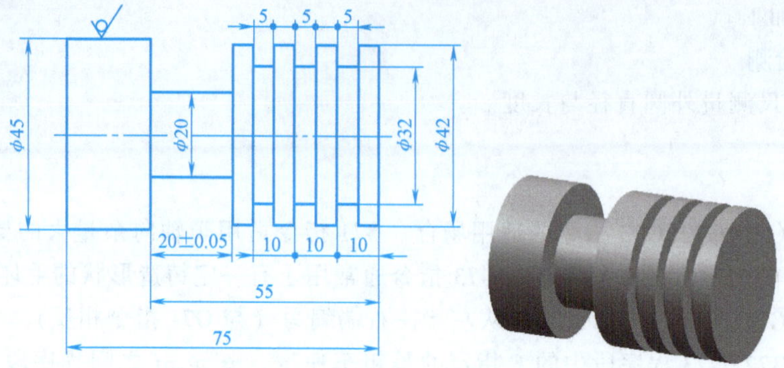

图 2-71　沟槽轴的零件图

2）熟悉子程序格式与调用方法。

技能目标

1）能制订宽、窄槽的加工工艺路线，并选用合适的指令编写程序。

2）熟练两把刀的对刀及沟槽的测量方法。

知识准备

一、槽的加工工艺

加工槽属于生产中常见的一种加工内容，较加工外圆而言，加工槽尤其是密封槽难度较大，一般可采用直接切入槽底后暂停修整槽底进行加工的方法。

1. 槽的分类

（1）按槽的功能分类　如图 2-72 所示，轴类零件表面上有各种凹槽，主要用作螺纹退刀槽、砂轮越程槽、密封槽、定位槽等。

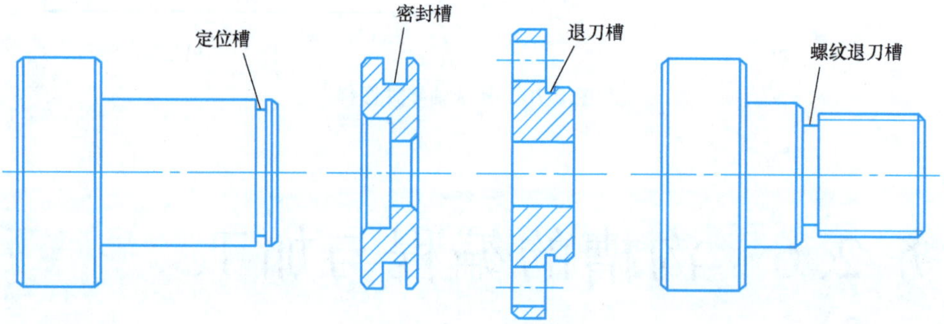

图 2-72　按槽的功能分类

（2）按槽的位置分类　如图 2-73 所示，按槽的位置分类，在外圆柱表面上的槽称为外槽，在内圆柱表面上的槽称为内槽，在端面上的槽称为端面槽。

（3）按槽的结构分类　如图 2-74 所示，沟槽根据宽度不同分为宽槽和窄槽两种。沟槽的宽度不大，采用刀头宽度等于槽宽的车刀，一次性车出的沟槽称为窄槽。沟槽的宽度大于车槽刀刀头宽度的槽称为宽槽。

2. 车槽的刀具

（1）车槽刀的参数　如图 2-75 所示，车槽刀由刀头和刀杆两部分组成，其中刀头部分

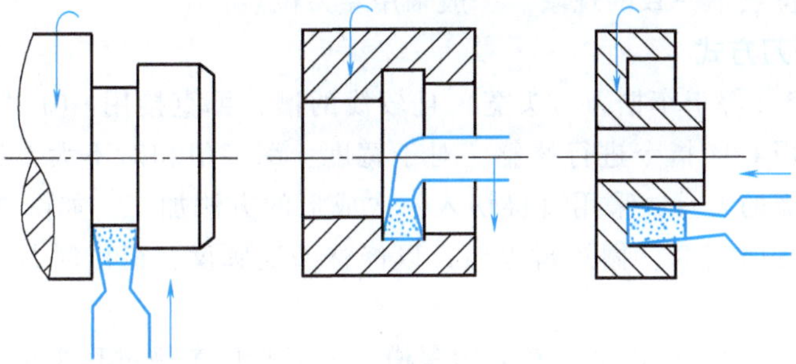

a) 外槽　　b) 内槽　　c) 端面槽

图 2-73　按槽的位置分类

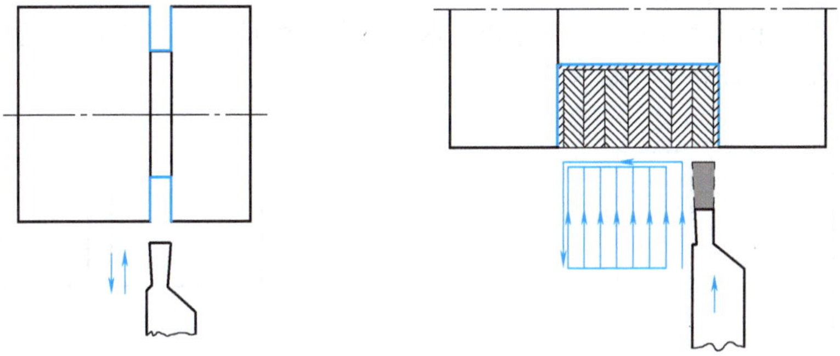

a) 窄槽　　b) 宽槽

图 2-74　按槽的结构分类

的主切削刃宽度 a 和长度 L 一般按经验公式计算。

1）主切削刃宽度 a：主切削刃太宽会因切削力太大而振动，并且浪费材料；太窄又会削弱刀头强度，可按下面的经验公式计算，即

$$a \approx (0.5 \sim 0.6)\sqrt{d}$$

式中，a 为主切削刃宽度（mm），加工槽宽小于 5mm 的槽时，a 取槽宽；d 为工件的直径（mm）。

2）刀头长度 L：可按下面的经验公式计算，即

$$L = 槽深 + (2 \sim 3)\,\text{mm}$$

（2）车槽刀的刀位点　车槽刀有左、右两个刀尖及切削刃中心处的三个刀位点（图 2-76）。在编程时要根据图样尺寸的标注和对刀的难易程度综合考虑，为了避免编程操

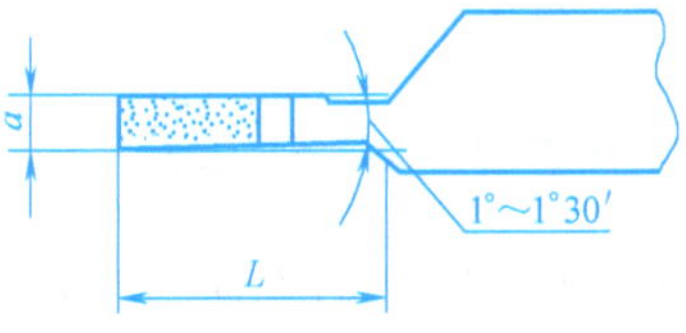

图 2-75　车槽刀参数图

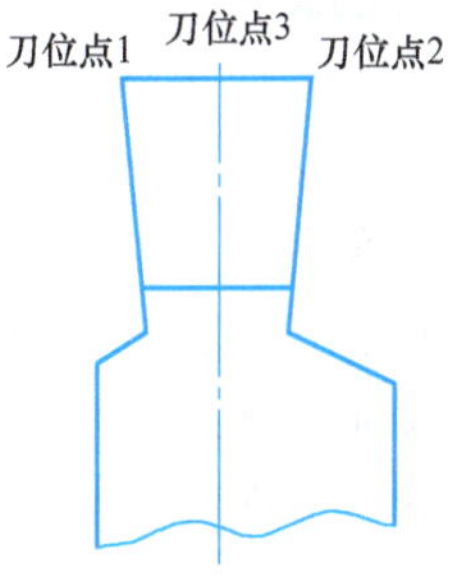

图 2-76　车槽刀的刀位点

作和对刀时选用刀位点不一致的现象。一般采用左刀位点。

3. 车外槽的进刀方式

1）对于宽度窄（等于车槽刀刀头宽）且较浅的槽，可直接用 G01 指令，先慢速进刀，再慢速退刀。槽底用 G04 指令进行修整。对于宽度、深度值相对不大，且精度要求不高的槽，可使用与槽等宽的刀具，采用直接切入一次成形的方法加工，如图 2-77 所示。刀具切入到槽底后可利用延时指令，做短暂停留，以修整槽底圆度，退出时若有必要可采用工进速度。

2）对于宽度值不大，但深度值较大的深槽，为了避免车槽过程中由于排屑不畅，使刀具前面压力过大出现扎刀和折断刀具的现象，应采用分次进刀的方式，刀具在切入工件一定深度后，停止进刀并回退一段距离，达到断屑和退屑的目的，如图 2-78 所示。同时注意尽量选择强度较高的刀具。对于宽度窄（等于车槽刀刀头宽）但是较深的槽，可采用 G01 指令，但是每进刀一个深度后要做退刀操作，退刀距离（半径值）小于进刀量。在车到位后，可在底部停留数秒，以修整外圆。

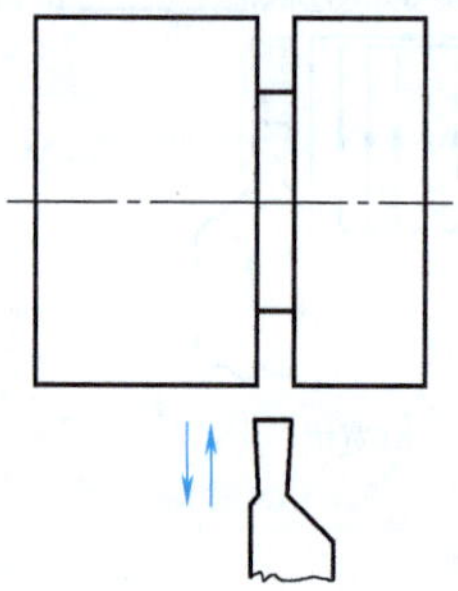

图 2-77　窄浅槽的加工方式

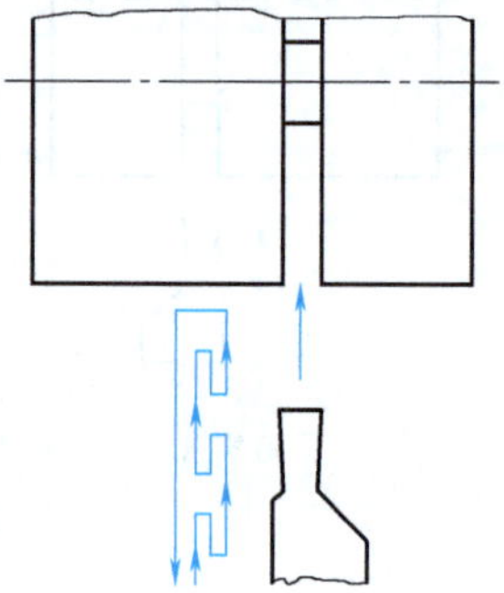

图 2-78　窄深槽的加工方式

3）宽槽的切削。通常把大于车槽刀刀头宽度的槽称为宽槽，宽槽的宽度、深度的精度要求及表面质量相对较高。在加工宽槽时常采用排刀的方式进行粗车，然后使用精车槽刀沿槽的一侧车至槽底，再精加工槽底至槽的另一侧面，如图 2-79 所示。加工宽槽可采用 G75 内/外径车槽循环指令来实现。

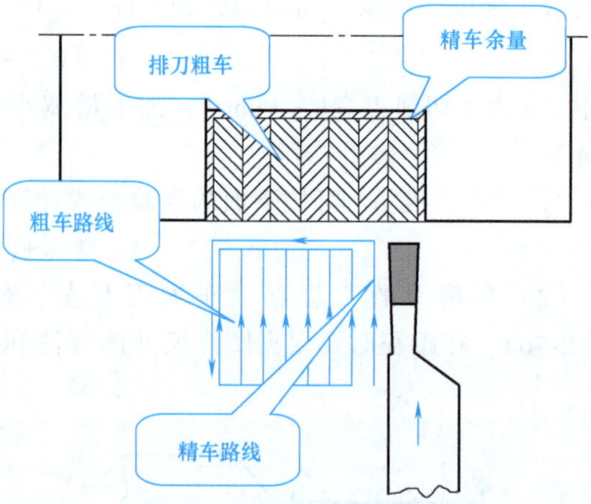

图 2-79　宽槽的加工方式

4. 零件的装夹

根据槽的宽度等条件，在槽的加工中经常采用直接成形的方式，也就是槽的宽度等于车槽刀主切削刃的宽度，且等于背吃刀量 a_p。这将产生较大的切削力，同时大部分槽是位于工件外圆上的，车槽过程中的主切削力的方向与工件轴线垂直，必然会影响到工件的稳固性。因此，在数控车床上进行槽加工时一般可采用下面两种装夹方式：

1）利用软卡爪，并适当增加装夹面的长度，以保证定位准确，装夹稳固。

2）利用尾座及顶尖做辅助，采用一夹一顶方式装夹，最大限度地保证工件的稳固性。

5. 切削用量与切削液的选择

受车槽过程中背吃刀量等于车刀主切削刃宽度的影响，吃刀量的大小可以调节的范围较小，要提高切削稳定性和切削效率，就要适度调整切削速度和进给速度。在普通车床上进行车槽加工，切削速度和进给速度相对外圆切削要选取得相对较低，一般取外圆切削的 30%～70%；数控车床的各项精度要远高于普通车床，可以选择相对较高的速度，切削速度可以选择外圆切削的 60%～80%，进给速度选取 0.05～0.3mm/r。

需要注意的是在车槽中常常容易产生振动现象，这往往是由于进给速度过低或者线速度与进给速度搭配不当造成的，须及时地调整，以求搭配合理，保证切削稳定。

车槽过程中，为了解决车槽刀刀头面积小，散热条件差，容易产生高温，降低刀片切削性能的问题，可以选择冷却性能较好的乳化类切削液进行喷注，使刀具充分冷却。

二、编程知识

1. 进给暂停指令 G04

（1）指令功能　G04 指令可使程序执行到出现该指令的程序段时暂停。如车槽加工时，为使槽底圆整光滑，可采用该指令。

（2）指令格式

G04X __；或 G04P __；

其中，X、P 为暂停时间，X 后面可用带小数点的数，单位为 s，如“G04 X2.5”表示前段程序执行完后要经过 2.5s 的进给暂停才能执行下面的程序段；P 后面的不允许有小数点，单位为 ms，如“G04 P2000”表示暂停 2s。

（3）车槽编程注意事项

1）为避免刀具与零件的碰撞，车槽完成后退刀时应先沿 X 方向退刀到安全位置，然后再回换刀点。

2）对于车矩形外沟槽的车刀，其主切削刃应安装于与车床主轴轴线平行并等高的位置。

3）对于车矩形沟槽，如果车槽刀主切削刃宽度不等于设定的尺寸，加工后各槽宽尺寸将随刀宽尺寸的变化而变化。

4）车槽时，切削刃宽度、主轴转速 n 和进给速度 f 都不宜过大。

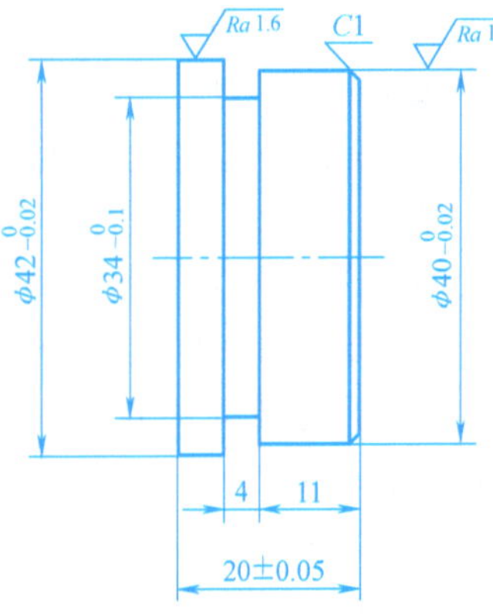

图 2-80　G04 指令应用实例

（4）G04 指令的应用　如图 2-80 所示，零件外形已加工完成，只编写零件窄槽部位的加工程序。通过分析零件图窄槽部位的结构，选用与槽等宽的 4mm 车槽刀，采取直接切入槽底后暂停修整槽底圆度，然后慢速退刀修正侧面的方式进行加工。坐标系原点在工件右端面中心，采用车槽刀左刀尖为刀位点对刀。具体加工程序见表 2-22。

表 2-22 G04 指令应用实例加工程序

程序	程序说明
O2601	程序名
M03S500;	起动主轴,转速 500r/min
T0202;	选择 02 号刀具,宽度为 4mm 的车槽刀
G00X45.0Z-15.0;	快速定位至起点
G01X34.0F0.1;	加工宽 4mm 的槽至底面
G04X2.0;	延时 2s
G01X45.0F0.1;	退刀至起点
G00X100.0Z100.0;	远离零件
M30;	程序结束

2. 内/外径车槽复合循环指令 G75

较宽外圆沟槽的加工可以分几次进给，要求每次切削时留有重叠的部分，并在沟槽两侧和底面留一定的精车余量。所以宽槽一般采用车槽循环指令 G75，切削路线如图 2-81 所示。

（1）指令功能　G75 指令用于加工径向环形槽或圆柱面，采用径向断续切削方式，可以起到断屑、及时排屑的作用。

（2）指令格式

G00 X $\underline{\alpha}$ Z $\underline{\beta}$;

G75 R $\underline{e}$;

G75 X(U) Z(W) P$\underline{\Delta i}$ Q$\underline{\Delta k}$ RΔd F$\underline{f}$;

各参数的含义：

α、β 表示车槽起始点坐标，α 应比槽口最大直径大 2~3mm，以免在刀具快速移动时发生撞刀；β 与车槽起始点位置从左侧或右侧开始有关。

e 表示每次沿径向（X 方向）切削 Δi 后的退刀量（mm），无符号。

X 表示切削终点 X 方向的绝对坐标值。

U 表示 X 方向上，切削终点与起点的绝对坐标的差值（mm）。

Z 表示切削终点 Z 方向的绝对坐标值（mm）。

W 表示 Z 方向上，切削终点与起点的绝对坐标的差值（mm）。

Δi 表示 X 方向的每次背吃刀量，无符号，为半径值。

Δk 表示 Z 方向的每次背吃刀量，无符号。

Δd 表示切削到终点时，沿 Z 方向的退刀量（mm），通常不指定，省略 Z(W) 和 Q($\underline{\Delta k}$) 时，则视为 0。

f 表示切削进给速度。

（3）编程注意事项

1）循环起点的 Z 向坐标应该是槽的起始值再让一个刀宽（具体见表 2-23 实例）；

2）编程时注意左、右刀尖的选择。

3）Δi：单位为 μm；

ΔK：单位为 μm；

4）Δ*k* 必须小于刀宽值。

（4）应用实例　采用 G75 指令编写图 2-82 所示宽槽零件的加工程序，选用 3mm 宽的车槽刀。具体程序见表 2-23。

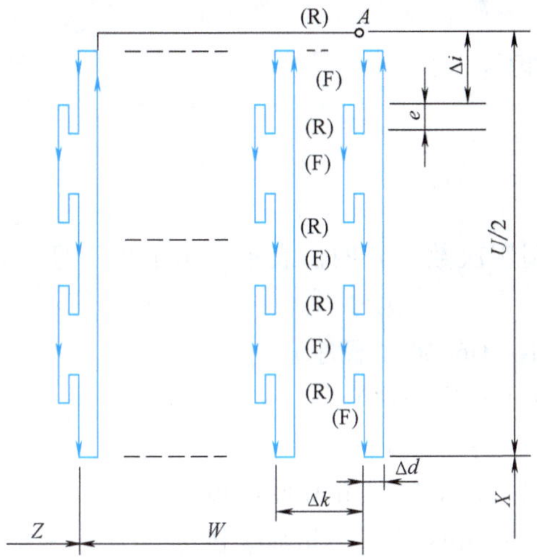

图 2-81　G75 指令径向车槽循环路线图

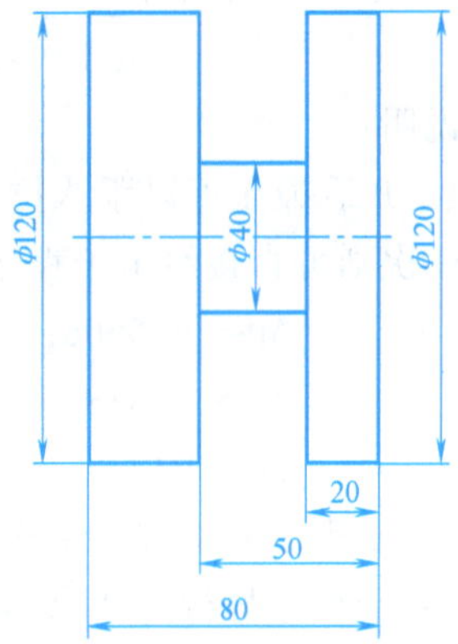

图 2-82　宽槽零件图

表 2-23　G75 指令应用实例加工程序

程序内容	程序说明
O2602	程序名
T0101；	调用 01 号车槽刀
M03 S500；	起动主轴，设置转速为 500r/min
G00 X125 Z-23；	定位到加工起始点（*Z* 应该是槽的起始值再让一个刀宽，因为 G75 第一句 *Z* 向不移动，从循环起点直接车第一刀，所以应该从 *Z*-20 再向左让一个刀宽，前面设定了 3mm 的刀宽，所以 *Z* 应该是-23）
G75 R1；	加工循环
G75 X40 Z-50 P2000 Q2000 F50；	
G00 X150；	*X* 向退刀
Z50；	*Z* 向退刀
M05；	主轴停转
M30；	程序结束

三、子程序

1. 子程序的定义

数控加工程序分为主程序和子程序两类。

主程序是一个完整的零件加工程序，或是零件加工程序的主体部分。它的特点是和被加工零件或加工要求一一对应。不同的零件或不同的加工要求，都有唯一的主程序。

一组程序段在一个程序中多次出现，或者在几个程序中都要使用它，这个典型的加工程序可以做成固定程序并单独命名，这个程序就是子程序。它的特点是不属于独立的加工程序，只能通过调用实现加工中的局部动作；执行结束后，能自动返回到调用的程序中。子程序可以被主程序调用，同时子程序也可以调用另一个子程序。这样可以简化程序的编制和节省 CNC 系统的内存空间。

2. 子程序的格式

FANUC 系统子程序调用指令是 M98，格式如下：

M98 P×××× ××××

循环次数　子程序号

说明：

1）P 后最多可以跟八位数字，前四位表示调用次数，后四位表示调用子程序号，若只调用一次则可直接给出子程序号。例如：

M98 P46666;　（表示连续调用四次 O6666 子程序）

M98 P8888;　（表示调用 O8888 子程序一次）

M98 P12;　（表示调用 O12 子程序一次）

2）子程序号格式与主程序号格式相同，不同的是子程序用 M99 结束。

3）子程序执行完请求的次数以后返回到主程序 M98 的下一句继续执行。子程序结束没有 M99 时将不能返回主程序。

4）省略循环次数时，默认循环次数为一次。

5）子程序可以由主程序调用，已被调用的子程序也可以调用其他的子程序。从主程序调用的子程序称为一重，一般系统可以嵌套四重，如图 2-83 所示。

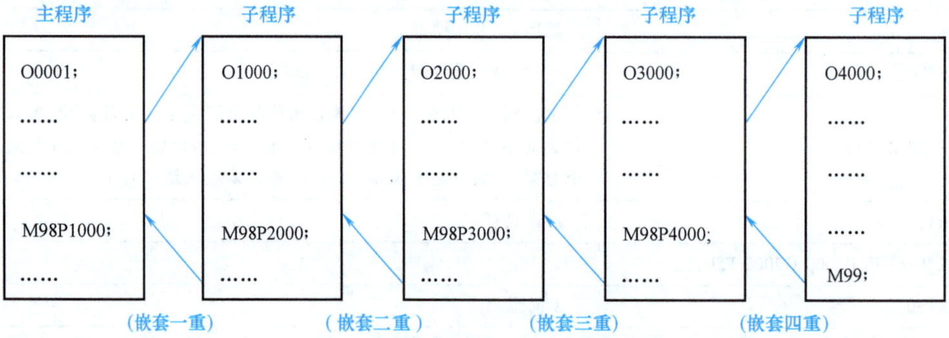

图 2-83　子程序调用的嵌套

3. 编程注意事项

1）编程时应注意子程序与主程序之间的衔接问题。

2）应用子程序指令的加工程序在试切削阶段应特别注意机床的安全问题。

3）子程序多是采用增量方式编制，应注意程序是否闭合，及积累误差对零件加工精度的影响。

四、沟槽的测量方法

（1）精度要求低的沟槽　可用钢直尺测量其宽度，如图 2-84a 所示。也可用钢直尺和外卡钳相互配合等方法测量沟槽槽底直径，如图 2-84b 所示。

（2）精度要求高的沟槽　对于精度要求高的沟槽，通常用外径千分尺测量槽底直径，如图 2-84c 所示；用样板测量其宽度，如图 2-84d 所示；或用游标卡尺测量其宽度，如图 2-84e 所示。

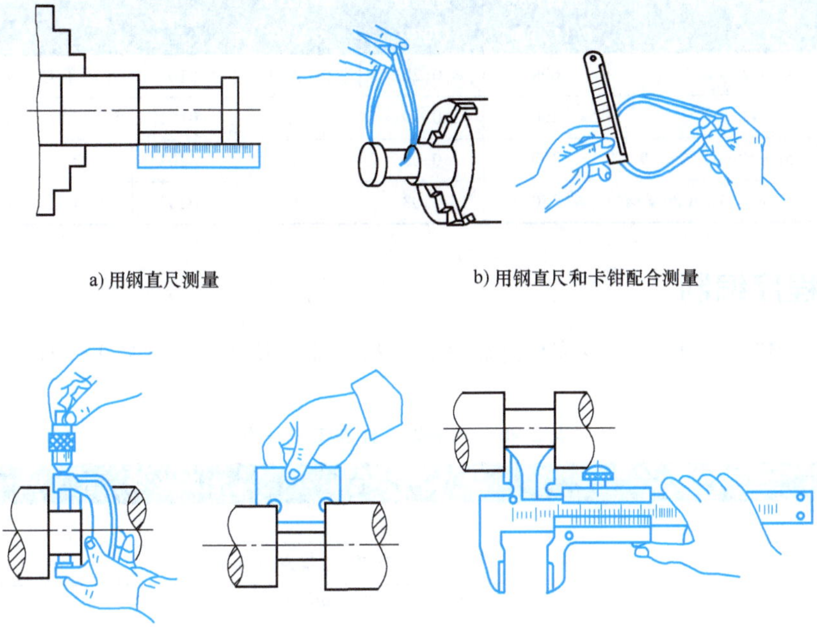

a) 用钢直尺测量　b) 用钢直尺和卡钳配合测量

c)用千分尺测量　d)用样板测量　e)用游标卡尺测量

图 2-84　外沟槽的测量方法

任务实施

一、工艺分析

1. 零件结构的工艺分析

（1）分析尺寸　如图 2-71 所示的沟槽轴零件，尺寸精度和表面粗糙度要求都比较低，重在考虑宽、窄槽的加工。

（2）确定加工基准　因为轴向尺寸从右端面采取集中标注，所以根据基准统一的原则，确定零件的右端面为加工基准。

2. 确定装夹方案

毛坯为 ϕ45mm 的棒料，采用自定心卡盘进行装夹。毛坯的长度远远大于零件的长度，为便于装夹找正，毛坯的夹持部分可以适当加长。

3. 制订加工工艺路线

本次任务的加工工艺路线为先夹住毛坯外圆，车工件端面、外圆，然后换车槽刀分别加工三个窄槽和一个宽槽。

4. 选择刀具及切削用量

加工外圆、端面选用硬质合金外圆车刀或可转位车刀；车槽选用宽度为 5mm 的硬质合金焊接式车槽刀或可转位车槽刀。所有表面切削用量见表 2-24。

表 2-24　车削多槽轴的加工工艺

工步号	工步内容	切削用量			刀具		量具名称	备注
		主轴转速 n/(r/min)	进给量 f/(mm/r)	背吃刀量 a_p/mm	编号	名称		
01	粗车外圆 ϕ42	600	0.20	2	T0101	外圆车刀	游标卡尺	手动
02	精车外圆 ϕ42	800	0.10	0.3	T0101	外圆车刀	游标卡尺	自动
03	车三个 5mm×5mm 的窄槽	350	0.08	5	T0202	车槽刀	游标卡尺	自动
04	车一个 20mm×11mm 的宽槽	350	0.08	3	T0202	车槽刀	游标卡尺	自动

二、程序编制

用 G75、M98、M99 等指令完成外轮廓粗、精车加工及宽、窄槽加工，程序见表 2-25 和表 2-26。

表 2-25　沟槽轴零件加工主程序

主　程　序	程序说明
O2603	程序名
M03 S600;	起动主轴正转，转速为 600r/min
T0101;	选择 01 号刀具，90°外圆车刀
G00 X46.0 Z2.0;	快速定位到点(46,2)
G90 X43 Z-55;	粗车外圆至 ϕ43mm
X42.5;	粗车外圆至 ϕ42.5mm
X42	精车 ϕ42mm 外圆轮廓
G00 X100 Z100;	快速退至换刀点
T0202 S350;	换车槽刀 T0202，转速为 350r/min
G00 X43.0 Z0;	快速回到车槽循环起点位置(43,0)
M98 P31234;	调用子程序 O1234 并执行 3 次，切削 3 个 5mm×5mm 的窄槽
G01 X43.0 Z-40.0 F0.1;	
G75 R1;	切削 20mm×11mm 的宽槽
G75 X20 Z-55 P3000 Q4800 F0.08;	
G00 X100 Z100;	
M30;	

表 2-26　沟槽轴零件加工子程序

子　程　序	程序说明
O1234	
G01W-10.0 F0.08;	从车槽循环起点位置(43,0)往 Z 负方向让刀 10mm
G01X32.0;	车第一个 5mm×5mm 的窄槽到槽底
G04X2.0;	在槽底暂停，进行光整加工
G00 X43.0;	刀具 X 方向退出
M99;	

三、仿真加工

1. 选择机床

2. 开机、回原点

3. 定义毛坯

选择毛坯形状为棒料，定义工件直径为 45mm，长度为 200mm。

4. 选择并安装刀具

在 1 号刀位上安装 90°菱形刀片的外圆车刀，在 2 号刀位安装 5mm 宽的车槽刀。

5. 对刀

车槽刀对刀刀位点选左侧刀尖，对刀步骤如下：

1）Z 方向对刀。在 MDI 模式下输入程序“M03S400”，使主轴正转；切换成手动（JOG）模式，如图 2-85a 所示，让车槽刀左侧刀尖碰到前面外圆车刀车过的端面，沿+X 方向退出刀具；然后进行面板操作，面板操作步骤与外圆车刀 Z 方向对刀相同。

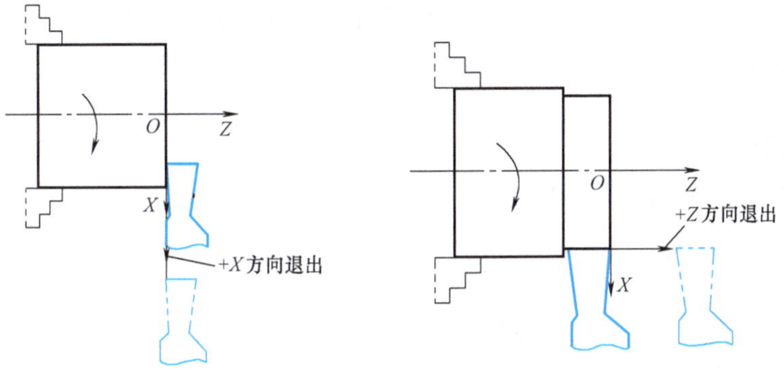

a) 车槽刀 Z 方向对刀操作示意图　　b) 车槽刀 X 方向对刀操作示意图

图 2-85　车槽刀对刀操作过程

2）X 方向对刀。在 MDI 模式下输入程序“M03S400”，使主轴正转；切换成手动（JOG）模式，如图 2-85b 所示，用车槽刀主车削刃车工件外圆面（长 3~5mm），沿+Z 方向退出刀具；停机，测量外圆直径；然后进行面板操作，面板操作步骤与外圆车刀 X 方向对刀相同。

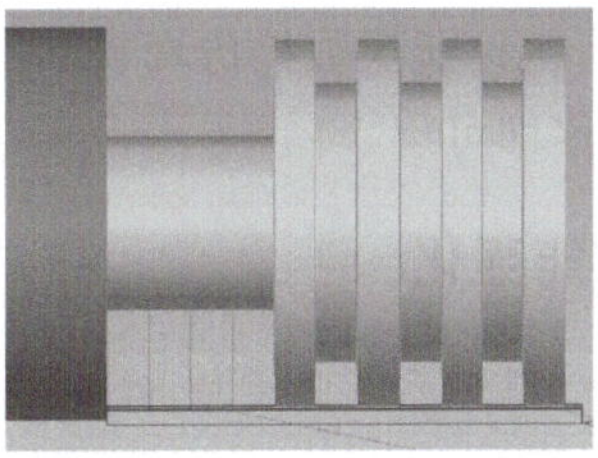
图 2-86　仿真加工结果

6. 输入程序

7. 自动加工

仿真加工结果如图 2-86 所示。

8. 测量零件

9. 保存报告文件

在仿真软件的主菜单中选择“文件”→“保存报告文件”。

沟槽轴的仿真加工

视频 2-11

四、机床加工

1. 毛坯、刀具、量具及其他工具的准备

1）准备 ϕ45mm×150mm 的棒料，材料为 45 钢，将毛坯正确安装到自定心卡盘上。

2）准备一把 90°外圆车刀和一把 5mm 宽的车槽刀，并正确安装至刀架上。

3）准备规格为 125mm 的游标卡尺。

4）正确摆放所需工具。

2. 程序输入与编辑

1）数控车床通电、开机。

2）回参考点。

3）输入程序。

4）程序校验。

3. 零件加工

1）两把刀对刀。

注意：对完外圆车刀后，对第二把刀车槽刀时，车槽刀在 Z 方向上要和上把外圆车刀车过的端面对齐，否则车槽刀的 Z0 和外圆车刀的 Z0 将不在一个位置。如果车槽刀的刀位点位置能准确确定，可通过手动移动准确地将车槽刀移动至外圆车刀的 Z0 位置再测量；如果车槽刀的刀位点位置不能准确确定，可通过目测尽量靠到外圆车刀车过的端面上（即外圆车刀的 Z0 位置）。

2）自动加工。

4. 零件检测

用游标卡尺测量外圆直径与长度。

问题归纳

1）使用 G75 指令前，固定循环起点的 Z 坐标的设定容易出错，详见知识准备。

2）切记 G75 指令格式中的 Q 值要小于车槽刀的宽度。

3）注意车槽刀在 Z 方向对刀时要和上把外圆车刀车过的端面对齐，否则车槽刀的 Z0 和外圆车刀的 Z0 将不在一个位置。

4）斯沃数控仿真软件子程序导入后，会出现系统不识别 M99 的情况，此时手动输入子程序即可。

技能强化

已知毛坯直径为 ϕ45mm，长度为 70mm，材料为 45 钢，试编写图 2-87 所示零件的加工程序。

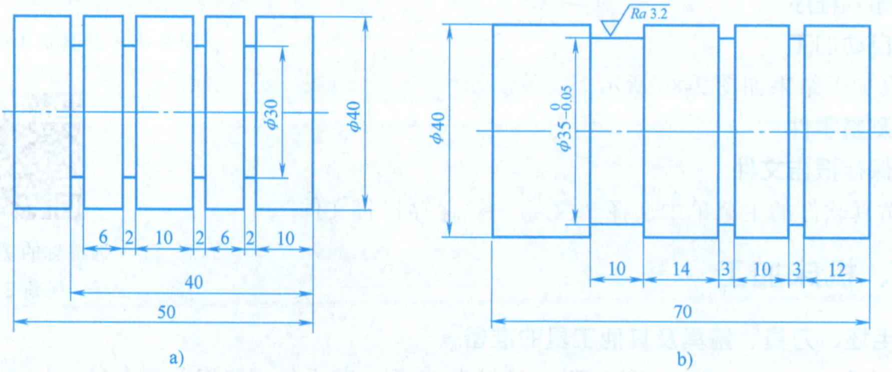

图 2-87 沟槽轴零件图

任务 2.7　螺纹轴的编程与加工

任务导入

图 2-88 所示为螺纹轴零件图，毛坯为 ϕ50mm×200mm 的棒料，材料为 45 钢，完成螺纹轴零件的编程与加工。

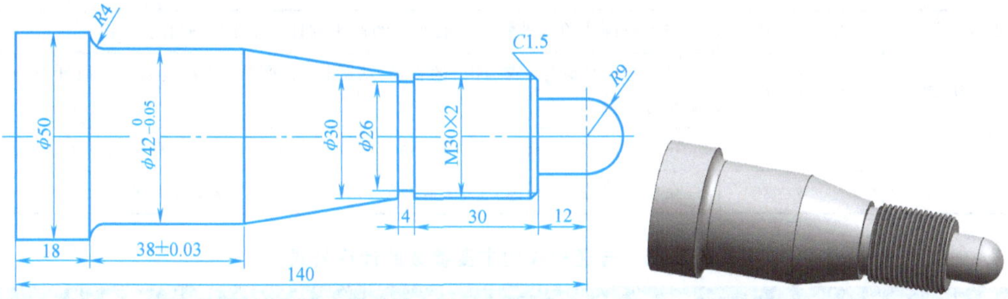

图 2-88　螺纹轴零件图

学习目标

知识目标

1）掌握三角形螺纹的基本参数及相关尺寸计算方法。

2）掌握螺纹加工指令及其应用。

技能目标

1）能制订螺纹的加工工艺路线，并选用合适的指令编写程序。

2）熟练掌握多把刀的对刀及螺纹的测量方法。

知识准备

一、螺纹的基础知识

如图 2-89 所示，内、外螺纹总是成对使用的，内、外螺纹能否配合及配合的松紧程度，

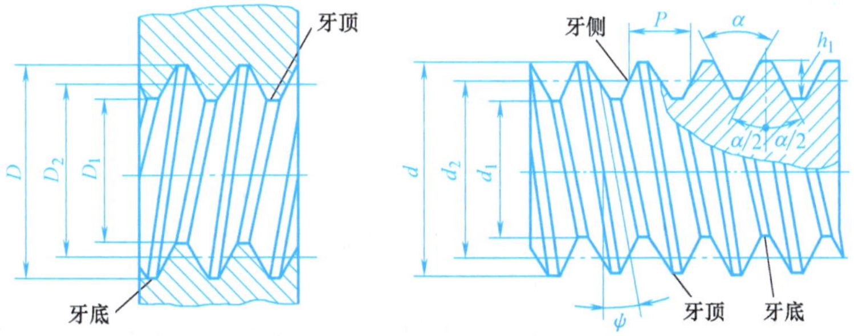

a) 内螺纹　　b) 外螺纹

图 2-89　内、外螺纹基本参数

主要取决于牙型角 α、螺距 P 和中径 D_2/d_2 三个基本要素的精度。内、外螺纹参数名称、含义及计算公式分别见表 2-27、表 2-28。

表 2-27 普通螺纹主要参数的代号和定义

主要参数	代号		定义
	内螺纹	外螺纹	
牙型角	α		在螺纹牙型上，相邻两牙侧间的夹角。普通螺纹的牙型角为 60°
牙型高度	h_1		在螺纹牙型上，牙顶到牙底在垂直于螺纹轴线方向上的距离
螺纹大径（公称直径）	D	d	与内螺纹牙底或外螺纹牙顶相切的假想圆柱（或圆锥）的直径，是代表螺纹尺寸的直径
螺纹小径	D_1	d_1	与内螺纹牙顶或外螺纹牙底相切的假想圆柱（或圆锥）的直径
螺纹中径	D_2	d_2	是一个假想圆柱（或圆锥）的直径，该圆柱（或圆锥）的素线通过螺纹牙厚与牙槽宽相等的地方
螺距	P		在中径圆柱（或圆锥）上，螺纹相邻两牙在中径线上对应两点间的轴向距离
螺纹升角	ψ		在中径圆柱（或圆锥）上，螺旋线的切线与垂直于螺纹轴线的平面之间的夹角

表 2-28 普通螺纹的主要参数的计算公式

基本参数	外螺纹	内螺纹	计算公式
牙型角	α		$\alpha=60°$
螺纹大径	d	D	$d=D$
螺纹中径	d_2	D_2	$d_2=D_2=d-0.6495P$
牙型高度	h_1	h_2	$h_1=h_2=0.5413P$
螺纹小径	d_1	D_1	$d_1=D_1=d-1.0825P$

注意：车三角形外螺纹时，车刀挤压会使螺纹大径尺寸胀大，所以车螺纹前大径一般应车得比基本尺寸小约 $0.1P$。车三角形内螺纹时，内孔直径会缩小，所以车内螺纹前的孔径要比内螺纹小径略大些。可采用下列近似公式计算：

车外螺纹前外圆直径 $\approx d-0.1P$

车塑性金属的内螺纹底孔直径 $\approx D-P$

车脆性金属的内螺纹底孔直径 $\approx D-1.05P$

二、螺纹的加工工艺

1. 外螺纹车刀

如图 2-90 所示，普通外螺纹车刀刀尖角等于普通螺纹牙型角 60°。在安装刀具时用样板对刀，而且螺纹车刀不宜伸出过长，如图 2-91 所示。

2. 螺纹车削的加工方法

为了保证螺纹导程，加工螺纹时主轴旋转一周，车刀的进给量必须等于螺纹导程，进给量较大，而螺纹刀强度一般较差，因此螺纹牙型不能一次加工完成，需要多次切削完成。通常采用成型螺纹刀加工螺纹，常用走刀法有三种。

（1）直进法　直进法如图 2-92a 所示，车削时车刀沿横向间歇进给至牙深处。用这种方法加工螺纹时车刀三面切削，切削余量大，刀尖磨损严重，排屑困难，容易产生扎刀现象。

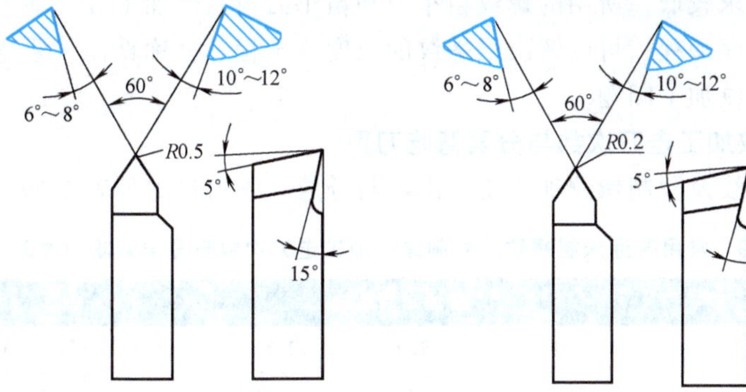

a) 粗车刀　　b) 精车刀

图 2-90　高速钢普通外螺纹车刀

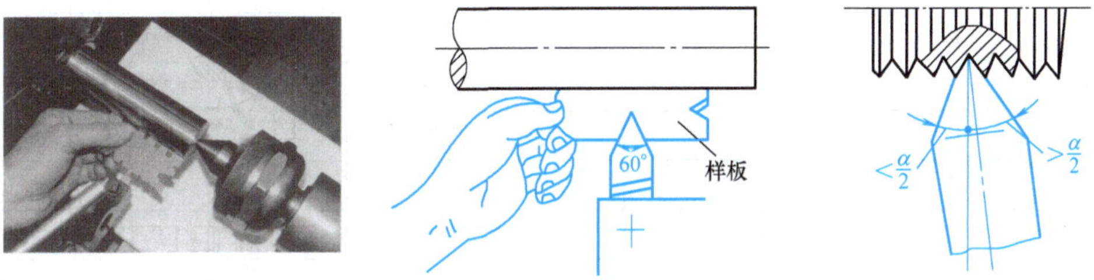

a) 用对刀样板装刀　　b) 车刀装歪造成牙型歪斜

图 2-91　外螺纹车刀的安装

直进法适合于小导程的三角形螺纹的加工，一般采用 G32 或 G92 指令编程。

（2）斜进法　斜进法如图 2-92b 所示，车削时车刀沿牙型角方向斜向间歇进给至牙深处，每个行程中车刀除横向进给外，纵向也要做少量进给。用这种方法加工螺纹时可避免车刀三面切削，切削力减少，不容易产生扎刀现象。但由于斜进法为单侧刃加工，切削刃容易损伤和磨损，使加工的螺纹面不直，刀尖角发生变化，而造成牙型精度较差。采用斜进法粗车螺纹后，必须用左右分层法精车螺纹才能使螺纹的两侧都获得较小的表面粗糙度值。一般采用 G76 指令编程。

（3）左右分层法　左右分层法如图 2-92c 所示，车削时车刀沿牙型角方向交错间歇进给至牙深处，左右分层法实际上是直进法和斜进法的综合应用。在车削螺距较大的螺纹时，通常不是一次性就把牙槽切削出来，而是把牙槽分成若干层，转化成若干个较浅的牙槽来进行切削，从而降低了车削难度。每一层的切削都采用先直进后左右的车削方法，由于左右切削时槽深不变，刀具只需向左或向右纵向进给即可。用这种方法加工螺纹时同样可避免车刀三面切削，切削效果

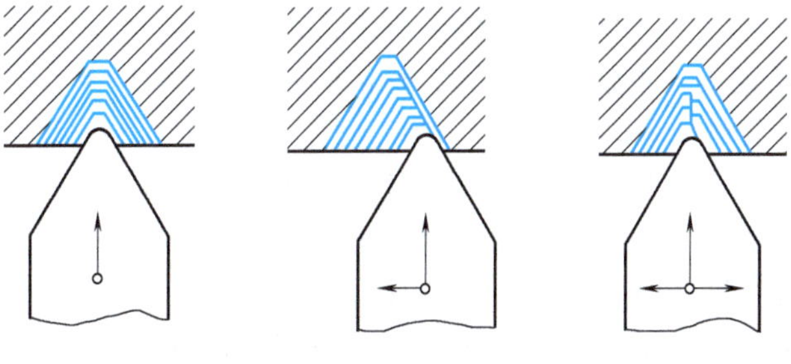

a) 直进法　　b) 斜进法　　c) 左右分层法

图 2-92　外螺纹车削的加工方法

较好，而且对刀具要求较低，所用的螺纹粗车刀和精车刀与其他加工方式基本相同。这种方法尤其适合用于宏程序编程，可以解决当螺纹的长度、导程、公称直径、牙宽等参数中任何一个发生变化时的螺纹加工问题。

3. 常用普通螺纹加工走刀次数与分层背吃刀量

常用普通米制螺纹及寸制螺纹加工走刀次数与分层背吃刀量参见表 2-29。

表 2-29　常用普通米制螺纹及寸制螺纹加工走刀次数与分层背吃刀量表

1. 普通米制螺纹								
螺距/mm		1.0	1.5	2.0	2.5	3.0	3.5	4.0
牙型高度/mm		0.649	0.977	1.299	1.624	1.949	2.273	2.598
走刀次数及分层背吃刀量/mm	1 次	0.7	0.8	0.9	1.0	1.2	1.5	1.5
	2 次	0.4	0.6	0.6	0.7	0.7	0.7	0.8
	3 次	0.2	0.4	0.6	0.6	0.6	0.6	0.6
	4 次		0.16	0.4	0.4	0.4	0.6	0.6
	5 次			0.1	0.4	0.4	0.4	0.4
	6 次				0.15	0.4	0.4	0.4
	7 次					0.2	0.2	0.4
	8 次						0.15	0.3
	9 次							0.2
2. 寸制螺纹								
牙数/in^{-1}		24	18	16	14	12	10	8
牙型高度/mm		0.678	0.904	1.016	1.126	1.355	1.626	2.033
走刀次数及分层背吃刀量/mm	1 次	0.8	0.8	0.8	0.8	0.9	1.0	1.2
	2 次	0.4	0.6	0.6	0.6	0.6	0.7	0.7
	3 次	0.16	0.3	0.4	0.5	0.6	0.6	0.6
	4 次		0.11	0.14	0.3	0.4	0.4	0.5
	5 次				0.13	0.21	0.4	0.5
	6 次						0.16	0.4
	7 次							0.2

4. 车螺纹时的切入段和切出段

在数控车床上加工螺纹时沿螺距方向的进给速度与主轴转速之间有严格的匹配关系(即主轴转一转，刀具移动一个导程)，为避免在进给机构加速和减速过程中加工螺纹产生螺距误差，加工螺纹时一定要有切入段 δ_1 和切出段 δ_2，如图 2-93 所示。另外，留有切入段 δ_1，可以避免刀具与工件相碰；留有切出段 δ_2，可以避免螺纹加工不完整。切入段 δ_1 和切出段 δ_2 的大小与进给系统的动

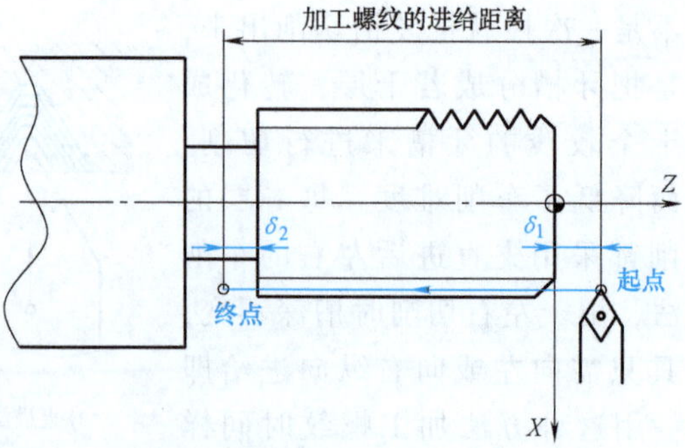

图 2-93　车螺纹时的切入、切出段

态特性和螺纹精度有关。一般，$\delta_1=2\sim5mm$，$\delta_2=1.5\sim3mm$。

5. 加工螺纹时主轴转速及进给速度

（1）主轴转速　螺纹加工的主轴转速直接使用恒定转速（r/min）编程，主轴转速可用下面经验公式进行计算：

$$s\leqslant\frac{1200}{P}-K$$

式中，P 为工件螺距；K 为保险系数，一般取 80。

如果数控系统能够支持高速螺纹加工，主轴转速可按照线速度 200m/min 选取；而经济型数控车床如果采用高主轴转速加工螺纹则会出现乱牙现象。

（2）进给速度　加工螺纹时数控车床主轴转速和工作台纵向进给量存在严格的数量关系，即主轴旋转 1 转，工作台移动一个待加工工件螺纹导程距离。因此在加工程序中只要给出主轴转速和螺纹导程，数控系统会自动运算出并控制工作台的纵向移动速度。

注意：为保证正确加工螺纹，在螺纹切削过程中，主轴速度倍率功能失效，进给速度倍率无效。

三、螺纹车削指令

1. 单行程螺纹车削指令 G32

（1）指令作用　G32 指令主要用于一些单一、特殊高精度螺纹（圆柱螺纹、圆锥螺纹等）的切削加工。

（2）指令格式

G32 X(U)__ Z(W)__ F __;

指令中，X、Z 为螺纹切削的终点坐标；U、W 为切削终点与起点绝对坐标的差值；F 为螺纹导程，如果是单线螺纹，则为螺距的大小。

（3）走刀路线　如图 2-94 所示，使用 G32 指令车螺纹，刀具从起点出发以每转一个螺纹导程的速度切削至终点。其切削前的进刀和切削后的退刀都要通过其他的程序段来实现。

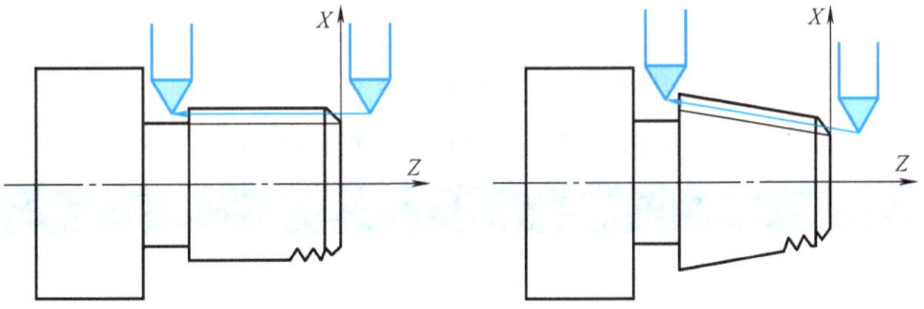

a) 车圆柱螺纹　　b) 车圆锥螺纹

图 2-94　G32 指令加工路线图

2. 螺纹车削单一固定循环指令 G92

（1）指令作用　G92 指令适用于圆柱面、圆锥面和螺纹的切削加工。

（2）指令格式

圆柱螺纹：G92 X(U)__ Z(W)__ F __;

圆锥螺纹：G92 X(U)__ Z(W)__ R __ F __;

指令中，X、Z 值为螺纹终点坐标值；U、W 值为螺纹终点相对循环起点的相对坐标；R 为圆锥螺纹切削起点和切削终点的半径差；F 为螺纹的导程。

（3）走刀路线　如图 2-95 所示，使用 G92 指令车螺纹时把快速进刀、螺纹切削、快速退刀、返回起点四个动作作为一个循环。在 G92 程序段里，只需确定螺纹车刀的循环起点位置和螺纹切削的终止点位置。

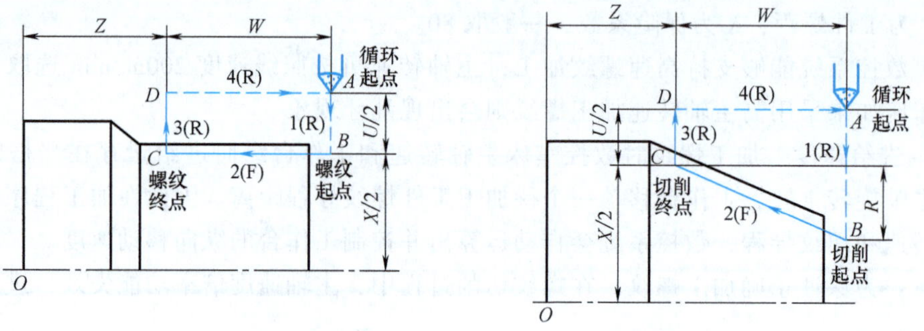

a) 车圆柱螺纹的加工循环　　b) 车圆锥螺纹的加工循环

图 2-95　G92 指令加工路线图

3. 应用实例

利用 G32 和 G92 指令编制图 2-96 所示的普通三角形圆柱螺纹轴的加工程序，并进行对比。

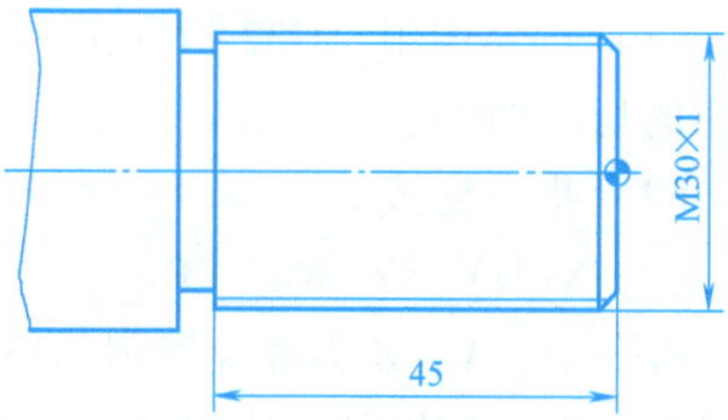

图 2-96　圆柱螺纹轴

分析：

1）螺纹导程 F 为 1mm。背吃刀量 a_P 查表 2-29 可知，分 3 次切削，每次背吃刀量依次为 0.7mm、0.4mm、0.2mm，从而可得 X 的坐标依次为 29.3、28.9、28.7。

2）切入、切出段 δ_1、δ_2 的计算。δ_1 取 3mm，$\delta_2=\delta_{1/2}=1.5$mm，切削起点 Z 坐标值为 3，终点 Z 坐标值为−46.5。

3）程序编制。圆柱螺纹切削加工参考程序见表 2-30。

表 2-30　圆柱螺纹切削加工参考程序

单行程螺纹车削指令（G32）	螺纹车削单一固定循环指令（G92）	说　明
……	……	
G00 X40.0 Z3.0；	G00 X40.0 Z3.0；	背吃刀量
X29.3；	G92 X29.3 Z−46.5 F1；	$a_P=0.7$mm
G32 Z−46.5 F1；		
G00 X40.0；		
Z3.0；		
X28.9；	X28.9；	$a_P=0.4$mm
G32 Z−46.5 F1；		
G00 X40.0；		
Z3.0；		

（续）

单行程螺纹车削指令（G32）	螺纹车削单一固定循环指令（G92）	说　明
X28.7；	X28.7；	$a_p = 0.2$mm
G32 Z-46.5 F1；		
G00 X40.0；		
Z3.0；		
G00 X100.0 Z100.0；	G00 X100.0 Z100.0；	快速退至换刀点
……	……	

通过表 2-30 中的程序可以看出，螺纹加工需多次进刀，使用 G32 指令加工时，车刀的切入、切出、返回均需编入程序，程序量较大且易出错。所以从减小程序段的长度，提高程序编制正确率的角度出发，应尽量采用 G92 指令编程。

4. 螺纹车削复合循环指令 G76

（1）指令作用　G76 指令用于多次自动循环车螺纹，经常用于加工不带退刀槽的圆柱螺纹和圆锥螺纹，可实现单侧切削刃车螺纹，吃刀量逐渐减少，保护刀具，提高螺纹精度。

（2）指令格式

G76 P$\underline{m}\,\underline{r}\,\underline{\alpha}$ Q$\underline{\Delta d_{min}}$ R$\underline{d}$；

G76 X(U)_Z(W) R$\underline{i}$ P$\underline{k}$ Q$\underline{\Delta d}$ F$\underline{f}$；

G76 指令格式中参数的含义如下：

m 为精加工重复次数，设定值范围为 01～99。该值是模态量。

r 为螺纹尾部倒角量（斜向退刀），设定值范围为 00～99，单位为螺纹导程（L）的 1/10，即 0.1L。该值为模态量。

α 为刀尖角度，可从 80°、60°、55°、30°、29°和 0°六个角度中选择，用两位整数来表示。该值是模态量。

m、r 和 α 用地址 P 同时指定，例如：$m=2$，$r=1.2L$，$\alpha=60°$，表示为 P021260。

Δd_{min} 为切削时的最小背吃刀量，即最小切深。用半径编程，单位为 μm。

d 为精加工余量，用半径编程，单位为 μm。

X(U)、Z(W) 为螺纹终点坐标。

i 为圆锥螺纹大、小头半径差，用半径编程。如果 $i=0$，可车普通圆柱螺纹。

k 为螺纹牙高，用半径值指定，单位为 μm。

Δd 为第 1 刀背吃刀量，用半径值指定，单位为 μm。

f 为导程。如果是单线螺纹，则该值为螺距，单位为 mm。

（3）G76 指令切削路线　G76 指令切削路线如图 2-97 所示，刀具从循环起点 A 出发，以 G00 方式沿 X 向进给至螺纹牙顶 X 坐标处（即 B 点，该点的 X 坐标值=小径+2k），然后沿基本牙型一侧平行的方向进给，X 向第 1 刀背吃刀量为 Δd；再以螺纹切削方式切削至离 Z 向终点距离为 r 处，倒角退刀至 D 点，再沿 X 向退刀至 E 点，最后返回 A 点，准备第 2 刀切削循环。如此分多刀切削循环，直至循环结束。

执行螺纹车削复合循环指令加工时，采用斜进式进刀。如图 2-97b 所示，第 1 刀切削循

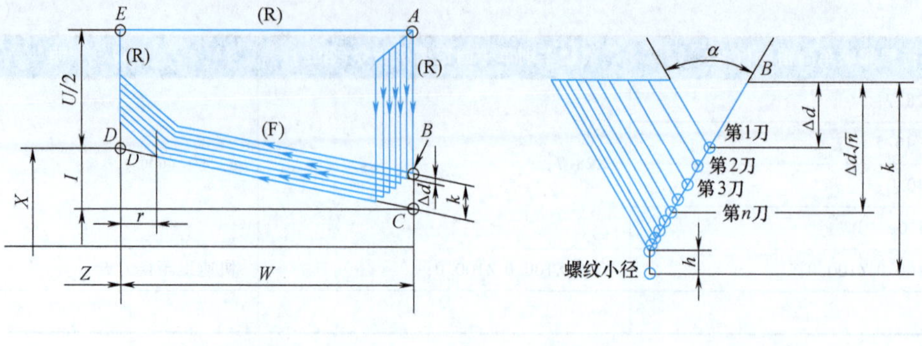

a) 切削路线　　b) 斜进式进刀

图 2-97　G76 指令切削路线

环时，背吃刀量为 Δd；背吃刀量递减公式计算：$d_2=\sqrt{2}\Delta d$；$d_3=\sqrt{3}\Delta d$；$d_n=\sqrt{n}\Delta d$；每次粗切背吃刀量：$\Delta d_n=\sqrt{n}\Delta d-\sqrt{n-1}\Delta d$。

（4）注意事项

1）G76 指令可以在 MDI 模式下使用。

2）在执行 G76 循环时，如按下循环暂停键，则刀具在螺纹切削后的程序段暂停。

3）G76 指令为非模态指令，所以必须每次指定。

4）在执行 G76 指令时，如要进行手动操作，刀具应返回到循环操作停止的位置。如果没有返回到循环停止位置就重新启动循环操作，手动操作的位移将叠加在该条程序段停止时的位置上，刀具轨迹就多了一个手动操作的位移量。

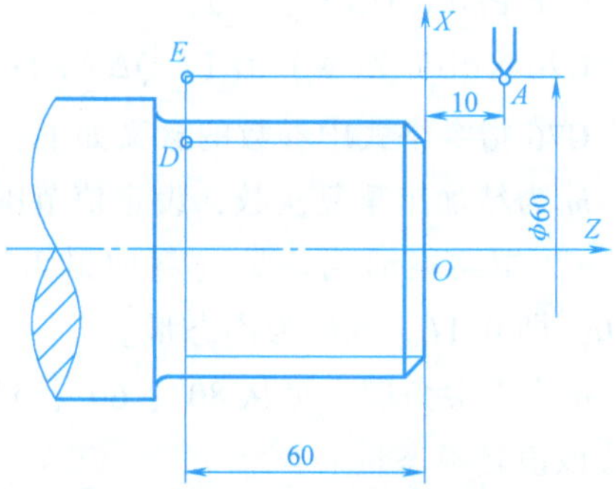

图 2-98　G76 指令应用实例

（5）应用实例　如图 2-98 所示，运用螺纹车削复合循环指令 G76 编程。（精加工次数为 1 次，斜向退刀量为 4mm，刀尖角为 60°，最小背吃刀量取 0.1mm，精加工余量取 0.1mm，螺纹高度为 2.4mm，第一次背吃刀量取 0.7mm，螺距为 4mm，螺纹小径为 33.8mm。）

根据给定条件，加工程序段编写如下：

```
……
G00 X60 Z10;
G76 P011060 Q100 R100;
G76 X33.8 Z-60R0 P2400 Q700 F4;
……
```

四、螺纹的测量

螺纹的测量分为单向测量和综合测量。单向测量主要是用量具测量螺纹的某一项参数。如螺距常用游标卡尺和螺距规进行测量；中径常用螺纹千分尺和三针测量；螺纹的主要参数通常用螺纹量规进行综合性测量，具体见表 2-31。

表 2-31 螺纹的测量方法

测量方法		简图	说明
单向测量	螺距和牙型的测量	 a) 螺纹样板 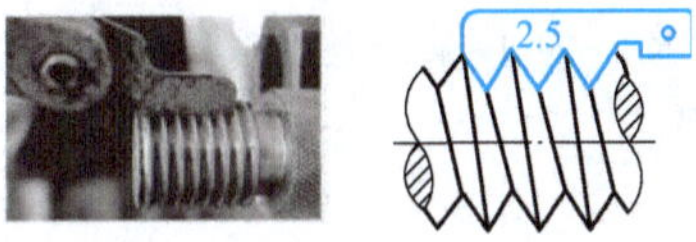 b) 检测螺距和牙型	用螺纹样板压在螺纹上，检测螺纹的螺距和牙型
	中径测量	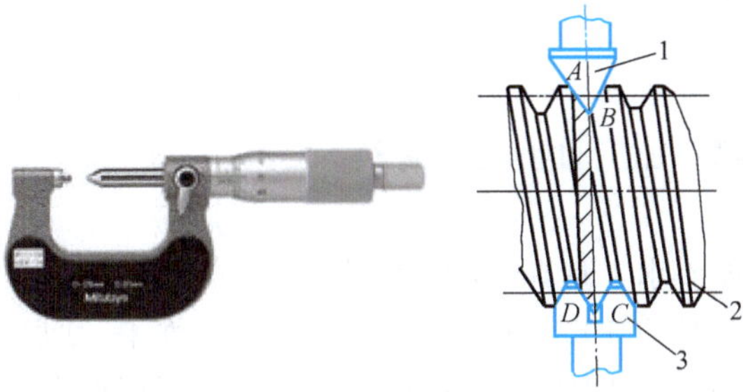 用螺纹千分尺测量 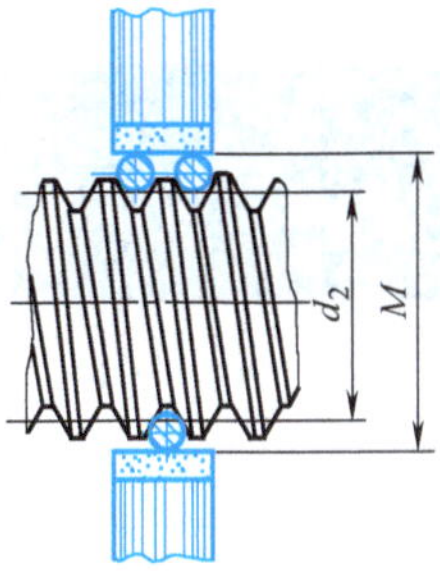 用三针测量 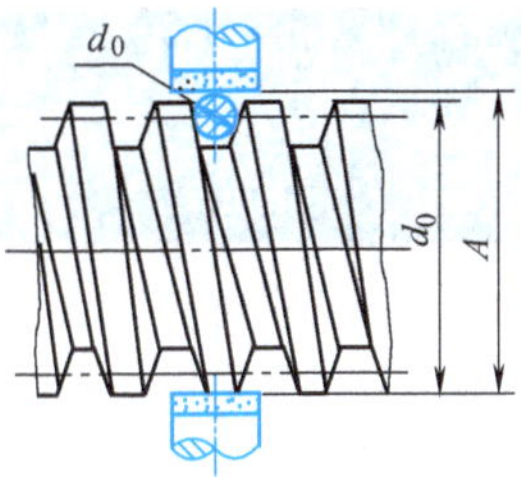 用单针测量	1. 用螺纹千分尺测量 螺纹千分尺的读数原理与外径千分尺相同。螺纹千分尺有适用于不同牙型角和不同螺距的测量头，可根据测量的需要选用。更换测量头后必须调整砧座的位置，使千分尺对准零位 2. 三针测量 3. 单针测量
综合测量	螺纹量规测量	 通规  止规	螺纹量规一套有两个，通规 T 和止规 Z。通规能拧入，止规不能拧入则该螺纹合格 注：用量规测量前应对螺纹的各直径尺寸、牙型、螺距和表面粗糙度等进行测量
	螺纹塞规测量	 螺纹塞规	螺纹塞规是测量内螺纹尺寸的正确性的工具

任务实施

一、工艺分析

1. 零件结构的工艺分析

该零件为轴类零件，由圆柱体、圆锥体、球体、外沟槽、圆柱螺纹和圆弧倒角等结构构成。右端形状沿 Z 轴方向径向尺寸逐渐增大。

零件外圆柱面 ϕ42mm 有尺寸公差要求，为了保证达到零件尺寸精度要求，对带有尺寸公差的尺寸，在编程时宜采用中间值编程。

2. 确定装夹方案

毛坯为 ϕ50mm 的棒料，采用自定心卡盘进行装夹。毛坯的长度远远大于零件的长度，为便于装夹找正，毛坯的装夹部分可以适当加长。

3. 制订加工工艺路线

本次任务加工工艺路线为夹住毛坯外圆，粗车外圆轮廓，留 0.5mm 精车余量；精车外圆轮廓；加工 4mm×2mm 的退刀槽；加工 M30×2 外螺纹。

4. 选择刀具及切削用量

根据轮廓形状及零件加工精度要求，选择 90°旧外圆车刀作为粗加工刀具（T0101），选择 90°新外圆车刀作为精加工刀具（T0202），选择宽 4mm 的车槽刀加工螺纹退刀槽（T0303），选择 60°外螺纹车刀加工圆柱螺纹（T0404）。具体切削用量见表 2-32。

表 2-32 数控加工工序卡

工步号	工步内容	切削用量			刀具		量具名称	备注
		主轴转速 n/(r/min)	进给量 f/(mm/r)	背吃刀量 a_p/mm	编号	名称		
01	粗车外轮廓，留加工余量 0.5mm	400	0.30	2	T0101	90°外圆车刀	游标卡尺	自动
02	精车外轮廓	800	0.15	0.5	T0202	90°外圆车刀	游标卡尺	自动
03	车削螺纹退刀槽	400	0.15	2	T0303	车槽刀	游标卡尺	自动
04	车削外螺纹	500	2	递减	T0404	60°外螺纹车刀	螺纹规	自动

二、程序编制

加工零件时，以零件右端面中心为工件坐标系原点，用 G71、G70、G01、G92 指令完成零件加工，程序见表 2-33。

表 2-33 外螺纹轴的数控加工程序

程序	程序说明
O2701	程序名
T0101;	调用 01 号刀
M03 S400;	主轴正转，粗加工转速为 400r/min
G00 X52Z2;	快速定位至循环起点(52,2)
G71 U2 R1;	用 G71 指令分层粗车外轮廓

（续）

程　　序	程序说明
G71 P10 Q20 U1 W0.5 F0.3;	
N10 G01 X0 F0.15;	
Z0;	
G03 X18 Z-9 R9;	
G01 Z-21;	
X27;	
X30 Z-22.5;	
Z-55;	
X41.975 Z-93;	
W-34;	
G02 X50 Z-131 R4;	
N20 G01 X55;	
G00 X100 Z100;	返回换刀点
T0202;	换 02 号刀
S800;	设置主轴 800r/min 正转
G00 X52 Z2;	快速定位至循环起点(52,2)
G70 P10 Q20;	用 G70 精车外轮廓
G00 X100 Z100;	返回换刀点
T0303;	换 03 号刀
S400;	
G00 X35 Z-55;	进行车槽加工
G01 X26 F0.15;	
G01 X35;	
G00 X100 Z100;	返回换刀点
T0404;	换 04 号刀
S500;	进行螺纹加工
G00 X30 Z-18;	
G92 X29.1 Z-53 F2.0;	
X28.5;	
X27.9;	
X27.5;	
X27.4;	
G00 X100 Z100;	快速退刀至换刀点(100,100)
M05;	主轴停转
M30;	程序结束

三、仿真加工

1. 选择机床

2. 开机、回原点

3. 定义毛坯

选择毛坯形状为棒料，定义工件直径为 50mm，长度为 200mm。

4. 选择并安装刀具

在1号刀位上安装90°菱形刀片外圆粗车刀，2号刀位上安装90°菱形刀片外圆精车刀，3号刀位上安装4mm宽车槽刀，4号刀位上安装60°外螺纹车刀。

5. 对刀

外圆车刀和车槽刀对刀分别参照任务2.1和任务2.6的讲解。

螺纹车刀对刀要保证端面已车平，对刀时选刀尖为刀位点，对刀步骤如下：

1）Z 方向对刀。在手动（JOG）模式下，移动螺纹车刀使刀尖与工件右端面平齐，如图2-99a所示，为保证对刀精度，可借助金属直尺确定，然后将“Z0”输入相应刀具号中，点击“测量”。

2）X 方向对刀。在MDI模式下输入程序“M03S400”，使主轴正转；切换成手动（JOG）模式，如图2-99b所示，用外螺纹车刀试切工件外圆面（长3~5mm）；沿+Z 方向退出刀具，停机；测量外圆直径，将其值输入到相应刀具号中，点击“测量”。

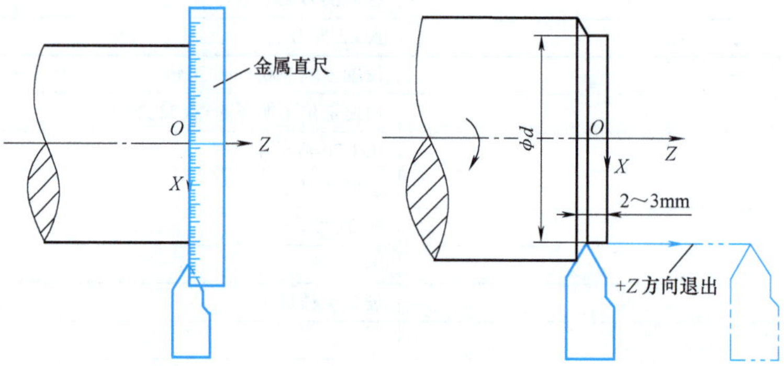

a) 螺纹车刀 Z 方向对刀操作示意图　　b) 螺纹车刀 X 方向对刀操作示意图

图2-99　螺纹车刀的对刀

6. 输入程序

7. 自动加工

仿真加工结果如图2-100所示。

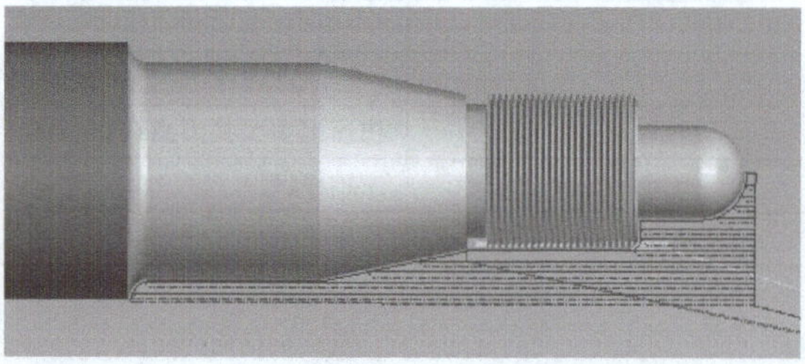

图2-100　仿真加工结果

螺纹轴的仿真加工

视频2-12

8. 测量零件

9. 保存报告文件

在仿真软件的主菜单中选择“文件”→“保存报告文件”。

四、机床加工

1. 毛坯、刀具、量具及其他工具的准备

1）准备 ϕ50mm×200mm 的棒料，材料为 45 钢，将毛坯正确安装到自定心卡盘上。

2）准备四把刀具，并正确安装至刀架上。

3）准备规格为 125mm 的游标卡尺及螺纹测量量具。

4）正确摆放所需工具。

2. 程序输入与编辑

1）数控车床通电、开机。

2）回参考点。

3）输入程序。

4）程序校验。

3. 零件加工

1）对刀。

2）自动加工。

4. 零件检测

用游标卡尺测量外圆直径与长度。

问题归纳

1）螺纹小径计算不当会导致螺纹加工达不到尺寸要求。

2）没有设置螺纹切入段和切出段会导致刀具与工件相碰或螺纹加工不完整。

3）螺纹加工进给速度设置不当会引起乱牙。

以上问题的解决方法详见知识准备。

技能强化

零件的毛坯为 ϕ50mm×80mm 的棒料，材料为 45 钢。要求设计图 2-101 所示零件的数控加工工艺方案，编写螺纹轴加工程序并进行加工。

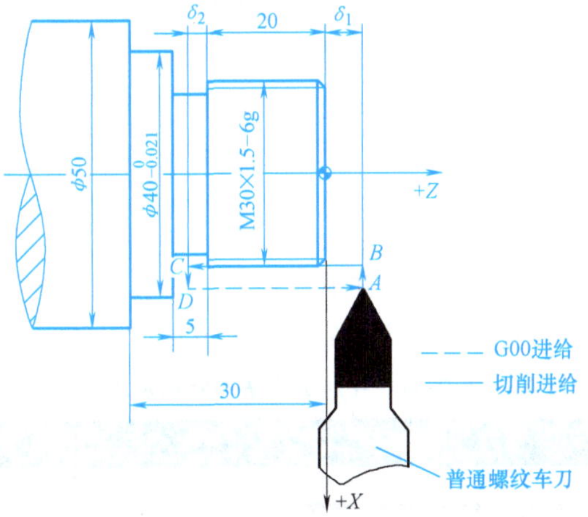

图 2-101　螺纹轴零件

任务 2.8　内孔的编程与加工

任务导入

图 2-102 所示为轴套零件图，毛坯为 ϕ50mm×80mm 的棒料，材料为 45 钢，试完成阶梯孔的编程与加工。

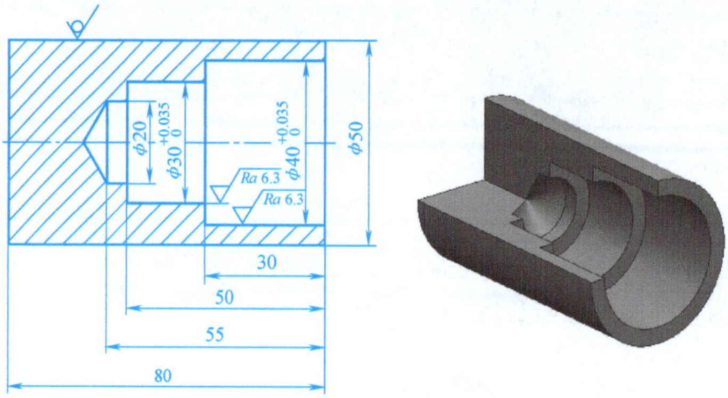

图 2-102　轴套零件图

学习目标

知识目标

1）了解孔加工刀具。

2）了解孔的加工方法。

技能目标

1）能正确安装镗刀并进行对刀操作。

2）能制订内孔的加工工艺路线，选用合适的指令编写程序并加工。

知识准备

一、工艺知识

1. 内孔加工方法

在车床上内孔的加工方法有钻孔、扩孔、铰孔、镗孔等，其工艺适应性都不尽相同。根据零件尺寸及技术要求的不同，可选择相应的工艺方法，具体可参考表 2-34。

表 2-34　孔加工方法的特点及应用

序号	孔加工方法	刀　　具	特点及应用
1	钻孔		用麻花钻在实心材料上加工孔，尺寸精度低（标准公差等级为 IT11～IT12），表面粗糙度值大（*Ra* 为 12.5～25μm）

（续）

序号	孔加工方法	刀　　具	特点及应用
2	扩孔	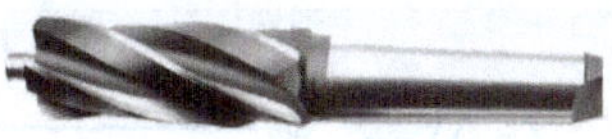	用扩孔钻将孔径扩大，常用于孔的半精加工，尺寸公差等级为 IT9～IT10，表面粗糙度值 Ra 为 5～10μm
3	铰孔	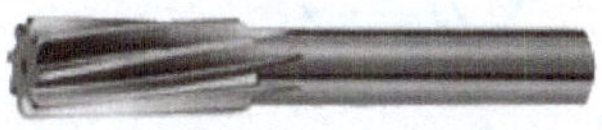	用铰刀切除孔上微量材料层，常用于孔径不大、硬度不高的孔的精加工，尺寸精度较高，标准公差等级为 IT7～IT9，表面粗糙度值 Ra 为 0.4μm
4	镗孔		孔粗、精加工中最常用的方法，尺寸公差等级可达 IT7～IT8，表面粗糙度值 Ra 为 0.8μm

2. 镗孔的注意事项

在车床上对工件的孔进行车削的方法称为镗孔，镗孔可以做粗加工，也可以做精加工。镗孔分为镗通孔和镗不通孔，如图 2-103 所示。镗通孔基本上与车外圆相同，只是进刀和退刀方向相反。在退刀时，径向的移动量不能太大，以免刀杆与内孔相碰。注意通孔镗刀的主偏角为 45°～75°，不通孔镗刀的主偏角应大于 90°。

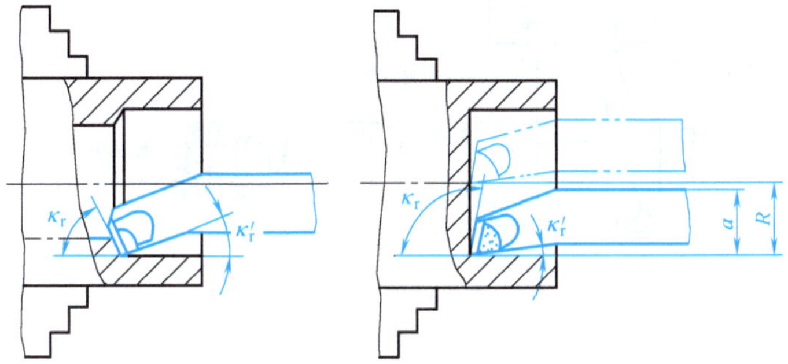

a) 镗通孔　　b) 镗不通孔

图 2-103　镗通孔和镗不通孔时使用的刀具

3. 切削用量的选择

孔加工的方法不同，切削用量也不同。钻孔、扩孔的主轴转速一般取 400～600r/min，进给速度一般取 0.1～0.3mm/r；钻孔前还需钻中心孔，钻中心孔的主轴转速一般取 800～1000 r/min，进给速度一般取 0.1mm/r 左右；铰孔的主轴转速应选择小一些，一般取 100～200 r/min，进给速度取 0.2～0.4mm/r。

镗孔时，因镗刀伸出较长，刀杆刚性较差，故切削用量比车外圆时小。粗镗时，背吃刀量取 0.4～2 mm，进给速度取 0.2～0.4mm/r，主轴转速取 400～600r/min；精镗时，背吃刀量取 0.1～0.3 mm，进给速度取 0.08～0.15mm/r，主轴转速取 800～1000r/min。

4. 量具的选择

测量内孔常用的量具有塞规、内径指示表、内径千分尺等，如图 2-104 所示。

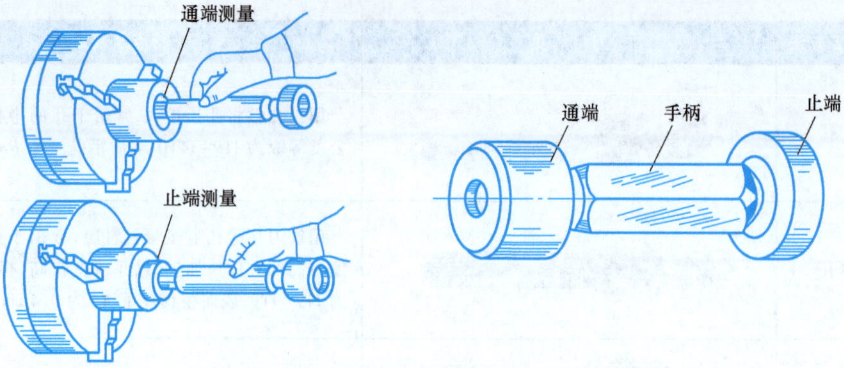

a) 塞规

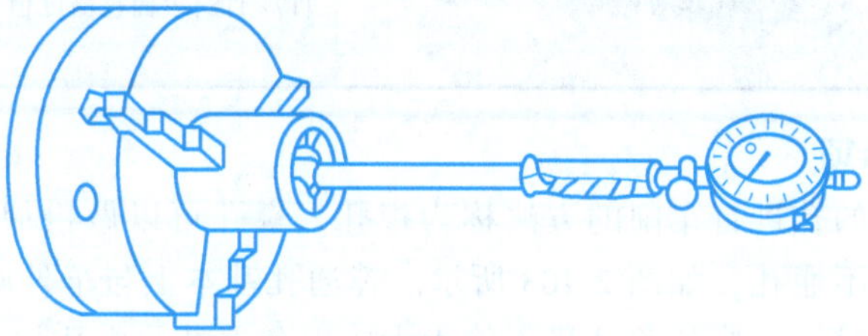

b) 内径指示表

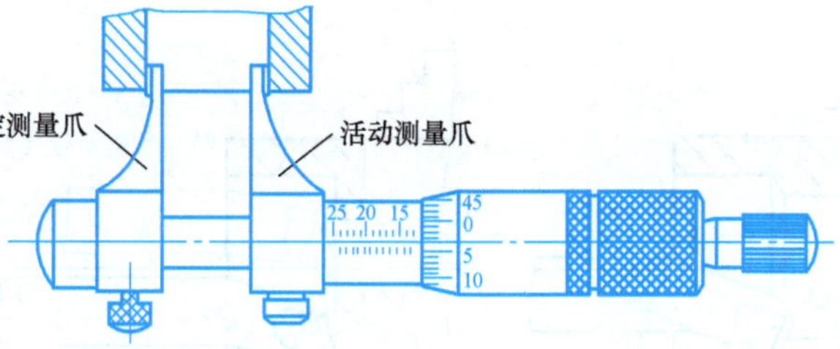

c) 内径千分尺

图 2-104　常见的内孔量具

二、编程知识

内孔轮廓的加工可以采用 G90、G71 等固定循环指令，具体参照任务 2.3 和任务 2.5 的知识准备。所不同的是，加工外圆时，G71 中的 Δu 为正值，远离工件的中心面；而加工内孔时，Δu 为负值。

任务实施

一、工艺分析

1. 零件结构的工艺分析

该零件由外圆柱面和阶梯孔构成，其中内孔尺寸精度、表面质量要求较高。

2. 确定装夹方案

毛坯为 ϕ50mm 的棒料，采用自定心卡盘进行装夹。

3. 加工工艺路线

采用钻孔→扩孔→粗镗孔→精镗孔的顺序加工内孔，一次装夹完成各表面的加工。

4. 选用刀具及切削用量

粗、精车内孔分别选用硬质合金焊接式粗、精镗刀，镗刀的直径选取以不发生干涉的最大直径为宜。车内孔之前还用到 ϕ3mm 中心钻、ϕ20mm 钻头进行点钻和钻孔。具体切削用量见表 2-35。

表 2-35 内孔加工切削用量选用表

工步号	工步内容	切削用量			刀具		量具名称	备注
		主轴转速 n/(r/min)	进给量 f/(mm/r)	背吃刀量 a_p/mm	编号	名称		
01	中心孔加工	800	_	1		ϕ3mm 中心钻		手动
02	钻孔加工	400	_	2.5		ϕ20mm 麻花钻		手动
03	扩孔加工	400	_	10		ϕ28mm 麻花钻		手动
04	粗镗内孔	500	0.15	1.5	T0101	镗刀	游标卡尺	自动
05	精镗内孔	1000	0.10	0.3	T0101	镗刀	内径千分尺	自动

二、程序编制

内孔加工参考程序见表 2-36。

表 2-36 圆柱内孔加工参考程序

程序	程序说明
O2801	程序号
T0101 S500 M03;	选用 01 号不通孔镗刀，主轴正转，转速为 500r/min
G00 X26 Z2;	设定循环起点
G71 U1.5 R0.5;	设定粗加工的背吃刀量和退刀量
G71 P40 Q70 U-0.3 W0.05 F0.15;	设定精加工余量及程序段
N40 G01 X40 F0.1;	精加工程序起始段
Z-30;	
X30;	
Z-50;	
N70 X26;	精加工程序结束段
Z100.0;	
S1000;	重新调整主轴转速
G00 X26.0 Z2.0;	快速定位到循环起点
G70 P40 Q70;	精加工循环
G00 Z100.0;	
X100.0;	
M30;	程序结束

三、仿真加工

1. 选择机床

2. 开机、回原点

3. 定义毛坯

仿真加工操作中，认为毛坯已钻好 ϕ28mm 内孔，因此，设置毛坯为内径 ϕ28mm、外径 ϕ50mm，长度 80mm 的管料。

4. 选择并安装刀具

仿真操作中将镗刀装入 01 号刀位，注意查看刀杆伸出的长度。

5. 对刀

镗刀对刀步骤如下：

1）Z 方向对刀。在 MDI 模式下输入程序“M03S400”，使主轴正转；切换成手动（JOG）模式，按照图 2-105 所示，先移动镗刀接近工件端面，使刀尖和端面重合，沿 X 方向退出刀具；然后将“Z0”输入相应刀具号中，单击“测量”。

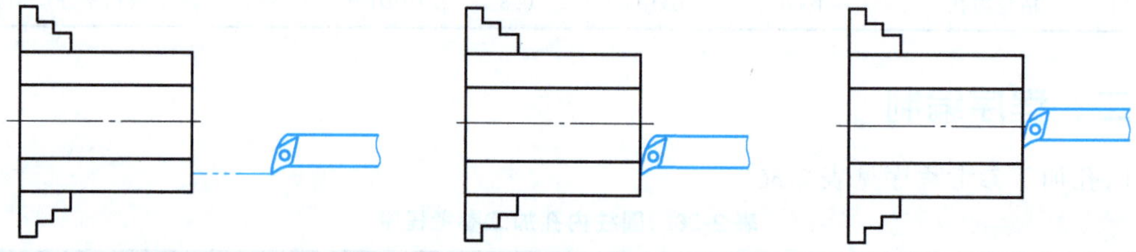

a) 镗刀接近工件端面　b) 刀尖和端面重合　c) 沿 X 方向退刀

图 2-105　镗刀 Z 向对刀操作

2）X 方向对刀。在 MDI 模式下输入程序“M03S400”，使主轴正转；切换成手动（JOG）模式，按照图 2-106 所示，先移动镗刀接近工件，下屑即可，沿 X 方向试切内孔，深为 2~3mm，沿 $+Z$ 方向退出刀具，停机；测量所车内孔直径，将其值输入到相应刀具号中，单击“测量”。

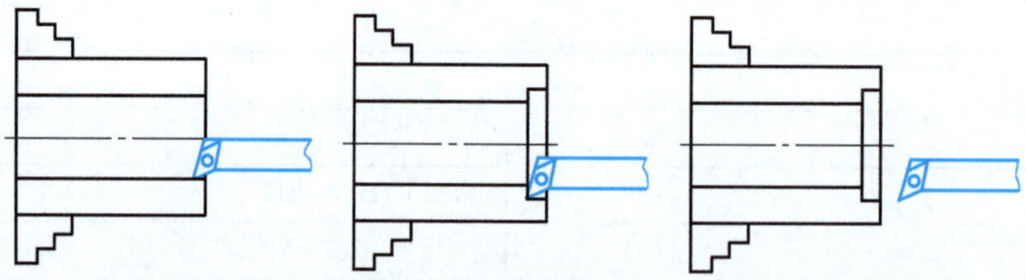

a) 镗刀接近工件，下屑即可　b) X 方向试切内孔　c) 沿 $+Z$ 方向退刀

图 2-106　镗刀 X 向对刀操作

6. 输入程序

7. 自动加工

仿真加工结果如图 2-107 所示。

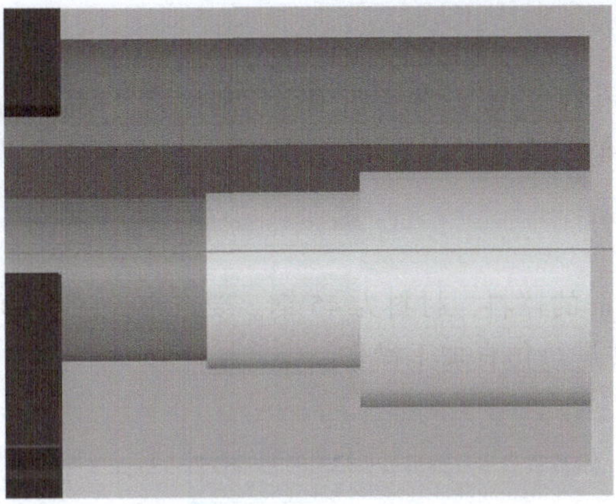

图 2-107　仿真加工结果

斯沃软件内孔仿真加工视频 2-13

8. 测量零件

9. 保存报告文件

在仿真软件的主菜单中选择“文件”→“保存报告文件”。

鉴于斯沃数控仿真软件镗刀及内孔加工指令的局限性，在此增加了宇龙仿真软件加工内孔的视频。

宇龙软件内孔仿真加工视频 2-14

四、机床加工

1. 毛坯、刀具、量具及其他工具的准备

1）准备 ϕ50mm×80mm 的棒料，材料为 45 钢，将毛坯正确安装到自定心卡盘上。

2）将中心钻、麻花钻和扩孔钻分别装入尾座套筒中，通过手动操作依次完成：钻中心孔、钻孔和扩孔。将镗刀装入 01 号刀位，注意查看刀杆伸出的长度，一般超出孔深 5~10mm。

3）准备规格为 125mm 的游标卡尺及内径千分尺。

4）正确摆放所需工具。

2. 程序输入与编辑

1）数控车床通电、开机。

2）回参考点。

3）输入程序。

4）程序校验。

3. 零件加工

1）对刀。

2）自动加工。

数控车床加工内孔视频 2-15

4. 零件检测

1）用内径千分尺测量内孔直径。

2）用游标卡尺测量内孔深度。

问题归纳

1）G71 指令加工内孔时，Δ*u* 设置为正值会引起撞刀。切记，此时 Δ*u* 必须为负值。

2）镗刀刀杆长度不够或宽度太大会引起撞刀，注意根据内孔大小选择合适的镗刀。

技能强化

毛坯为 ϕ40mm×50mm 的棒料，材料为 45 钢。要求设计图 2-108 所示零件的数控加工工艺方案，编制加工程序并进行仿真加工操作。

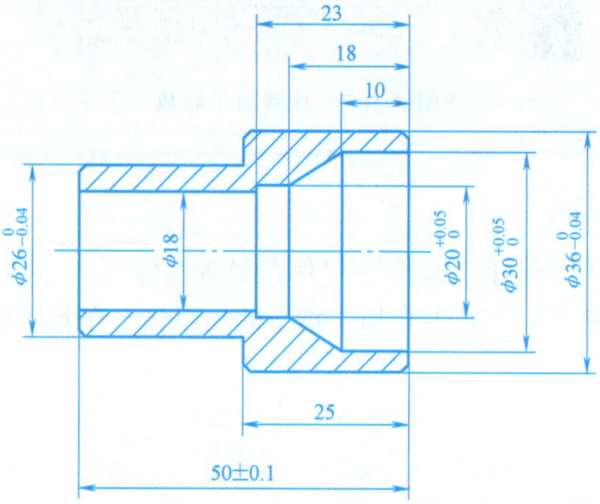

图 2-108　通孔轴零件

任务 2.9　连接轴的自动编程

任务导入

图 2-109 所示为连接轴零件图，毛坯为 ϕ55mm×200mm 的棒料，材料为 45 钢，标准公差等级为 IT7，表面粗糙度 *Ra* 为 1.6μm，使用 CAXA 数控车软件进行自动编程。

学习目标

知识目标

1）了解 CAD/CAM 类软件的自动编程流程。

2）掌握 CAXA 软件的数控车床自动编程。

技能目标

1）会在 CAXA 软件中设置数控车削工艺参数。

2）会在 CAXA 软件中生成刀具轨迹和数控加工程序。

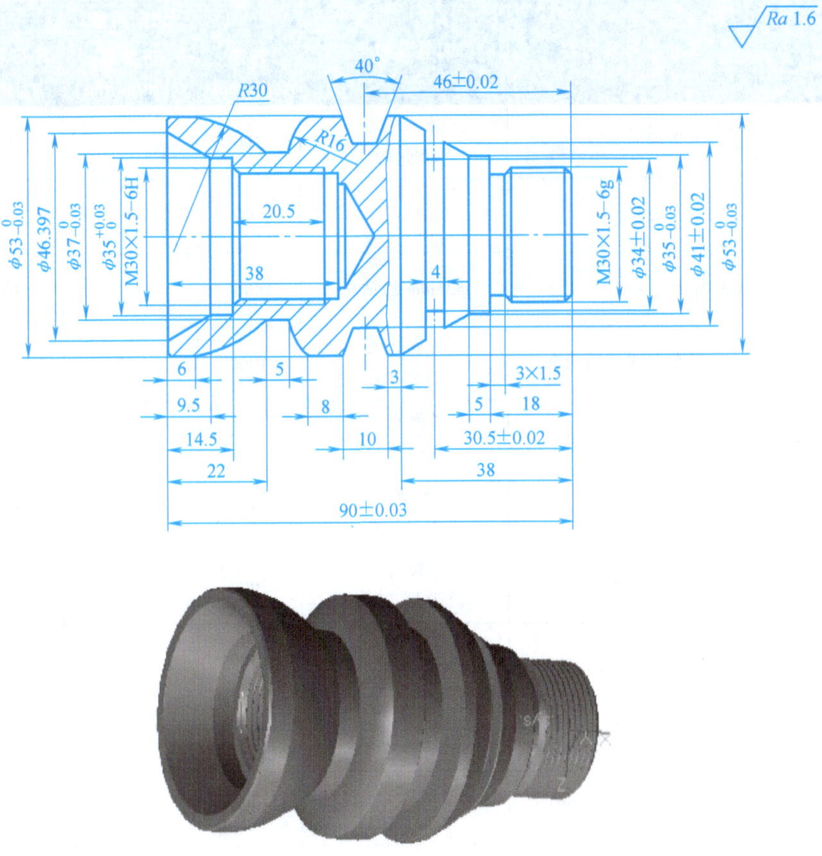

图 2-109　连接轴零件图

任务分析

一、刀具的选择

本任务用到外圆粗车刀、外圆精车刀、车槽刀和螺纹车刀四种刀具，根据实际情况选用焊接式或可转位式数控车刀，并作为 CAXA 软件操作中刀具参数的设置依据。

二、量具的选择

外圆直径用外径千分尺测量，长度用游标卡尺测量，螺纹用螺纹环规测量，圆弧用半径样板测量，表面粗糙度用表面粗糙度样板对比。

三、工艺路线及切削用量的确定

本任务采用直径 ϕ55mm 的棒料毛坯，因零件右端有螺纹，加工好后不便装夹，所以该零件先加工左端，切断后掉头，再加工右端。具体加工步骤及切削用量见表 2-37，此表中参数和步骤作为 CAXA 操作中相关参数的设置及刀具轨迹生成先后次序的依据。

表 2-37　连接轴零件加工工序卡

定位(装夹面)	工步序号及内容	刀具及刀号	切削用量			备注
			转速 n/(r/min)	进给量 f/(mm/min)	背吃刀量 a_p/mm	
夹住毛坯外圆右端,先加工左端,伸出长度为95mm	(1)车平端面	外圆车刀 刀号 T01	400	—	1	手动
	(2)钻中心孔	中心钻	800	—	2.5	手动
	(3)钻孔	ϕ23mm 的钻头	400	—	10	手动
	(4)粗车左端外圆轮廓	外圆车刀 刀号 T01	1000	150	1.2	自动
	(5)精车左端外圆轮廓	外圆车刀 刀号 T02	1300	110	0.5	自动
	(6)车槽	车槽刀 刀号 T03	1400	100	10	自动
	(7)粗车内轮廓	镗刀 刀号 T04	1000	150	1	自动
	(8)精车内轮廓	镗刀 刀号 T04	1300	110	0.5	自动
	(9)切断(保证总长)	车槽刀 刀号 T03	400	0.1	4	手动
用软爪装夹左端已加工部位,加工右端	(10)粗车右端外圆轮廓	外圆车刀 刀号 T01	1000	150	1.2	自动
	(11)精车右端外圆轮廓	外圆车刀 刀号 T02	1300	110	0.5	自动
	(12)车槽	车槽刀 刀号 T03	1400	1000	10	自动
	(13)车螺纹	螺纹刀 刀号 T04	700	150	递减	自动

任务实施

一、生成左端加工程序

1. 左端外轮廓造型及加工程序的生成

1）打开 CAXA 数控车软件，画出工件轮廓线，只画轴线上半部外轮廓，工件坐标系要与软件中的绝对坐标系对应，如图 2-110 所示。

2）设置毛坯并画出直径为 55mm 的毛坯轮廓线，如图 2-111 所示。

3）生成粗车轮廓刀具轨迹。单击“数控车”菜单下的“轮廓粗车”子菜单，弹出如图 2-112 所示的对话框，进行粗车参数设置。单击“确定”按钮后根据软件左下端提示，用光标拾取轮廓线并单击右键确认，再拾取毛坯轮廓线单击右键确认，在屏幕上用光标点取进、退刀点位置便生成粗车轮廓刀具轨迹，如图 2-113 所示。

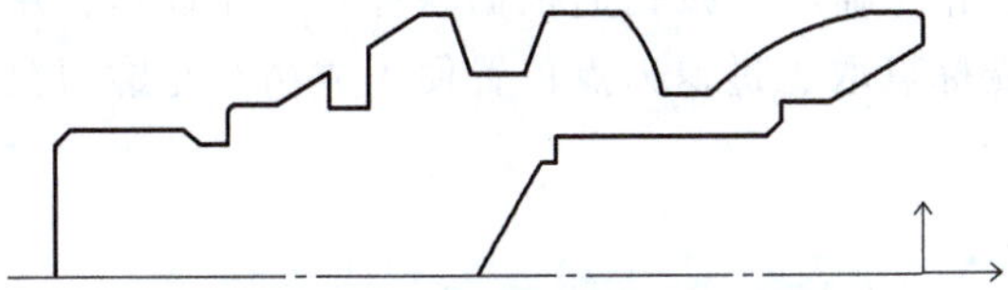

图 2-110　零件草图

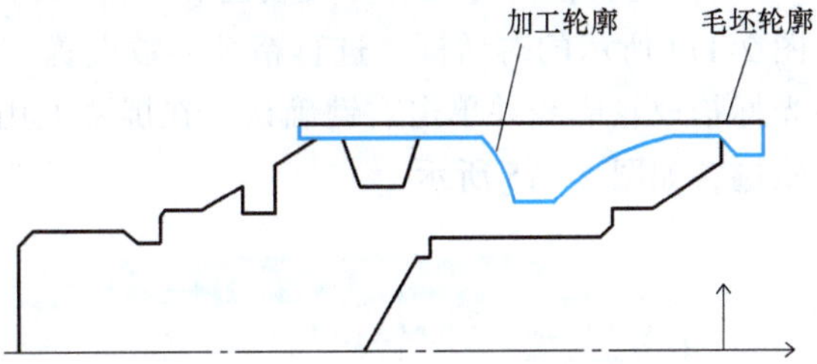

图 2-111　左端毛坯轮廓草图

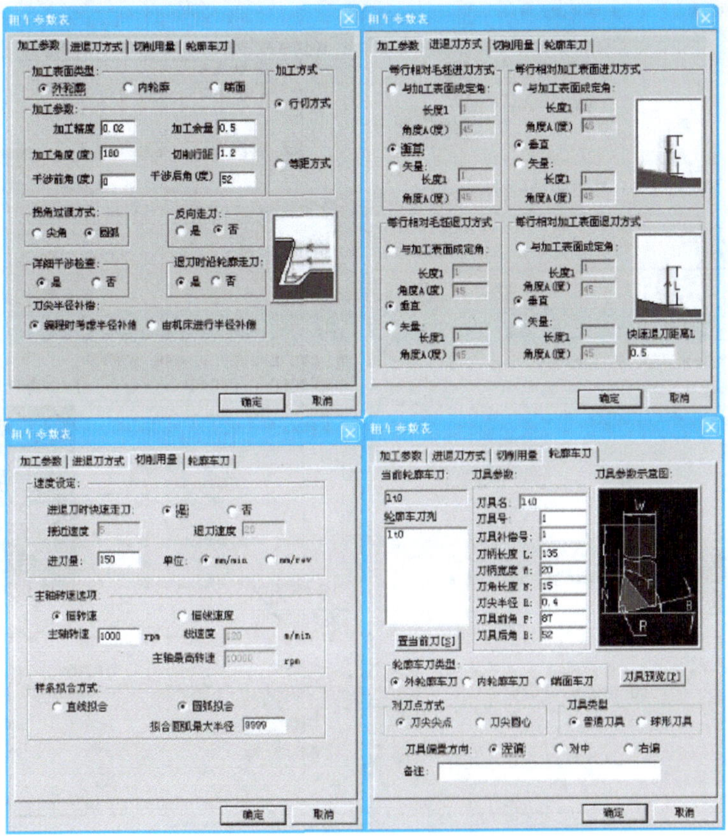

图 2-112　粗车左端外轮廓参数表设置

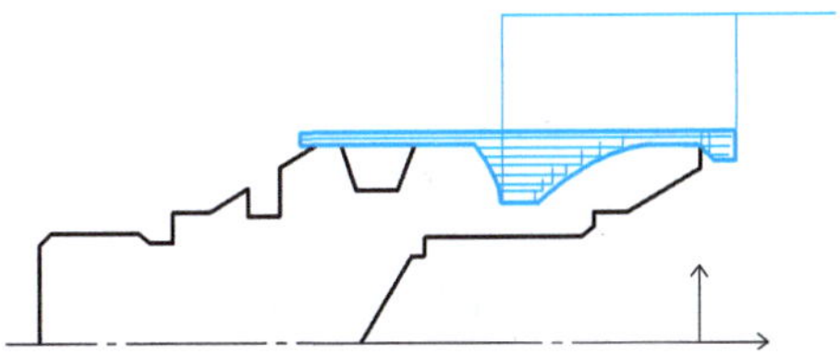

图 2-113　左端外轮廓粗车加工轨迹

4）生成精车外轮廓刀具轨迹。单击“数控车”菜单下的“轮廓精车”子菜单，弹出如图 2-114 所示的对话框，进行精车参数设置。单击“确定”按钮后根据软件左下端提示，用光标拾取轮廓线并单击右键确认，在屏幕上用光标点取、进退刀点位置便生成精车轮廓刀具轨迹，如图 2-115 所示。

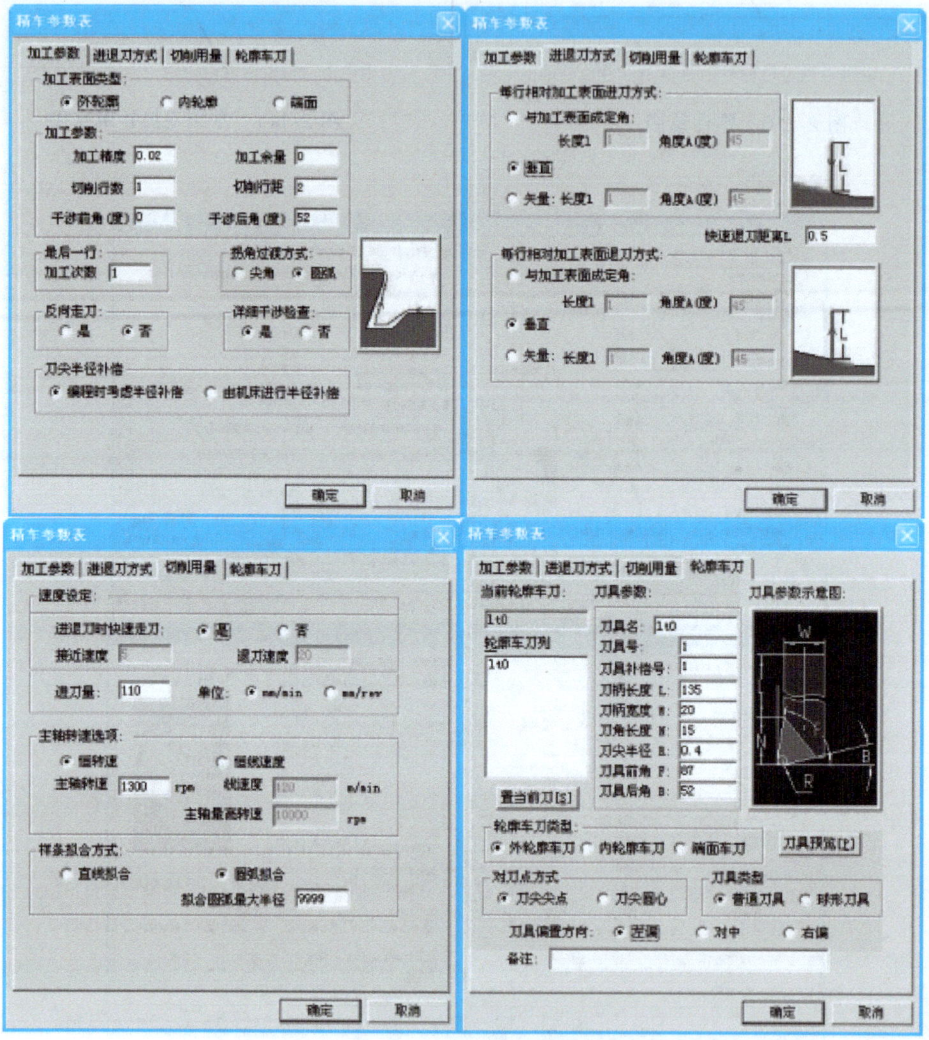

图 2-114 精车左端外轮廓参数表设置

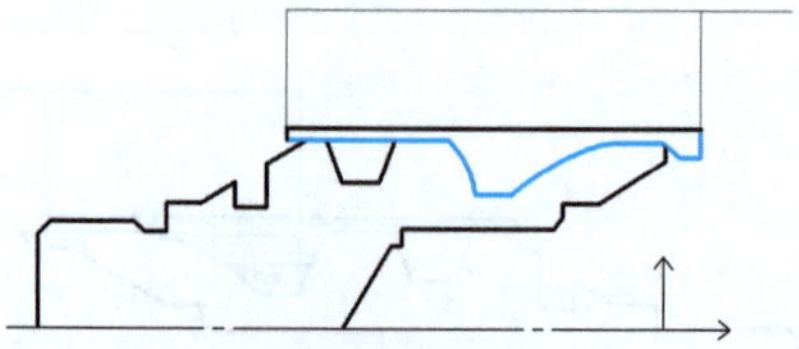

图 2-115 左端外轮廓精车加工轨迹

5）生成左端外槽刀具轨迹。单击“数控车”菜单下的“切槽”子菜单，如图 2-116 所示进行车槽参数设置。单击“确定”按钮后根据软件左下端提示，用光标拾取槽轮廓线并单击右键确认，在屏幕上用光标点取进、退刀点位置便生成车槽刀具轨迹，如图 2-117 所示。

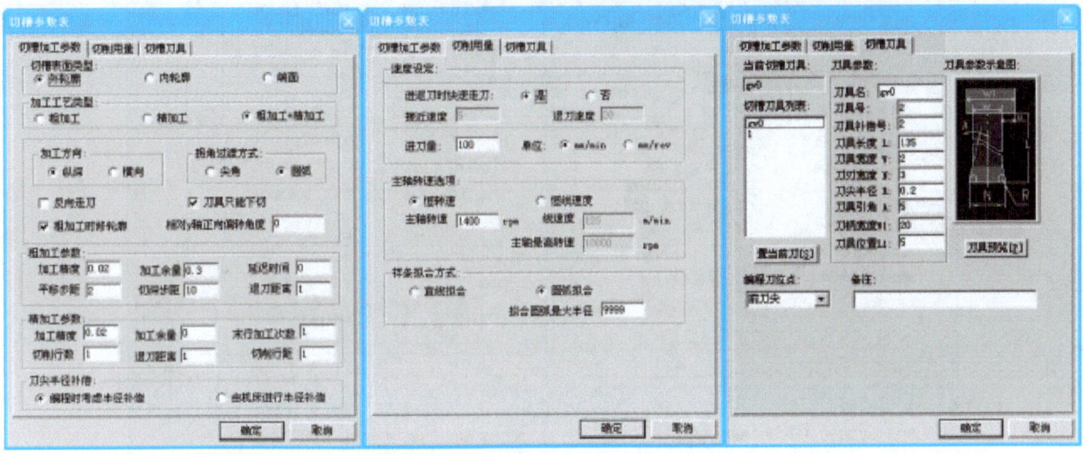

图 2-116 左端外槽参数表设置

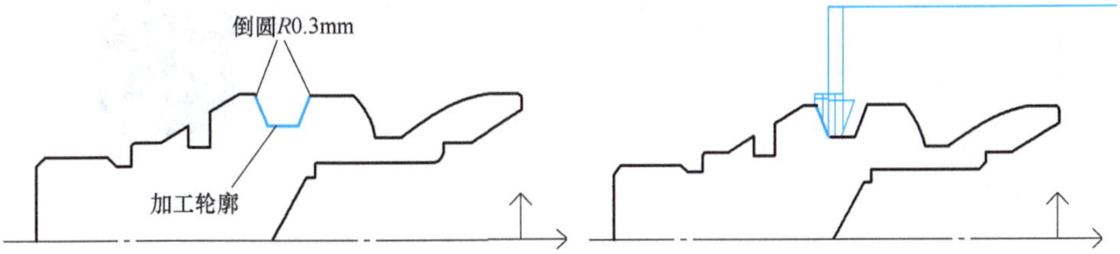

图 2-117 左端外槽加工轨迹

2. 左端内轮廓造型及加工程序的生成

1）设置毛坯并画出直径为 23mm 毛坯轮廓线，如图 2-118 所示。

2）生成粗车内轮廓刀具轨迹。单击“数控车”菜单下的“轮廓粗车”子菜单，弹出如图 2-119 所示的对话框，进行粗车参数设置。单击“确定”按钮后根据软件左下端提示，用光标拾取内轮廓线并单击右键确认，再拾取毛坯轮廓线单击右键确认，在屏幕上用光标点取进、退刀点位置便生成粗车轮廓刀具轨迹，如图 2-120 所示。

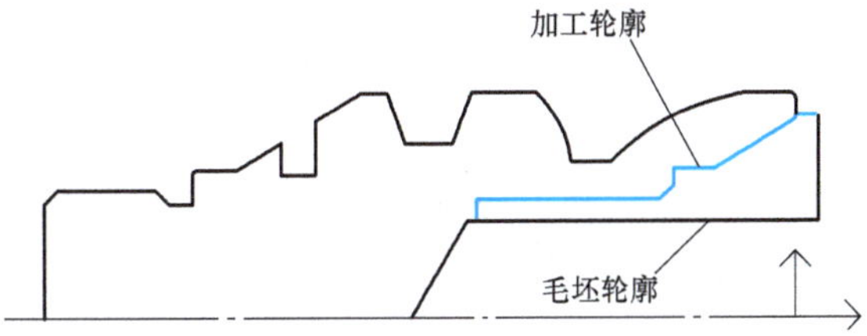

图 2-118 左端内孔毛坯轮廓

3）生成精车内轮廓刀具轨迹。单击“数控车”菜单下的“轮廓精车”子菜单，弹出如图 2-121 所示对话框，进行精车参数设置。单击“确定”按钮后根据软件左下端提示，用光标拾取内轮廓线并单击右键确认，在屏幕上用光标点取进、退刀点位置便生成精车轮廓刀具轨迹，如图 2-122 所示。

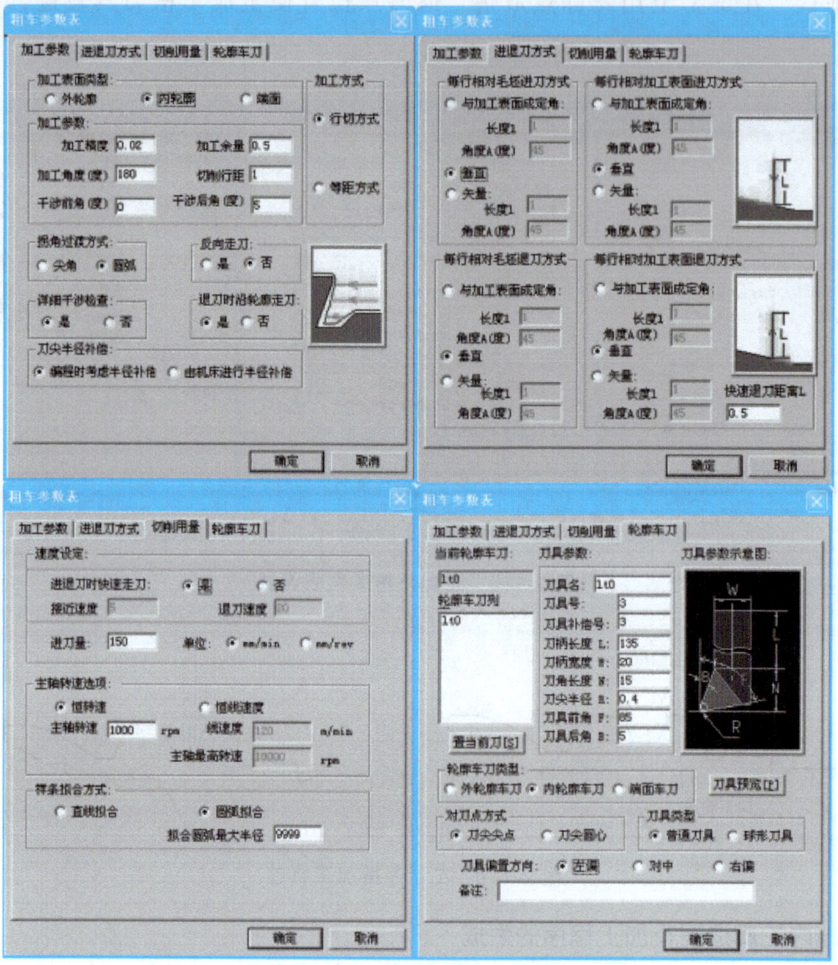

图 2-119　左端内轮廓粗车参数表设置

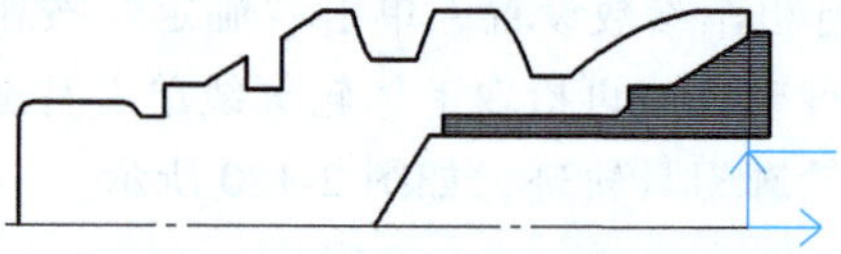

图 2-120　左端内轮廓粗车加工轨迹

4）生成左端内孔螺纹刀具轨迹。单击“数控车”菜单下的“车螺纹”子菜单，按提示用光标拾取螺纹起始点、螺纹终点，弹出如图 2-123 所示的“螺纹参数表”对话框，进行螺纹参数设置。参数设置好后，在屏幕上用光标点取升速段线起点，再选择加工轮廓线终点位置便生成螺纹加工轨迹，如图 2-124 所示。

二、生成右端加工程序

1. 右端外轮廓造型及加工程序的生成

1）设置毛坯并画出直径为 55mm 的毛坯轮廓线，如图 2-125 所示。

2）生成外轮廓粗车刀具轨迹。单击“数控车”菜单下的“轮廓粗车”子菜单，弹出如

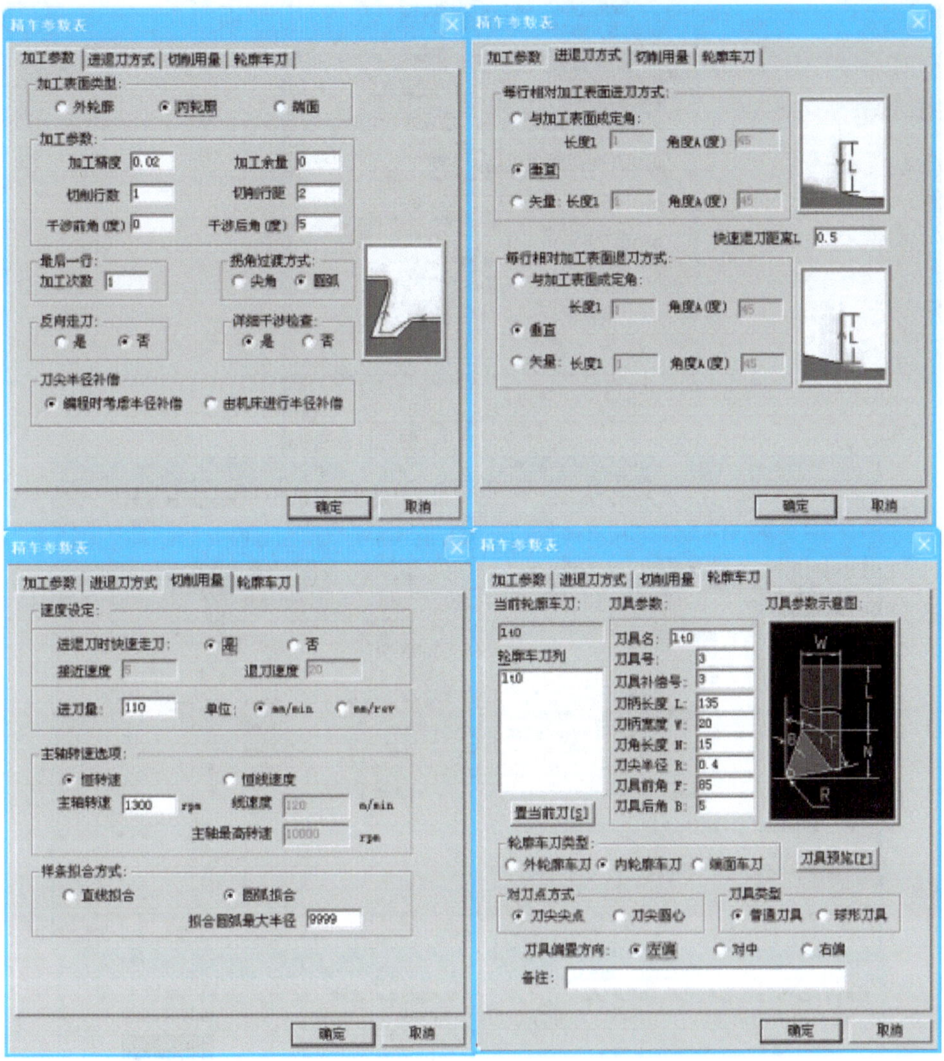

图 2-121 左端内轮廓精车参数表设置

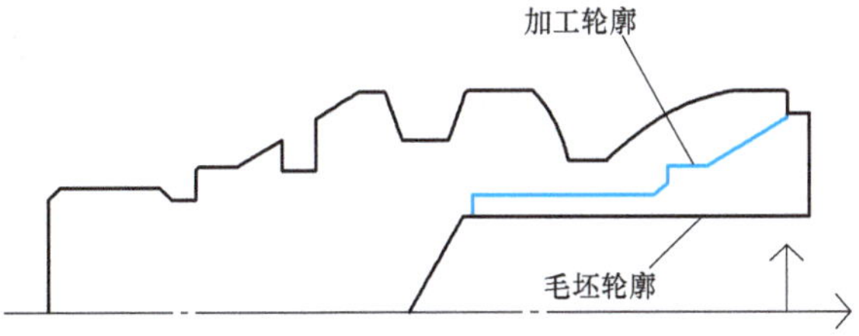

图 2-122 左端内轮廓精车加工轨迹

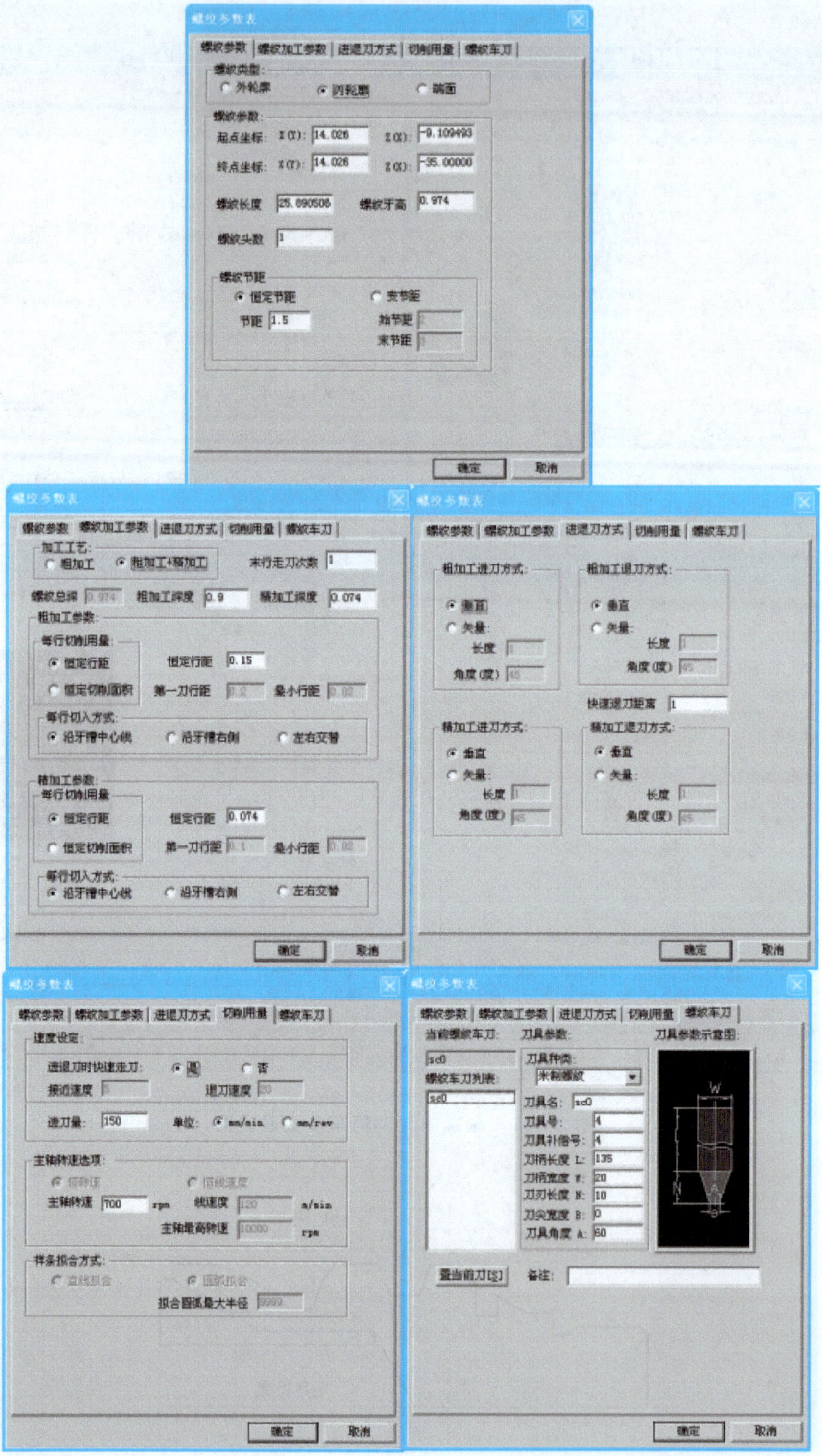

图 2-123 左端内螺纹参数表设置

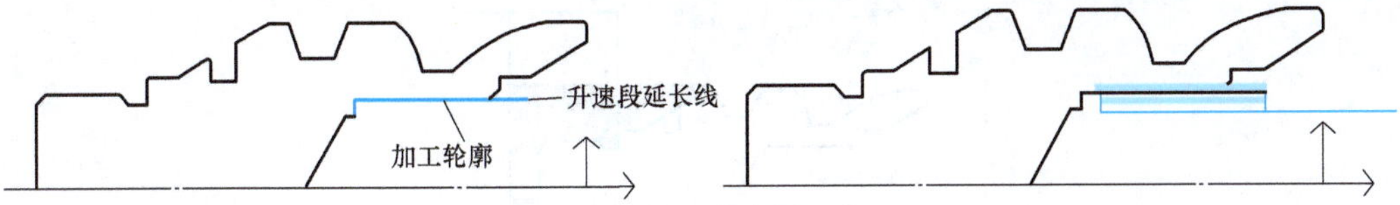

图 2-124 左端内螺纹加工轨迹

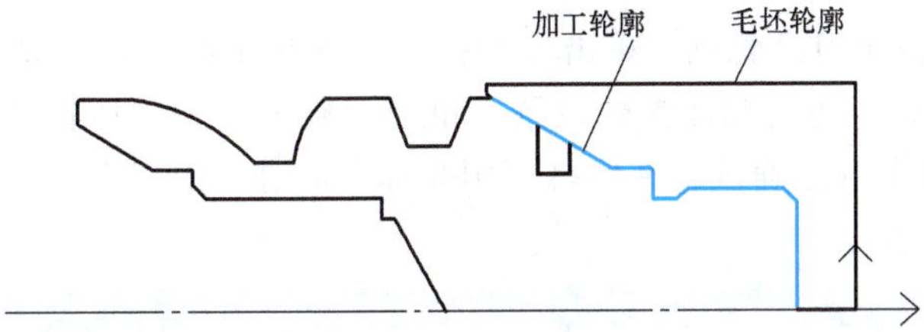

图 2-125 右端加工轮廓

图 2-126 所示的对话框，进行粗车参数设置。单击“确定”按钮后根据软件左下端提示，用光标拾取轮廓线并单击右键确认，再拾取毛坯轮廓线单击右键确认，在屏幕上用光标点取、进、退刀点位置便生成粗车轮廓刀具轨迹，如图 2-127 所示。

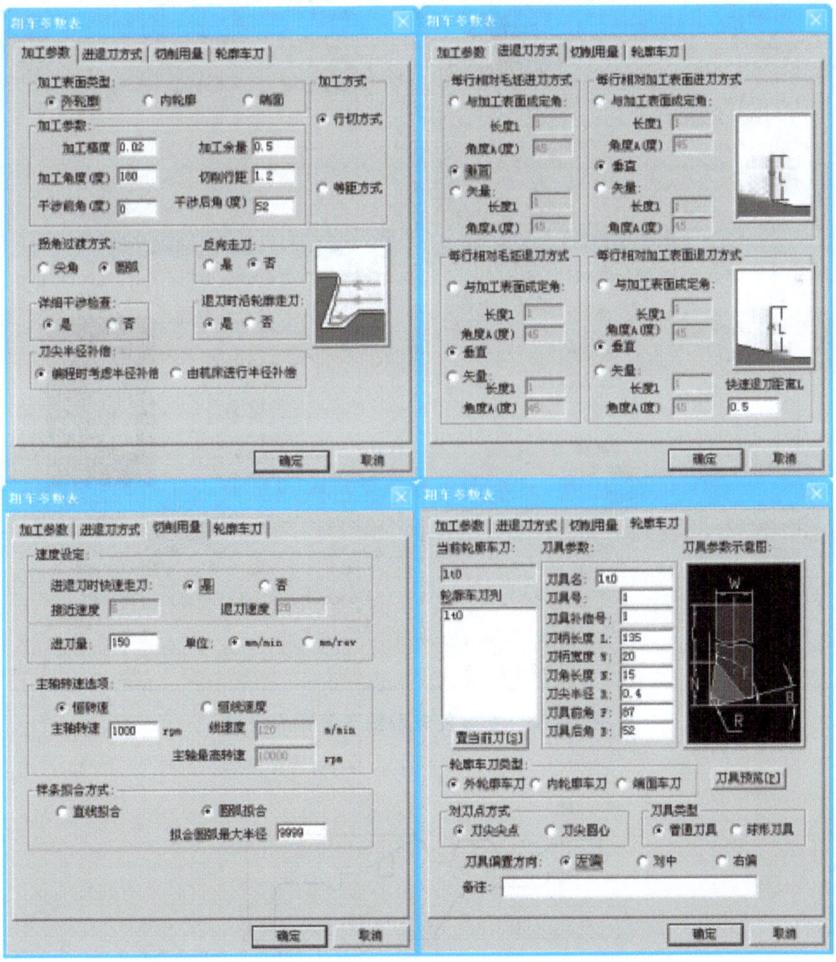

图 2-126 右端外轮廓粗车参数表设置

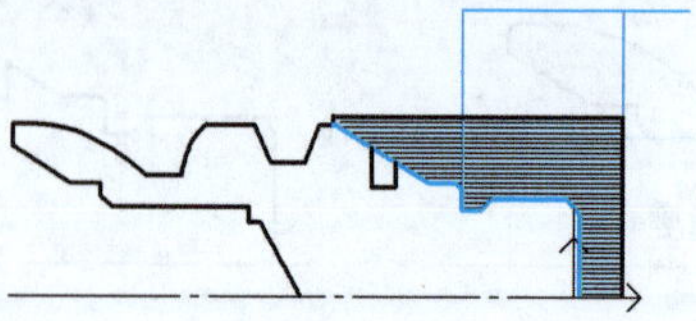

图 2-127 右端外轮廓粗车加工轨迹

3）生成外轮廓精车刀具轨迹。单击“数控车”菜单下的“轮廓精车”子菜单，弹出如图 2-128 所示的对话框，进行精车参数设置。单击“确定”按钮后根据软件左下端提示，用光标拾取轮廓线并单击右键确认，在屏幕上用光标点取进、退刀点位置便生成精车轮廓刀具轨迹，如图 2-129 所示。

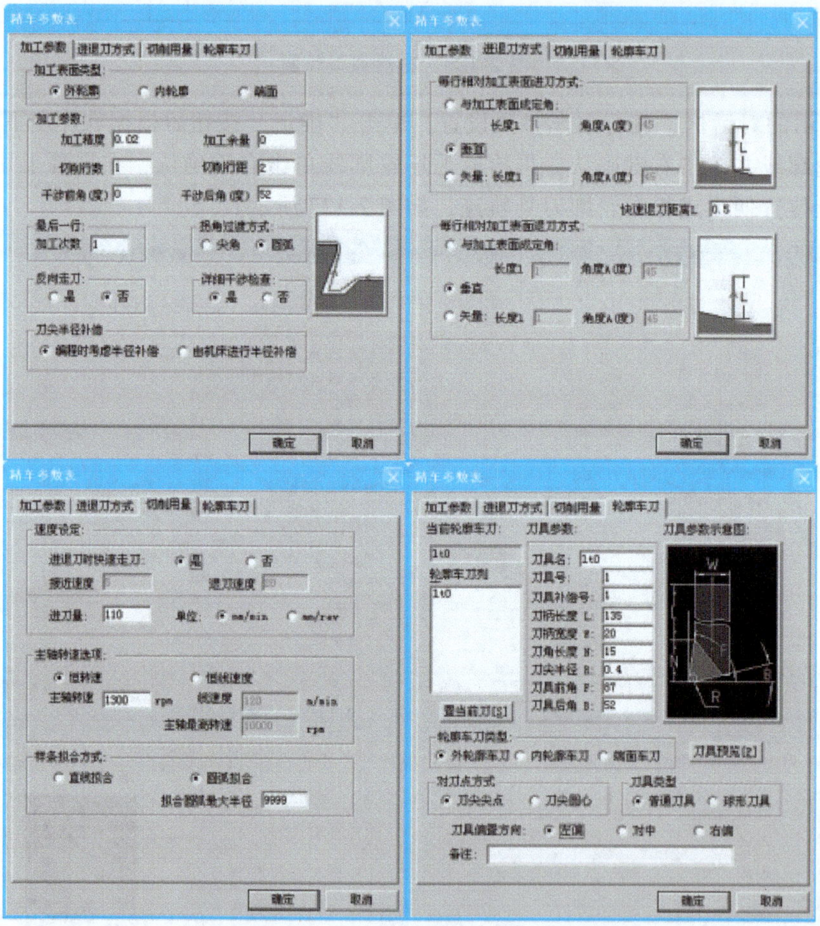

图 2-128 右端外轮廓精车参数表设置

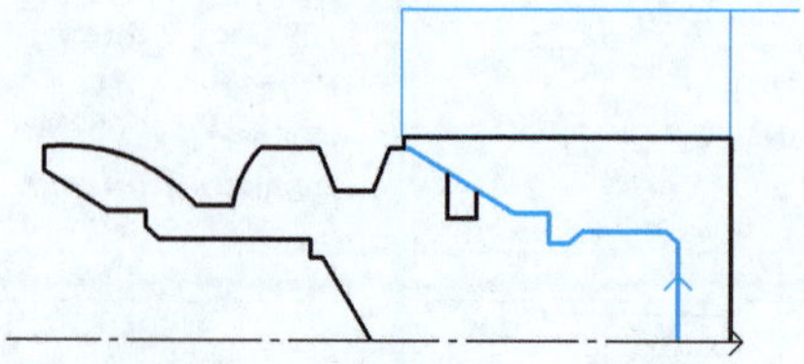

图 2-129 右端外轮廓精车加工轨迹

2. 生成右端外槽刀具轨迹

单击“数控车”菜单下的“切槽”子菜单，弹出如图 2-130 所示的对话框，进行车槽参数设置。单击“确定”按钮后根据软件左下端提示，用光标拾取槽轮廓线并单击右键确认，在屏幕上用光标点取进、退刀点位置便生成车槽刀具轨迹，如图 2-131 所示。

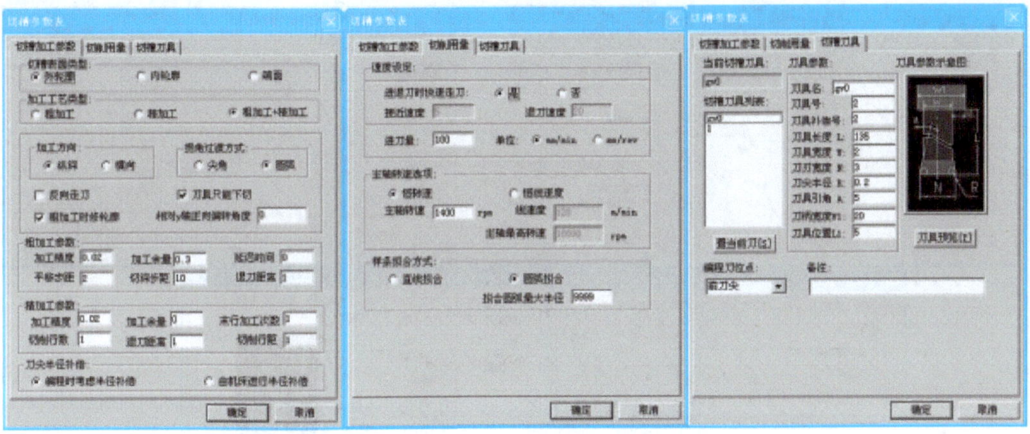

图 2-130　右端外槽参数表设置

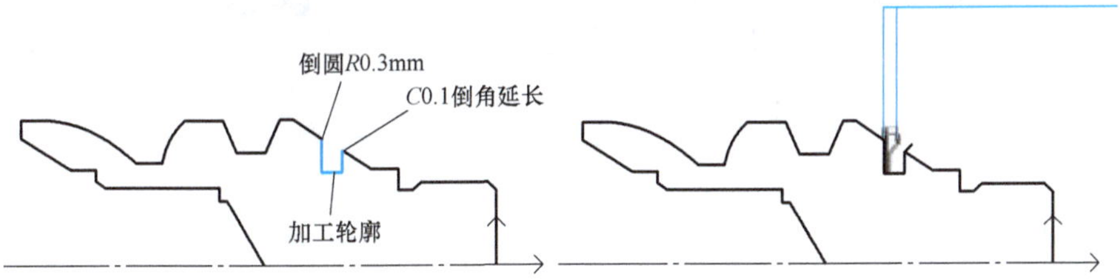

图 2-131　右端外槽加工轨迹

3. 生成右端外圆柱面螺纹刀具轨迹

绘制升速段延长线 3mm，绘制降速段延长线 1mm，如图 2-132 所示。单击“数控车”菜单下的“车螺纹”子菜单，按提示用鼠标拾取螺纹起始点、螺纹终点，弹出如图 2-133 所示“螺纹参数表”对话框，进行螺纹参数设置。参数设置好后，在屏幕上用光标点取升速段延长线起点，再选择加工轮廓线终点位置便生成螺纹加工轨迹，如图 2-134 所示。

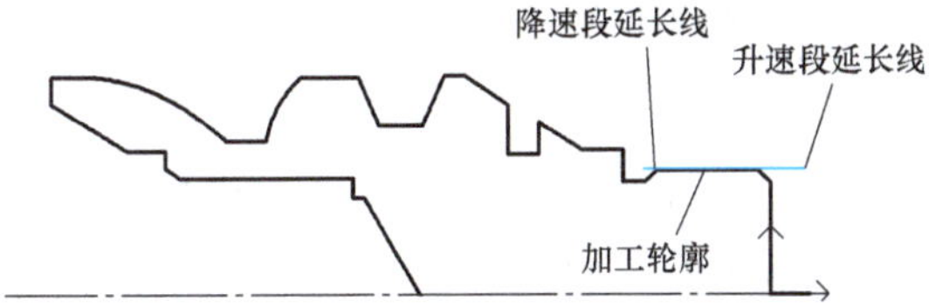

图 2-132　右端外螺纹加工轮廓线图

三、后置设置及程序生成

1. 机床类型设置

单击“数控车”菜单下的“机床设置”子菜单，弹出“机床类型设置”对话框，如图 2-135 所示，用户可进行数控系统选择及数控代码设置等。

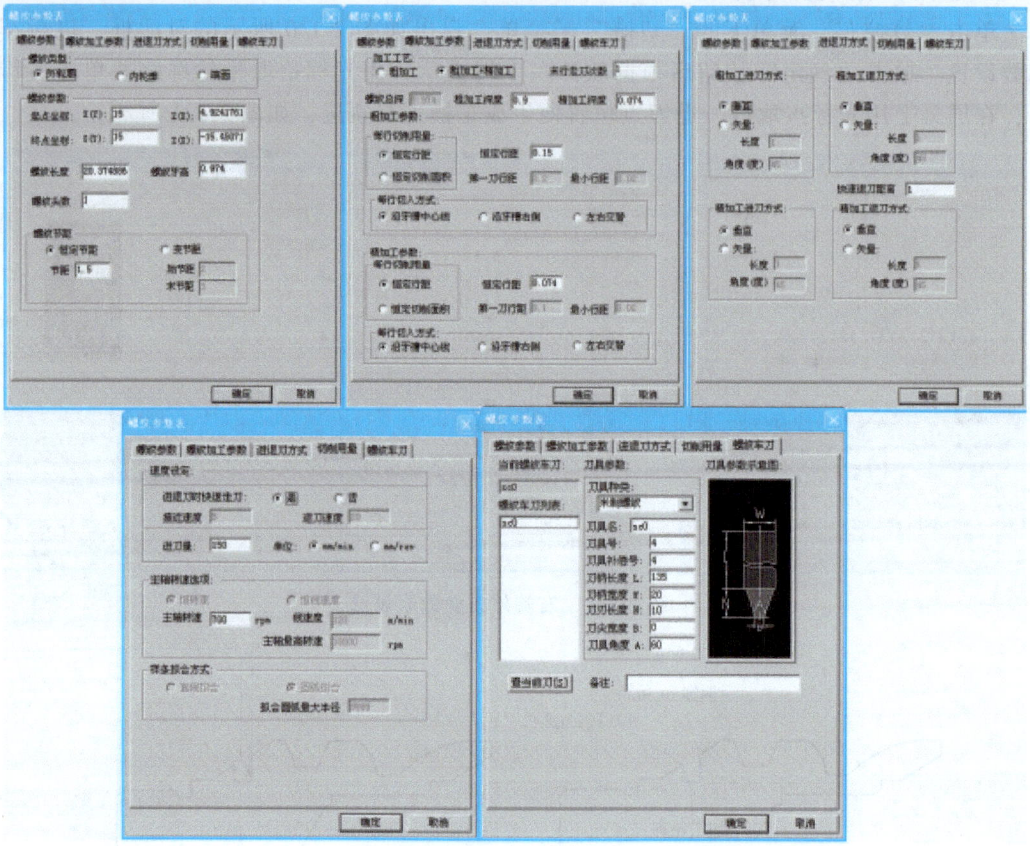

图 2-133　右端外螺纹参数表设置

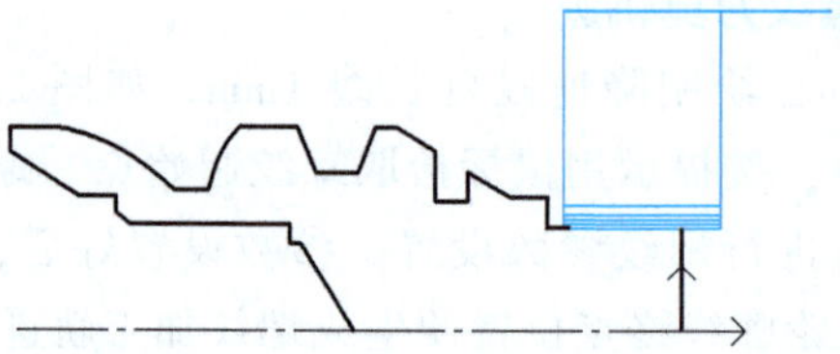

图 2-134　右端外螺纹加工轨迹

2. 后置设置

单击“数控车”菜单下的“后置处理”子菜单，在弹出的对话框中进行后置处理参数设置，如图 2-136 所示。设置后单击“确定”按钮。

3. 生成 G 代码

单击“数控车”菜单下的“代码生成”子菜单，弹出“生成后置代码”对话框。单击“代码文件”按钮，将生成的代码（程序）另存在对应文件夹内并取文件名为“2901”，如图 2-137 所示。单击“保存”按钮后，在“生成后置代码”对话框中单击“确定”按钮。最后按提示依次拾取粗车轮廓、精车轮廓、车槽、车螺纹等轨迹并单击鼠标右键确认，即生成数控程序，注意修改程序中的刀具号。

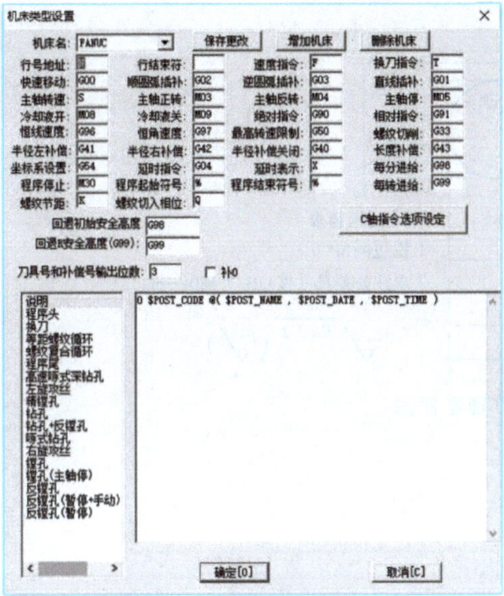

图 2-135　机床类型参数表设置

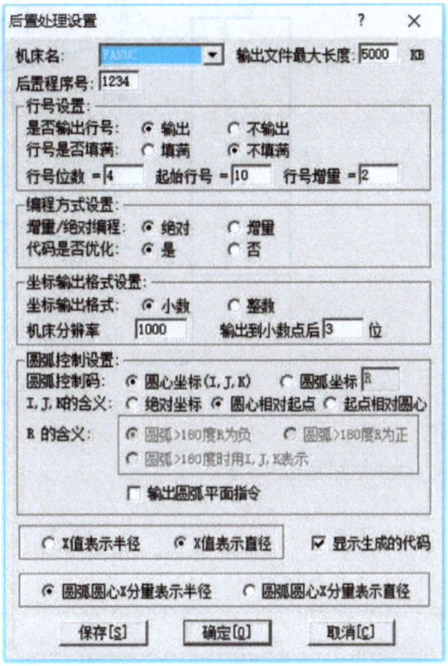

图 2-136　后置处理参数表设置

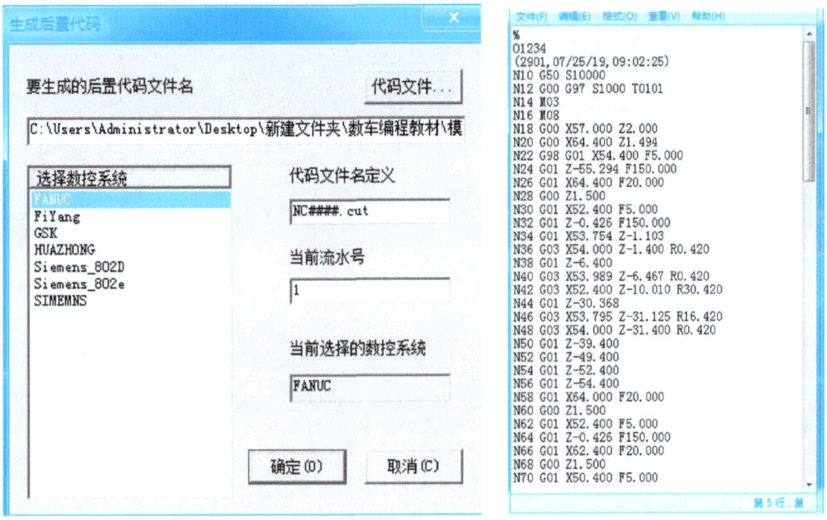

图 2-137　生成 G 代码参数设置

技能强化

如图 2-138 所示，电动机轴由外圆柱面、端面、圆锥面、圆弧面、槽及外螺纹构成，外圆柱（锥）及螺纹精度要求较高。使用 CAXA 数控车软件进行自动编程并使用 FANUC 0i T Mate-TD 系统数控车床完成该零件的加工。毛坯为 ϕ30mm×100mm 棒料，材料为 45 钢。

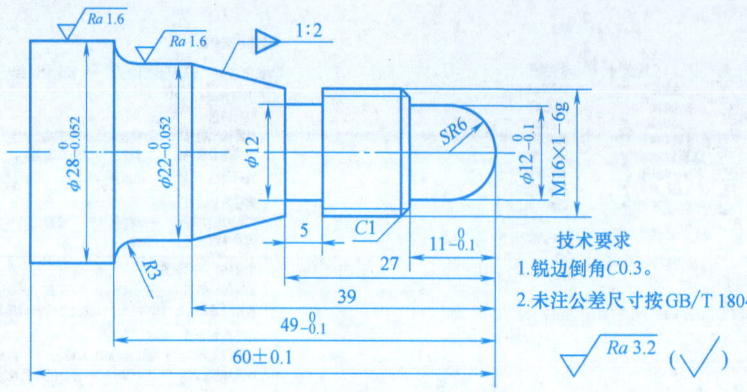

图 2-138　电动机轴零件图

模块3 CHAPTER 3 数控铣床编程与操作

内容提纲

* 1）数控铣床的基本操作及对刀原理与方法。
* 2）平面内/外轮廓类、曲面类、孔类零件加工方案的制订与切削用量的选用。
  3）顺、逆铣的概念与加工特点，内/外轮廓类零件进、退刀路线的设计。
* 4）G00/G01/G02/G03 指令在数铣中的格式与用法。
  5）＊ G41/＊G42/G43/G44 指令的功能、格式与用法。
* 6）G73～G89 钻孔固定循环指令的格式、各参数的含义及钻孔动作。
  7）镜像与旋转功能指令的格式与用法。
* 8）应用 UG 软件铣削平面轮廓类零件的方法及参数的设置。
* 9）应用 UG 软件铣削曲面类零件的方法及参数的设置。
  10）应用 UG 软件进行孔加工的类型及参数的设置。

任务 3.1　数控铣床的对刀操作

任务导入

图 3-1 所示为 100mm×100mm×50mm 的块料毛坯，要求对其进行装夹定位，并将工件坐标系原点建立在工件上表面中心。

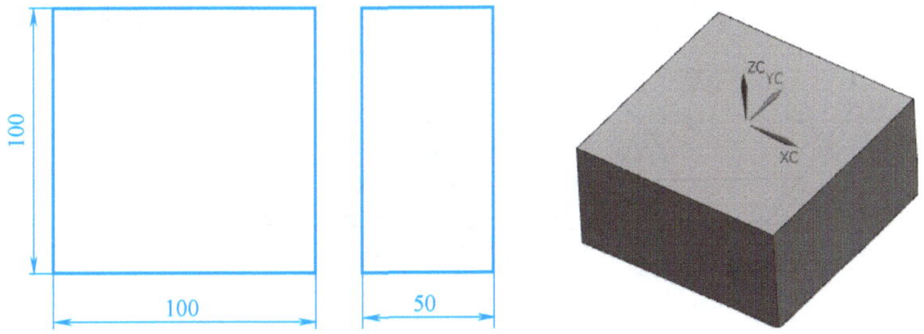

图 3-1　块料毛坯

学习目标

知识目标

1）了解数控铣床的主要加工对象。

2）了解数控铣床常用的装夹方法，熟悉机用虎钳的装夹。

3）认识数控铣削刀具，熟悉立铣刀的结构。

4）熟悉数控铣床的坐标系。

5）掌握数控铣床的对刀原理、对刀方法和指令。

技能目标

1）能对平面类零件进行装夹定位。

2）熟练安装立铣刀。

3）熟练掌握数控铣床的基本操作。

4）熟练掌握块类零件的对刀。

知识准备

一、工艺知识准备

1. 数控铣床的主要加工对象

数控铣削加工是数控加工中最常用的加工方法之一，它主要包括平面铣削和轮廓铣削，也可以对零件进行钻、扩、铰、镗、锪加工及螺纹加工等。数控铣削主要适合于下列几类零件的加工。

（1）平面类零件　平面类零件是指加工面平行或垂直于水平面，以及加工面与水平面的夹角为一定值的零件，这类零件的加工面可全部展开为平面，如图 3-2 所示。

图 3-2　平面类零件

（2）变斜角类零件　变斜角类零件是指加工面与水平面的夹角呈连续变化的零件。如图 3-3 所示零件，其加工面不能展开为平面，但在加工中，铣刀圆周与加工面接触的瞬间为

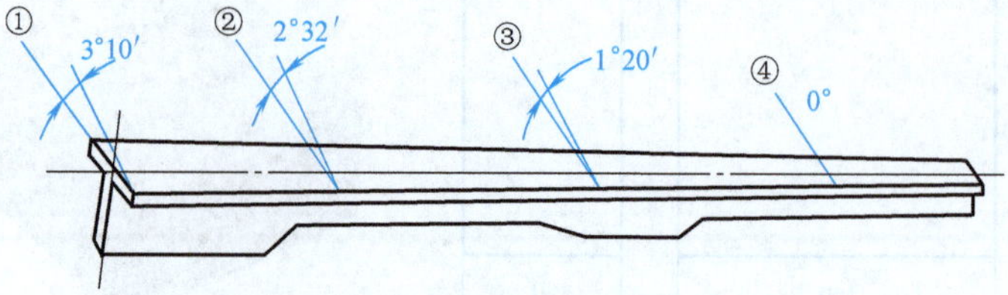

图 3-3　变斜角类零件

直线。从截面①至截面②变化时，其与水平面间的夹角从3°10′均匀变化为2°32′，从截面②到截面③时，其与水平面的夹角又均匀变化为1°20′，最后到截面④，夹角均匀变化为0°。这类零件也可在三坐标数控铣床上采用行切加工法实现近似加工。

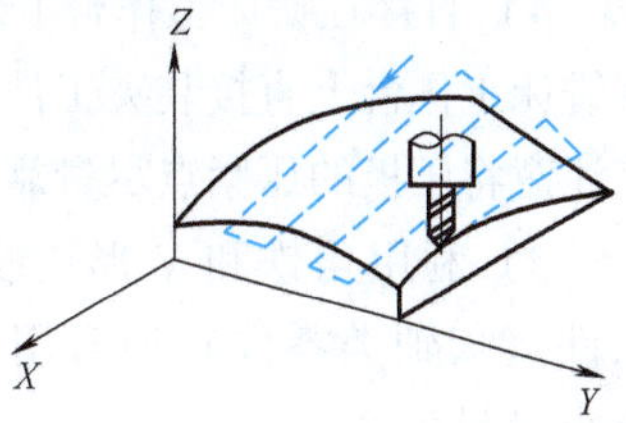

图3-4 曲面类零件

（3）立体曲面类零件　加工面为空间曲面的零件称为立体曲面类零件，如图3-4所示零件。这类零件的加工面不能展成平面，一般使用球头铣刀切削，加工面与铣刀始终为点接触，若采用其他刀具加工，易于产生干涉而损伤邻近表面。加工立体曲面类零件一般使用三坐标数控铣床。

2. 数控铣床常用的装夹方法

（1）定位基准的选择　在数控铣削中，应尽量让零件在一次装夹下完成大部分甚至全部表面的加工。选择定位基准要遵循基准重合原则，即力求设计基准、工艺基准和编程基准统一，这样做可以减少因基准不重合产生的误差和数控编程中的计算量，并且能有效地减少装夹次数。

对于平面类零件，通常以零件自身的底面作为定位基准。定位基准有粗基准和精基准两种，用未加工过的毛坯表面作为定位基准称为粗基准，用已加工过的表面作为定位基准称为精基准。除第一道工序用粗基准外，其余工序都应使用精基准。

（2）常用夹具和装夹方法　在数控铣床上装夹工件时，应使工件相对于铣床工作台有一个确定的位置，并且在工件受到外力的作用时，仍能保持既定位置。

1）机用虎钳。在数控铣床加工中，对于较小的零件，在粗加工、半精加工时，是利用机用虎钳进行装夹的。机用虎钳装夹的最大优点是快捷，但装夹范围不大。其结构如图3-5所示。

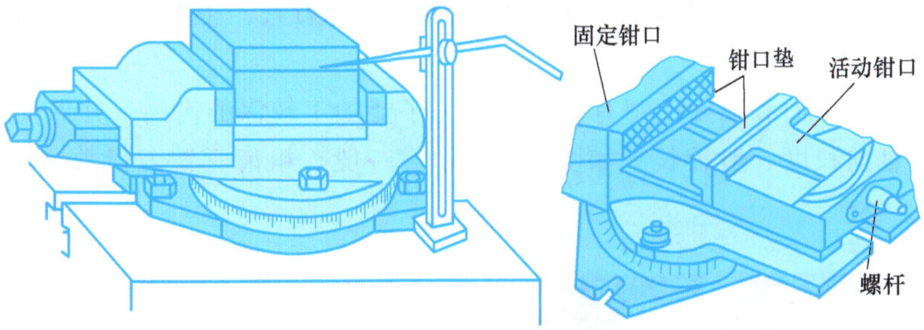

图3-5 机用虎钳的结构

使用机用虎钳安装工件时的注意事项：

① 在工作台上安装机用虎钳时，要保证机用虎钳的正确位置。

② 装夹工件的位置要适当，不应该装夹在机用虎钳的一端。

③ 装夹工件时要考虑铣削时的稳定性。

2）自定心卡盘。在数控铣床加工中，对于结构尺寸不大，且外表面为不需要进行加工的圆弧形表面的工件，可以利用自定心卡盘进行装夹。自定心卡盘也是铣床的通用夹具。

3）圆盘工作台。圆盘工作台用于比较规则的内、外圆弧面工件的装夹。

4）直接在铣床工作台上装夹。在单件或少量生产和不便于使用夹具装夹的情况下，常采用在铣床工作台上直接装夹工件的方法。即使用压板螺母、螺栓直接在铣床工作台上装夹工件。应该注意将压板的压紧点尽量靠近切削处，使得压板的压紧点和压板下面的支承点相对应。

5）利用角铁和V形块装夹工件。角铁常常用来装夹要求表面互相垂直的工件；圆柱形工件（如轴类零件）通常用V形块装夹，利用压板将工件夹紧。此类装夹方式适合于单件或小批量生产。

3. 数控铣床刀具

数控铣床上所采用的刀具要根据工件的材料、几何形状、表面质量要求、热处理状态、切削性能及加工余量等，选择刚性好、寿命高的刀具。铣刀按材料分为高速钢铣刀、硬质合金铣刀等；按结构形式可分为整体式铣刀、镶齿式铣刀、可转位式铣刀；按形状和用途又分为面铣刀、立铣刀、键槽铣刀、球头铣刀等。常见的数控铣刀如图 3-6 所示。

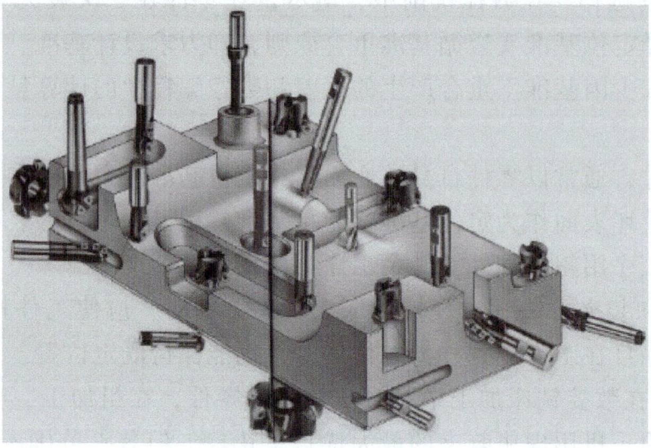

图 3-6 常见的数控铣刀

（1）立铣刀 立铣刀是数控铣床上用得最多的一种刀具，主要用于铣削面轮廓、槽面、台阶等。

立铣刀的圆柱表面和端面上都有切削刃，为了能加工较深的沟槽，并保证有足够的备磨量，立铣刀的轴向长度一般较长，如图 3-7 所示。一般，粗齿立铣刀齿数 $Z=3\sim4$，细齿立铣刀齿数 $Z=5\sim8$。

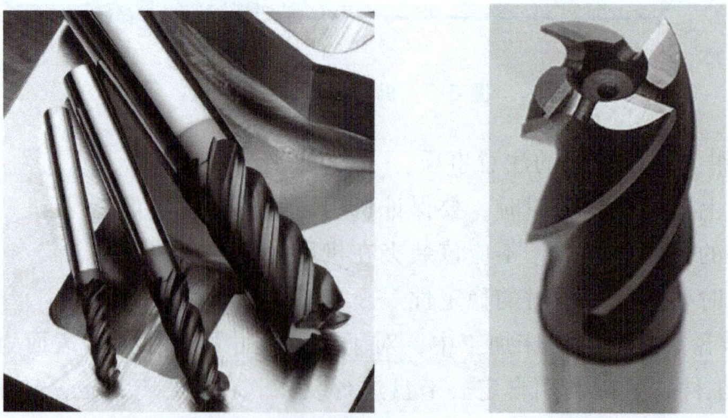

图 3-7 立铣刀

（2）刀柄及附件

1）刀柄连接机床主轴与刀具，用于传递动力和精度，是机床主传动系统的关键部件。按刀具的夹紧方式分类，常用的刀柄有弹簧夹头式刀柄和侧压式刀柄，如图 3-8 所示。

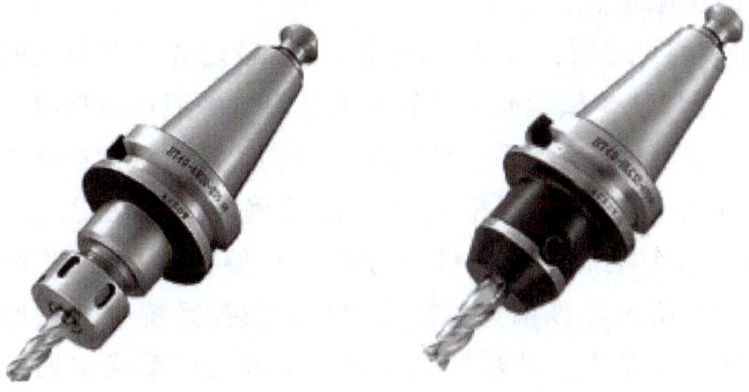

a) 弹簧夹头式刀柄　　b) 侧压式刀柄

图 3-8　常用刀柄

2）ER 弹簧夹头　采用 ER 型卡簧，适用于夹持直径在 16mm 以下的铣刀，如图 3-9 所示。

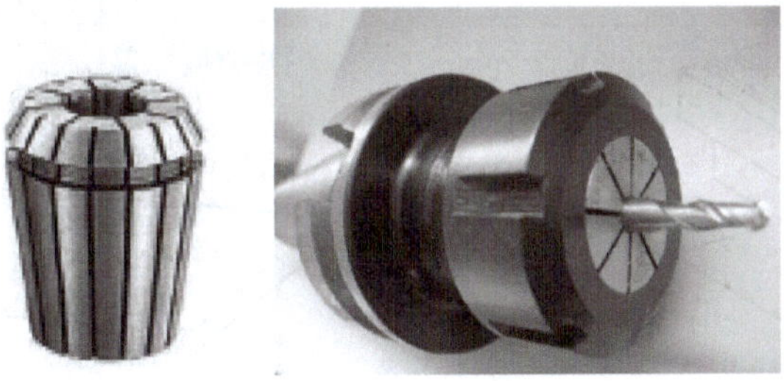

图 3-9　ER 弹簧夹头

二、数控铣床坐标系

在数控铣床上，为了编程方便，通常假定工件是静止的，刀具相对工件运动（实际是刀具只旋转，不移动）。这样编程人员在不考虑刀具或工件运动的情况下，就可以依据零件图样，确定铣削加工路线。

数控铣床和数控车床一样，采用国际标准化组织（ISO）规定的右手直角坐标系（参照任务 2.1 知识准备）。

机床制造商在出厂时就设置好的，在机床上建立的坐标系，称为机床坐标系；在编写零件加工程序时，在零件图样上建立的一个坐标系，称为工件坐标系。

1. 各坐标轴及其正方向的确定

（1）先确定 Z 轴　数控铣床主轴轴线为 Z 轴方向，正方向是刀具远离工件的方向。

（2）再确定 X 轴　对于数控铣床，若 Z 轴为垂直（立式铣床），则从刀具主轴向床身立柱方向看，右手平伸出大拇指方向为 X 轴正向；若 Z 轴为水平（卧式铣床），则沿刀具主轴后端向工件方向看，右手平伸出大拇指方向为 X 轴正向。

（3）最后确定 Y 轴　在确定了 X、Z 轴的正方向后，即可按右手直角定则定出 Y 轴正方向。图 3-10 所示为立式数控铣床坐标系。

2. 坐标原点

机床坐标系的原点称为机床原点（又称为机械原点）。数控铣床的机床原点定义在主轴箱向正方向运动到达的极限位置。

工件坐标系原点称为工件原点（即编程原点）。一般设置工件原点时，一是要符合零件图样尺寸的标注习惯；二是要便于编程时运动轨迹的计算。一般可以选择零件图样上的设计基准或工艺基准为工件原点建立工件坐标系。铣削加工时，工件原点常选择在工件上表面中心点。

在加工时，工件随夹具在机床上安装后，需要确定工件原点相对于机床原点的距离（确定过程称为对刀），这个距离称为工件坐标系原点偏置（即工件坐标系相对于机床坐标系的偏置值），如图 3-11 所示。该偏置值需要预存到数控系统中，在加工时，工件原点偏置值便能自动附加到机床坐标系上，使数控系统可按工件坐标系确定加工时的坐标值。

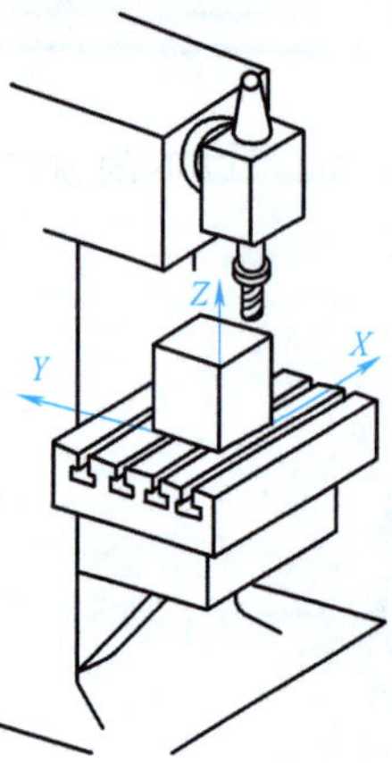

图 3-10 立式数控铣床坐标系

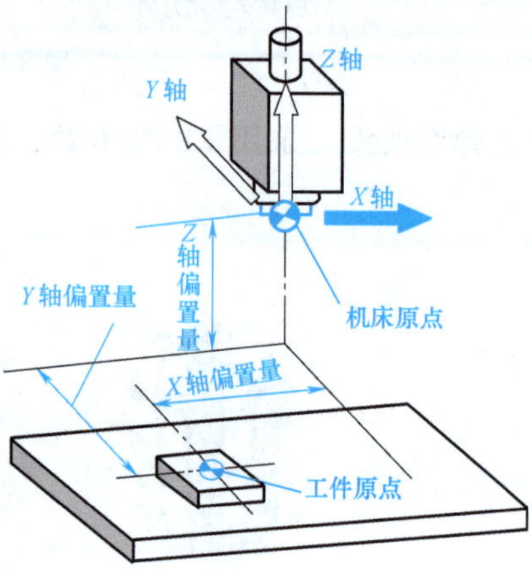

图 3-11 数控铣床的机床原点与工件原点

三、数控铣床对刀方法

1. 对刀目的

建立工件坐标系，即确定工件坐标系原点（对刀点）在机床坐标系中的位置。对刀的准确程度将直接影响零件的加工精度，因此，对刀操作一定要仔细，对刀方法一定要与零件加工精度要求相适应，以减少辅助时间，提高效率。

2. 相关指令

通常情况下，数控铣床的工件坐标系原点设在零件的对称中心或某一个角上。目前数控铣床常用的建立工件坐标系的方法有两种，即以刀具当前位置建立工件坐标系指令（G92）和直接采用零点偏置指令（G54～G59）。

（1）以刀具当前位置建立工件坐标系指令（G92）

格式：G92 X__ Y__ Z__；

其中，X、Y、Z 为刀位点在工件坐标系中的初始位置。

执行 G92 指令设定工件坐标系时，首先需要确定刀具当前位置在工件坐标系中的 X、Y、Z 坐标值，然后在 MDI 模式下输入“G92 X__ Y__ Z__”，循环启动运行该程序段，系统将记住刀具当前位置相对于工件坐标系的坐标值，根据该坐标值系统可推算出工件坐标系原点相对机床原点的位置，从而建立工件坐标系。

（2）采用零点偏置指令（G54~G59）建立工件坐标系　具体方法：工件坐标系原点在机床坐标系中的绝对坐标值通过对刀确定后，直接输入到G54~G59相应的存储器中，如图3-12所示的G54~G59存储器地址，当程序执行到G54~G59某一指令时，数控系统找到相应存储器中的值，即找到工件坐标系原点在机床坐标系中的偏置值，如图3-13所示。

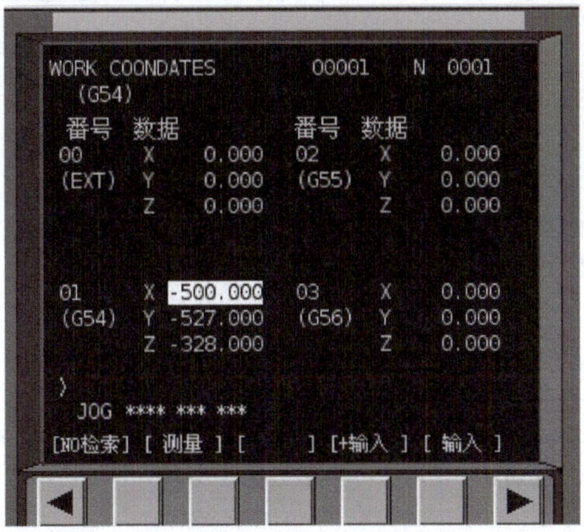

图3-12　G54~G59存储器地址

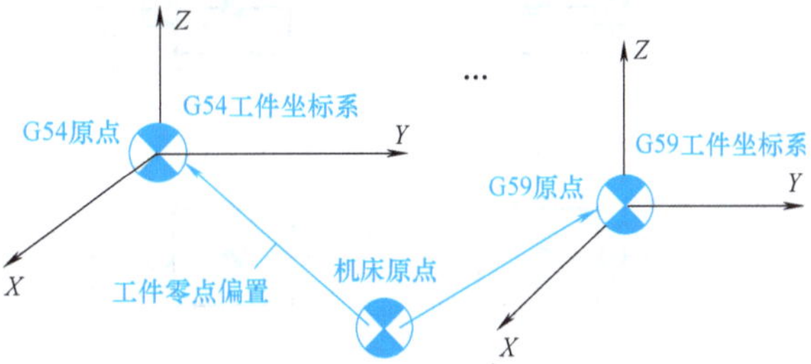

图3-13　工件坐标系零点偏置

3. 块类零件对刀方法

（1）试切法对刀　对于尚需加工的毛坯表面或加工精度要求较低的场合，为方便操作，可以采用直接试切工件来进行对刀。

具体方法：将机床的显示状态调整为显示机床的机械坐标，起动主轴，手动调整机床，用刀具在工件毛坯上切出细小的切痕来判断刀具的坐标位置，通过计算确定工件坐标系原点在机床坐标系中的坐标值。

例如，在FANUC系统数控铣床上加工工件，编程时常把工件坐标系原点设在工件上表面的对称中心上（图3-14），运用试切法对刀。

双边试切法对刀的具体操作步骤如下；

1）起动机床后，起动主轴，用手动方式移动铣刀，使铣刀与工件毛坯左侧边缘轻轻接触，如图3-15a所示，将此时屏幕上机床坐标系中的X坐标值记为X_1。

2）用手动方式移动铣刀，使铣刀与工件毛坯右侧边缘轻轻接触，如图3-15b所示，将此时屏幕上机床坐标系中的X坐标值记为X_2，记录$X=X_1+(X_2-X_1)/2$。

3）用手动方式移动铣刀，使铣刀与工件毛坯前面（靠近操作者的一边）轻轻接触，如图3-15c所示。将此时屏幕上机床坐标系中的Y坐标值记为Y_1。

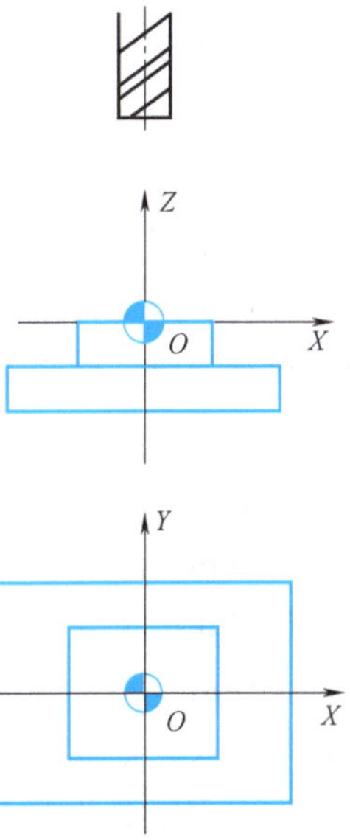

图3-14　建立工件坐标系

4）用手动方式移动铣刀，将铣刀与工件后面（远离操作者的一边）轻轻接触，如图 3-15d 所示。将此时屏幕上机床坐标系中的 Y 坐标值记为 Y_2，记录 $Y=Y_1+(Y_2-Y_1)/2$。

5）用手动方式移动铣刀，使铣刀与工件上表面轻轻接触（注意选择加工中将要切去部分的表面），将此时屏幕上机床坐标系中的 Z 坐标值记下，最后将铣刀抬起。

通过上述操作后，记录的 X、Y、Z 坐标值即为工件坐标系原点在机床坐标系中的坐标值，如图 3-12 所示，可选择 G54～G59 任意一个地址进行存储，编程时在程序中直接调用相应的地址即可生效。在不更换、不重新装卸刀具，不重新装卸工件的条件下，用此方法建立的坐标系可一直有效。

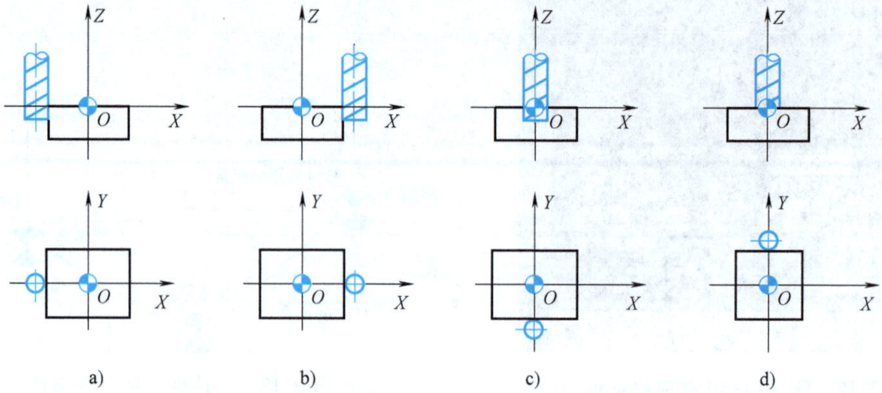

图 3-15　双边试切法对刀步骤

（2）采用寻边器对刀　采用寻边器对刀与采用刀具试切对刀相似，只是将刀具换成了寻边器，如图 3-16 所示。寻边器是采用离心力的原理进行对刀的，对刀精度较高。若工件端面没有经过加工或比较粗糙，则不宜采用寻边器对刀。

将寻边器装夹在机床主轴上，测量端处于下方，主轴转速设定在 400～600r/min 的范围内，使测量端保持偏距 0.5mm 左右，将测量端逐渐逼近工件端面且与工件端面相接触（手动与手轮操作交替进行），测量端由摆动逐步变为相对静止，此时调整进给倍率，采用微动进给，直到测量端重新产生偏心为止。重复操作几次，此时键入数值时应考虑测量端的半径，即可设定工件原点。使用寻边器时，主轴转速不宜过高，当转速过高时，受自身结构影响，误差较大。同时，被测工件端面应有较小的表面粗糙度，以确保对刀精度。

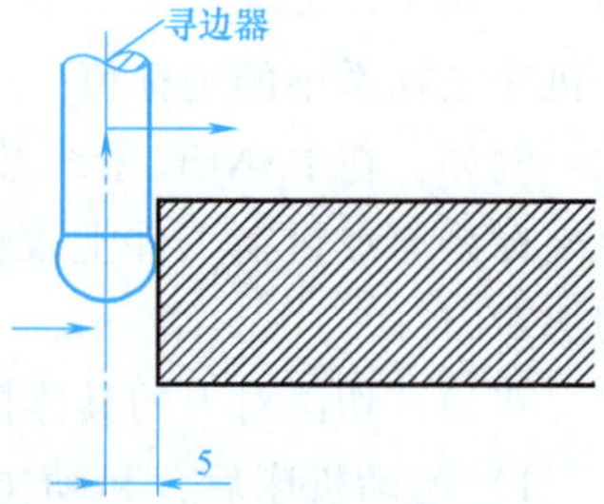

图 3-16　采用寻边器对刀

（3）Z 方向量块对刀法　量块对刀法常适用于表面加工过的工件，工件表面不可再试切，对刀精度较高。通常用于 Z 方向对刀，对刀过程与试切法对刀过程相似。

设量块厚度为 10mm，需要将工件坐标系 Z0 设定在工件上表面。刀具不旋转，当刀具接近工件后，将量块插入刀具与工件之间，若太松或插不进去时，降低倍率，摇动手轮，再将量块插入，如此反复操作，当感觉量块移动有微弱阻力时，即可认为刀具切削刃所在平面与工件表面距离为量块厚度值。进入坐标系界面，将光标移动到 G54 的“Z”处，键入“Z10”，按软键“测量”，则工件表面即为 Z 零点。

除了上述方法以外，数控铣床还可采用机外对刀仪对刀及光学或电子装置对刀等新方法来提高对刀精度和减少工时。

任务实施

一、仿真软件对刀

将图 3-1 所示块料毛坯的工件坐标系原点建立在工件上表面中心。宇龙数控仿真软件具体操作步骤如下：

1. 选择机床

打开宇龙数控仿真软件，按图 3-17 所示选择机床，机床选好后，将光标放在机床上单击右键，在弹出的快捷菜单中选择“选项”，弹出“视图选项”对话框，取消勾选“显示机床罩子”，机床罩子则隐藏。

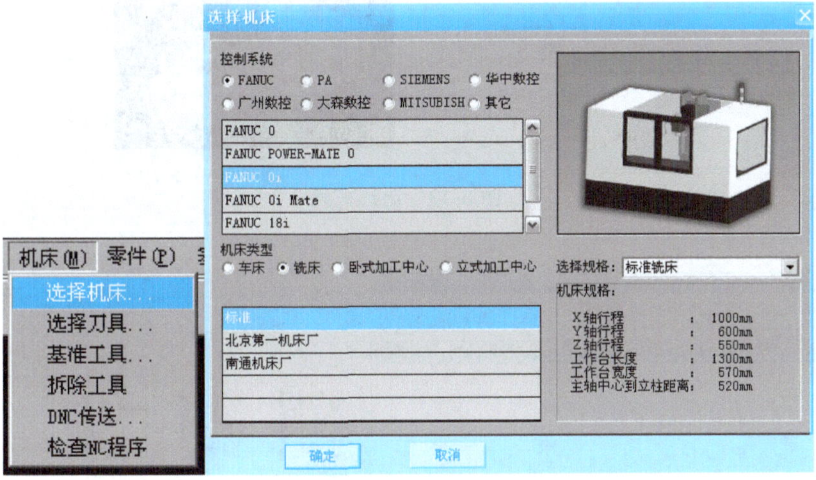

图 3-17 选择机床

2. 定义毛坯

在工具条上单击，按图 3-18 所示对话框设置毛坯参数。

3. 安装夹具

在工具条上单击，弹出如图 3-19 所示对话框。首先在“选择零件”下拉列表框中选择“毛坯 1”。然后在“选择夹具”下拉列表框中选“平口钳”，单击各个方向的“移动”按钮调整毛坯在夹具上至合适位置。

4. 安装毛坯

在工具条上单击，系统弹出操作对话框如图 3-20 所示，安装毛坯后，出现如图所示黄色箭头，左右调整毛坯至合适位置。

5. 选择并安装刀具

在工具条中单击，系统弹出刀具选择对话框，选择直径为 10mm 的平底刀，如图 3-21 所示。注意根据切削深度选取刃长。

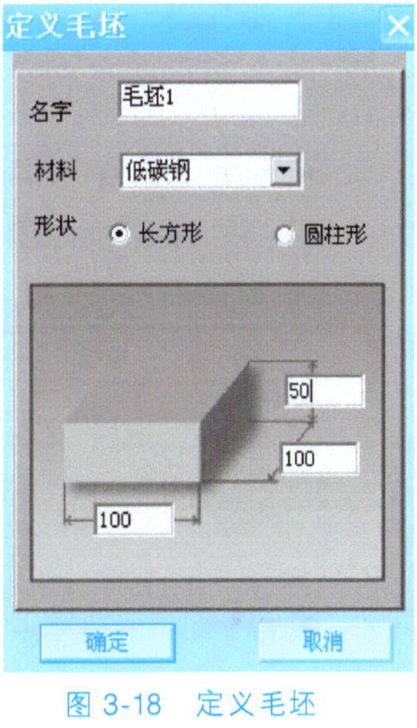

图 3-18 定义毛坯

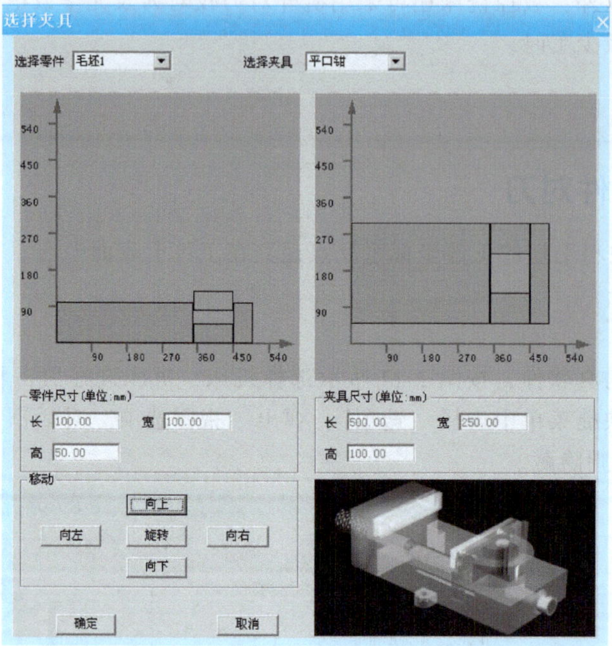

图 3-19 选择夹具

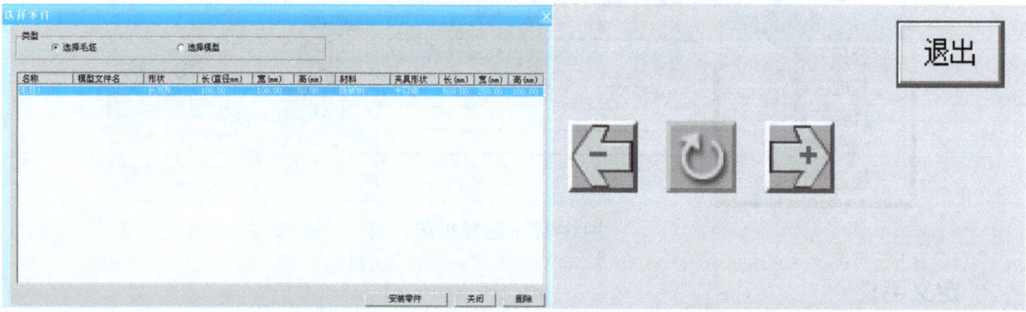

图 3-20 安装毛坯

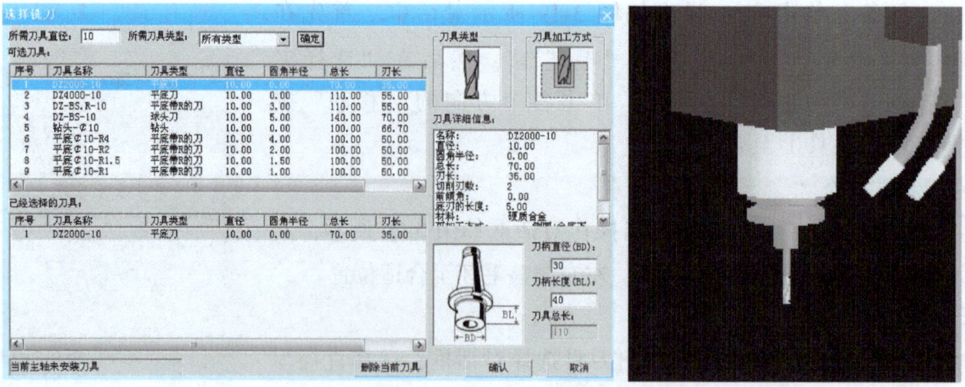

图 3-21 选择并安装刀具

6. 开机、回原点

参照任务 1.2 知识准备将数控铣床各轴回原点，回原点后刀具的位置如图 3-22 所示。

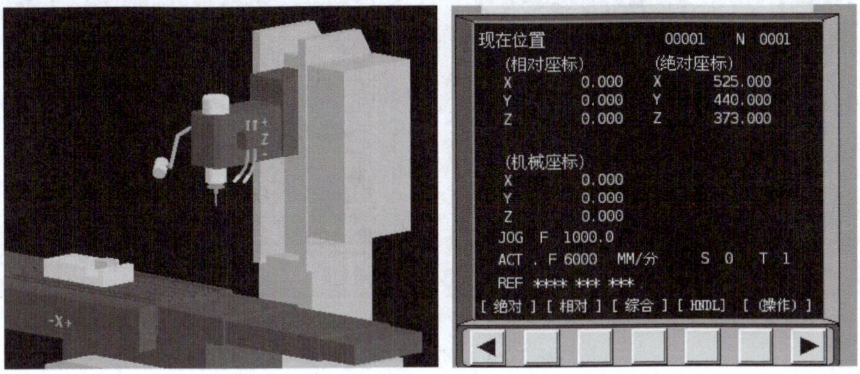

图 3-22 回原点后刀具的位置和机械坐标显示

7. 对刀（塞尺法双边对刀）

1～6 步仿真操作视频 3-1

（1）*X* 方向对刀 装好刀具后，在“手动”模式下将刀具移到图 3-23a 所示工件左侧的大致位置；单击菜单“塞尺检查/1mm”，刀具和工件之间被插入 1mm 塞尺；在“手动脉冲”模式下，使用手轮精确移动刀具，直到提示信息对话框显示“塞尺检查的结果：合适”，如图 3-23b 所示；记住如图 3-24a 所示显示器中 *X* 当前机械坐标 X_1 为-556.000（即刀具中心在工件左侧的 *X* 机械坐标值）。工件左侧对完刀后，单击菜单“塞尺检查/收回塞尺”，将塞尺收回，点击“手动”按钮，手动灯亮，机床转入手动操作模式，点击 Z 和 + 按钮，将 *Z* 轴提起。

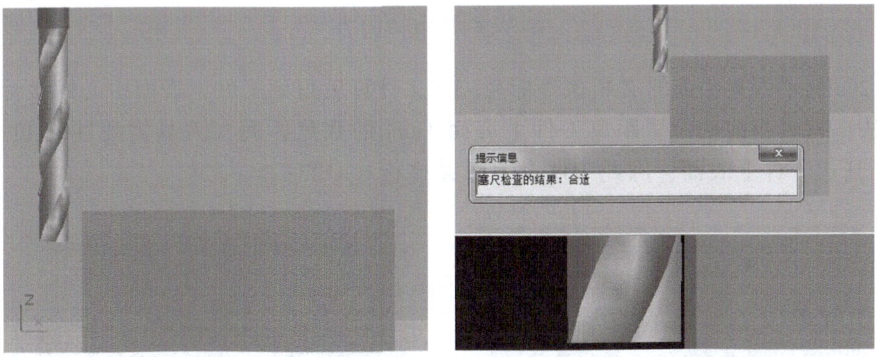

a) 刀具在工件左侧大概位置　　b) 刀具在工件左侧合适位置

图 3-23 工件左侧对刀

按照以上方法在工件右侧对刀，记住刀具在工件右侧合适位置时如图 3-24b 所示显示器中 *X* 机械坐标 X_2 为-444.000（即刀具中心在工件右侧的 *X* 机械坐标值）。

根据知识准备中数控铣削的对刀方法，工件中心 *X* 方向的坐标 $=X_1+(X_2-X_1)/2=-556+(-444+556)/2=-500$。

（2）*Y* 方向对刀 *Y* 方向对刀与 *X* 方向对刀的方法相同，参照上面步骤分别在工件的前面

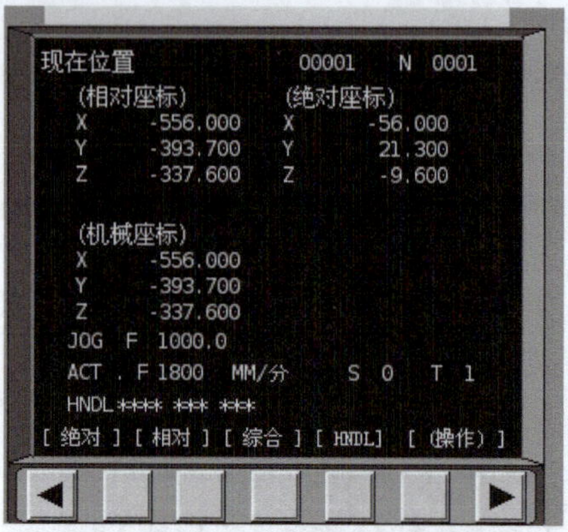

a) 刀具在工件左侧合适位置时的机械坐标值

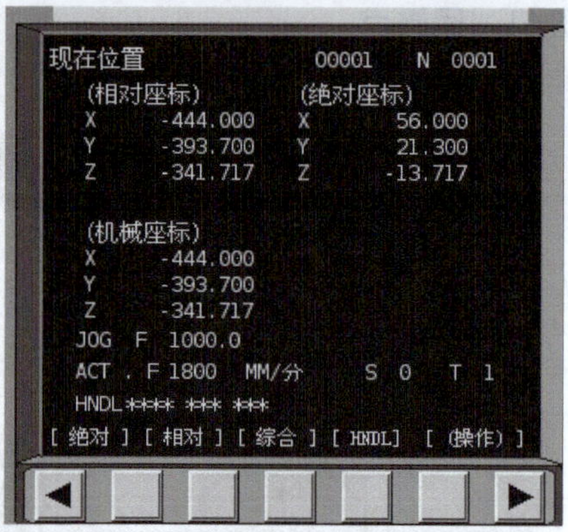

b) 刀具在工件右侧合适位置时的机械坐标值

图 3-24 *X* 方向对刀数值

和后面找合适的位置并记录 *Y* 方向机械坐标值，计算后得到工件中心 *Y* 方向的坐标=-415。

（3）*Z* 方向对刀 将刀具移动到图 3-25a 所示工件上方的大致位置；放入塞尺，调整到图 3-25b 所示合适位置。

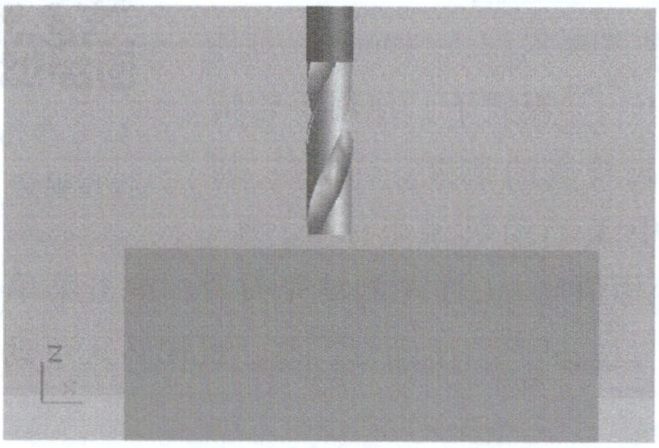

a) 刀具在工件上方大概位置

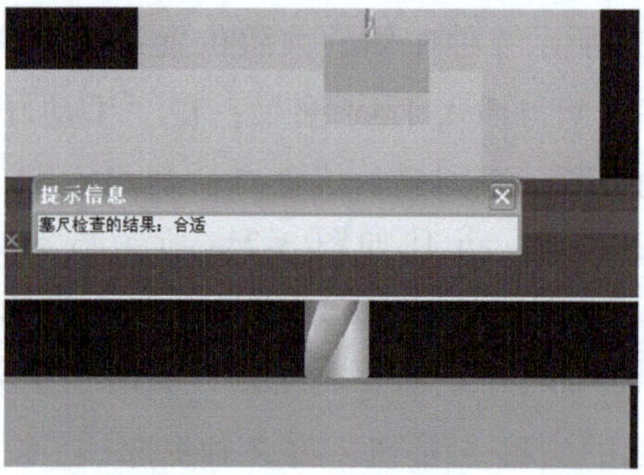

b) 刀具在工件上方合适位置

图 3-25 *Z* 方向对刀

图 3-26a 所示刀具当前的 *Z* 机械坐标为-327，计算后得到工件上表面中心的坐标 *Z*=-328（具体算法：刀具当前的位置距离工件上表面 1mm 的塞尺距离，刀具需要往 *Z* 负方向移动 1mm 才能到达工件上表面，因此工件上表面 *Z* 坐标=-327-1=-328）。

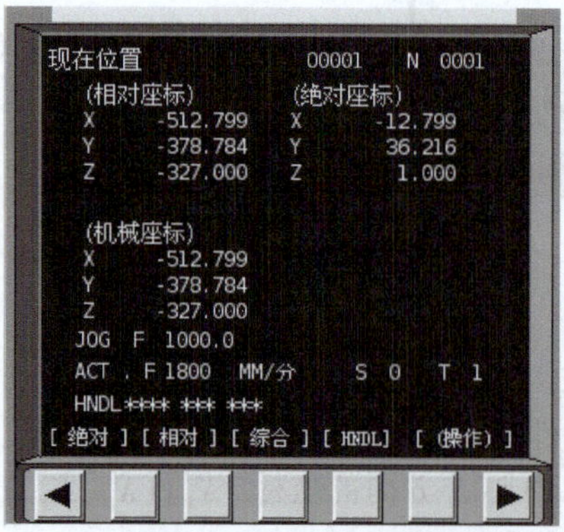

a) 刀具在工件上方合适时的Z机械坐标值

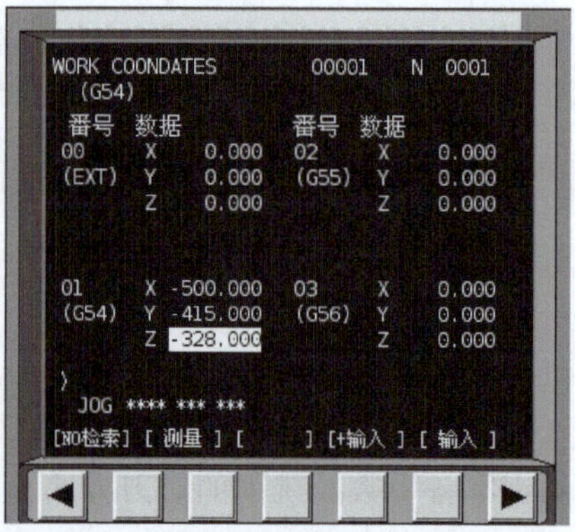

b) G54番号存储工件坐标系原点的机械坐标

图 3-26 *Z* 方向对刀数值

点击 MDI 键盘上的，点击显示器下方的“坐标系”，如图 3-26b 所示，在 G54 番号下的 *X* 位置输入数值“-500”，*Y* 位置输入数值“-415”，*Z* 位置输入数值“-328”。

8. 对刀正确性检验

点击 MDI 键盘上的，点亮操作面板上的 MDI 按键，输入“G54G00X0Y0Z5”；程序段，点击操作面板上的循环启动按钮，图 3-27a 所示为程序段执行后刀具的移动位置。查看图 3-27b 所示刀具当前的机械坐标值，与之前计算得到的 *X*、*Y* 值相同，*Z* 坐标因为从零点向上抬高了 5mm，所以当前 *Z* 机械坐标为-328+5=-323。对刀检验无误后，可进行后续操作。

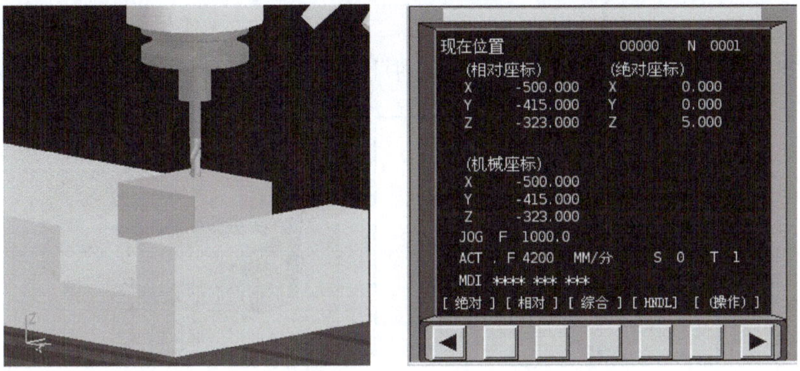

a) 输入验证程序段后刀具的移动位置　　b) 输入验证程序段后刀具的机械坐标

图 3-27　检验对刀位置

9. 保存项目

在主菜单中选择“文件→保存项目”。

7~9 步仿真操作视频 3-2

二、数控铣床对刀

1. 毛坯、刀具、工具的准备

1）准备 100mm×100mm×50mm 的块料毛坯，将毛坯正确装夹到机用虎钳上。

2）准备直径为 10mm 的立铣刀，并正确安装在主轴上。

2. 开机、对刀

1）数控铣床通电、开机。

2）回参考点。

3）起动主轴。用手动方式使刀具快速接近工件，切换到 MDI 操作模式，点击程序界面按钮，翻页到“程序段值”界面，输入“M03S400”，然后按“循环起动”按钮。

4）*X* 方向对刀。

5）*Y* 方向对刀。

6）*Z* 方向对刀。

7）对刀正确性检验。

数控铣床对刀操作视频 3-3

问题归纳

1）回零时出现撞刀。注意数铣回零先回 Z 轴，以防刀具 Z 方向在工件上表面以下，先回 X 或 Y 轴时则会撞刀。

2）FANUC 数控机床开机通电后，主轴首次旋转需要在 MDI 模式下用指令起动，直接在手动或手轮模式下点击主轴旋转按钮，主轴旋转不会生效。

3）用试切法对刀时，左右或前后试切的力度不均匀，会导致工件坐标系左右或前后不对称。因此，要把握试切对刀力度，实操中可以将纸片放在刀具与工件之间触动对刀。

技能强化

如图 3-28 所示，将工件坐标系设置在工件上表面的左下角，请完成装夹与对刀操作。

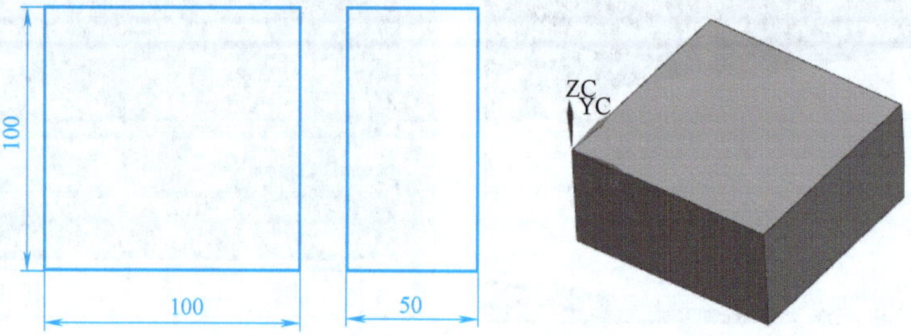

图 3-28 长方体上表面左下角对刀

任务 3.2 端盖的编程与加工

任务导入

图 3-29 所示为端盖零件，材料为 45 钢，毛坯面已处理，要求完成圆台外轮廓的加工。

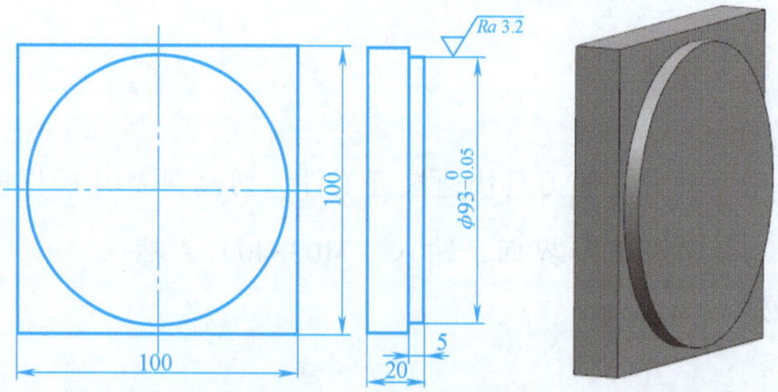

图 3-29 端盖零件图

学习目标

知识目标

1）了解走刀路线的确定原则、数铣类零件的工序划分原则。

2）掌握外轮廓进、退刀路线的设计、切削用量的选择。

3）了解数控铣床的编程特点。

4）掌握基本运动指令 G00/G01/G02/G03 的格式与用法。

技能目标

1）能确定简单铣削类零件的走刀路线，并划分工序。

2）会设计外轮廓的进、退刀路线，并选择合适的切削用量。

3）能够使用仿真软件和数控铣床加工简单的平面类零件。

知识准备

一、工艺知识准备

1. 走刀路线

在数控加工中，刀具刀位点（一般为铣刀的刀具中心）相对于工件运动的轨迹称为走刀路线，如图 3-30 所示的双点画线部分即为刀位点轨迹。

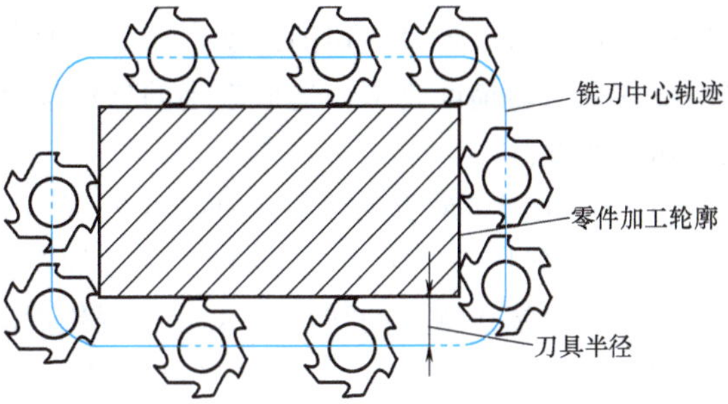

图 3-30 刀位点轨迹

确定加工路线是编写程序前的重要步骤。加工路线的确定应遵循以下原则：

1）加工路线应保证被加工零件的精度和表面粗糙度，且加工效率较高。

2）数值计算简单，以减少编程工作量。

3）加工路线应取最短，这样既可以减少程序段，又可以减少空刀时间。

此外，确定加工路线时，还要考虑工件的加工余量和机床、刀具的刚度等情况，确定是一次走刀，还是多次走刀来完成加工，以及在铣削加工中是采用顺铣还是逆铣等。

2. 铣削类零件的工序划分原则

1）按粗、精加工分开，先粗后精的原则划分工序。

2）按所用刀具顺序划分工序。

3）按先面后孔原则划分工序。

3. 外轮廓加工的进、退刀路线设计

对零件的轮廓进行加工时，为了达到零件的加工精度和表面粗糙度要求，应合理地设计进、退刀路线，尽量选择切向进、退刀方式。

外轮廓中直线与直线、直线与圆弧或圆弧与圆弧的交接处通常会出现棱角，可在棱角处找两相交几何元素的延长直线或延长弧线，采用延长线的方法进行切入、切出，如图 3-31 所示。如果零件的外轮廓是由圆弧组成，整个轮廓呈光滑的过渡，这时找不到延

长线，可在外轮廓的任意点上作切线，切线与外轮廓呈光滑过渡，并且不干涉上表面，如图 3-32 所示。

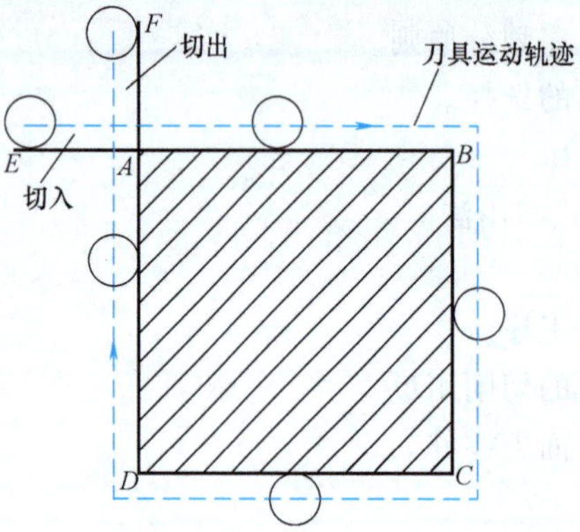

图 3-31 采用延长线的方法切入、切出

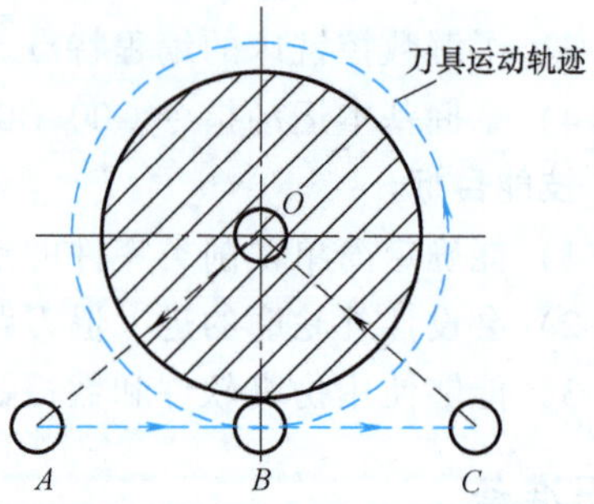

图 3-32 采用切线的方法切入、切出

4. 切削用量的选择

在保证加工质量和刀具寿命的前提下，应使生产率达到最大，从而获得最大的切削效益。粗加工时，先选取尽可能大的背吃刀量或侧吃刀量，其次选定尽可能大的进给速度，最后根据刀具寿命确定最佳切削速度。精加工时，先根据粗加工后的余量确定背吃刀量，其次根据零件表面粗糙度要求，选取较小的进给速度，最后在保证刀具寿命的前提下尽可能选取大的切削速度。

（1）背吃刀量或侧吃刀量　如图 3-33 所示，背吃刀量 a_p 为平行于铣刀轴线测量的切削层尺寸，端铣时，a_p 为切削层深度；而圆周铣削时，a_p 为被加工表面的宽度。侧吃刀量 a_e 为垂直于铣刀轴线测量的切削层尺寸，端铣时，a_e 为被加工表面的宽度；圆周铣削时，a_e 为切削层深度。背吃刀量或侧吃刀量的选取主要由加工余量的多少和对表面质量的要求决定。

1）当侧吃刀量 a_e 小于 $d/2$（d 为铣刀直径）时，取 $a_p=(1/3\sim1/2)d$。

2）当侧吃刀量 a_e 小于等于 d 时，取 $a_p=(1/4\sim1/3)d$。

3）当侧吃刀量 $a_e=d$（即满刀切削）时，取 $a_p=(1/5\sim1/4)d$。

当机床的刚性较好，且刀具的直径较大时，a_p 可取得更大。

粗加工的铣削宽度一般取（0.6～0.8）d，精加工的铣削宽度由精加工余量确定。

（2）进给速度　进给速度指单位时间内工件与铣刀沿进给方向的相对位移，单位为 mm/min。它与铣刀转速 n、铣刀齿数 z 及每齿进给量 f_z（单位为 mm/齿）有关。进给速度的计算公式：

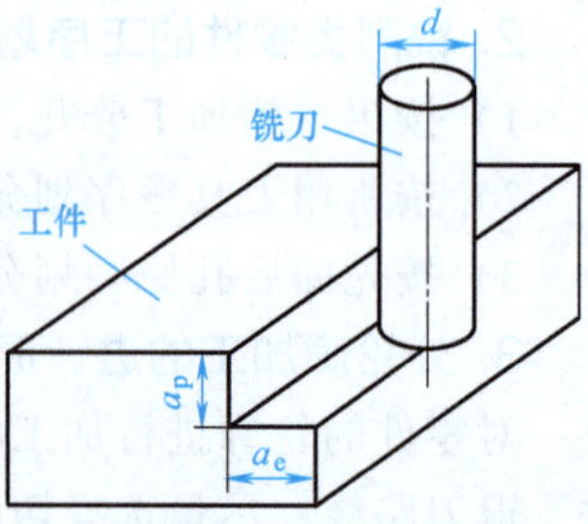

图 3-33 背吃刀量和侧吃刀量

$$v_f=nf_zz$$

式中，每齿进给量 f_z 的选用主要取决于工件材料和刀具材料的力学性能、工件表面粗糙度

等因素。工件材料的强度、硬度较高，f_z 越小；反之则 f_z 越大。刀具材料的硬度越高，f_z 越大，反之则 f_z 越小。硬质合金铣刀的每齿进给量一般高于同结构高速钢铣刀的每齿进给量。工件表面粗糙度值要求越小，f_z 就应越小。工件刚性差或刀具强度低时，应取小值。每齿进给量的确定可参考表 3-1 选取。

表 3-1 铣刀每齿进给量 f_z 参考表

工件材料	每齿进给量 f_z(mm/齿)			
	粗铣		精铣	
	高速钢铣刀	硬质合金钢铣刀	高速钢铣刀	硬质合金钢铣刀
钢	0.10~0.15	0.10~0.25	0.02~0.05	0.10~0.15
铸铁	0.12~0.20	0.15~0.30		

(3) 切削速度 铣削的切削速度计算公式为

$$v_c=\frac{C_V d^q}{T^m f_z^{y_v} a_p^{x_v} a_e^{P_v} z^{x_v} 60^{1-m}}K_V$$

由上式可知铣削的切削速度与刀具寿命 T、每齿进给量 f_z、背吃刀量 a_p、侧吃力量 a_e 及铣刀齿数 z 成反比，而与铣刀直径成正比，即 f_z、a_p、a_e、z 增大的同时工作齿数增多，切削刃负荷和切削热增加，加快刀具磨损，因此刀具寿命限制了切削速度的提高。如果加大铣刀直径则可以改善散热条件，相应提高切削速度。切削速度可参考表 3-2 选取。

表 3-2 切削速度参考表

工件材料	切削速度 v_c/(m/min)		工件材料	切削速度 v_c/(m/min)	
	高速钢铣刀	硬质合金钢铣刀		高速钢铣刀	硬质合金钢铣刀
20 钢	20~45	150~250	黄铜	30~60	120~200
45 钢	20~45	80~220	铝合金	112~300	400~600
40Cr	15~25	60~90	不锈钢	16~25	50~100
HT150	14~22	70~100			

在实际生产中主轴转速可通过下列公式计算，即

$$n=\frac{1000v_c}{\pi d}$$

式中，n 为主轴转速（r/min）；v_c 为切削速度（m/min）；d 为铣刀直径（mm）。

二、数控铣床的编程特点

1. 绝对坐标编程与相对坐标编程

编程人员根据图样标注的尺寸，可以采用绝对坐标编程或相对坐标编程。绝对坐标编程指所有的坐标尺寸数值都是相对于固定的编程原点（工件坐标系原点）来计量，用 G90 代码表示，G90 通常为机床默认编程形式，一般可省略编写。相对坐标编程指所有的坐标尺寸数值都是相对于前一坐标点来计量，用 G91 代码表示。数控铣床绝对坐标编程和相对坐标编程均采用坐标字 X、Y、Z 表示，编程实例具体见下文 G00、G01 指令。

2. 坐标平面的选择

指令 G17、G18、G19 用于加工平面的选择。G17 选择 *XY* 平面，G18 选择 *XZ* 平面，G19 选择 *YZ* 平面，如图 3-34 所示。

立式数控铣床大都在 *XY* 平面内加工，故默认值为 G17 指令。

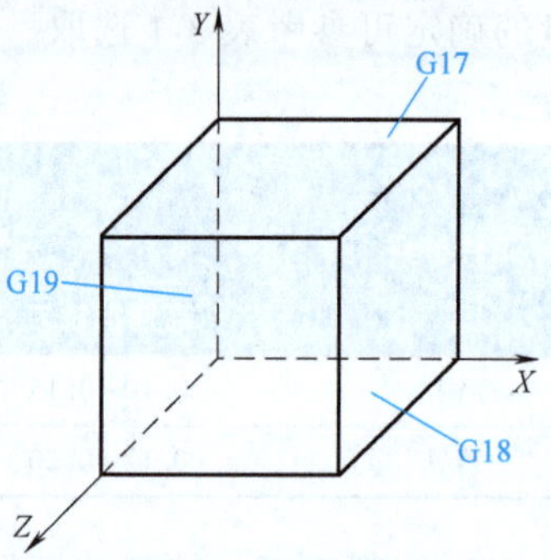

图 3-34 坐标平面的选择

三、基本运动指令

1. 快速点定位指令 G00

（1）指令功能 G00 指令使刀具以点位控制方式从刀具所在的当前点快速移动到目标点位置，在数控铣床上通常用于加工前的快速进刀或下刀和加工后的快速退刀或抬刀，用于非切削状态。G00 指令使刀具快速移动到指定点，无运动轨迹要求，速度由系统参数设定，编程时不需要设定。

（2）指令格式

G00 X__ Y__ Z__；

指令中，*X*、*Y*、*Z* 表示刀具移动到的目标点相对于工件坐标系原点或刀具前一点的坐标值。

X、*Y*、*Z* 表示刀具移动到的目标点相对于刀具前一点的坐标值（即相对坐标编程）时，刀具从当前点移动到目标点往 *X* 正方向，则 *X* 取正值，反之为负值；*Y*、*Z* 两个方向同理，刀具往相应的轴的正方向移动取正值，反之取负值。

注意事项：

1）G00 指令的进给速度不需要编程，由机床参数指定，可以通过机床操作面板上的快速修调倍率来调整大小。

2）G00 是模态指令，具有续效功能。

3）使用 G00 时，控制轴分别以各自的快进速度向目标点移动，实际路线可能为折线。因此，使用 G00 时要注意刀具在移动过程中是否与工件和夹具发生干涉。

（3）应用实例 如图 3-35 所示，刀具从 *O* 点快速进刀到 *A* 点，分别编写绝对坐标编程和相对坐标编程的程序段：

绝对坐标编程：

G90 G00 X10 Y12 ；

相对坐标编程：

G91 G00 X10 Y12 ；

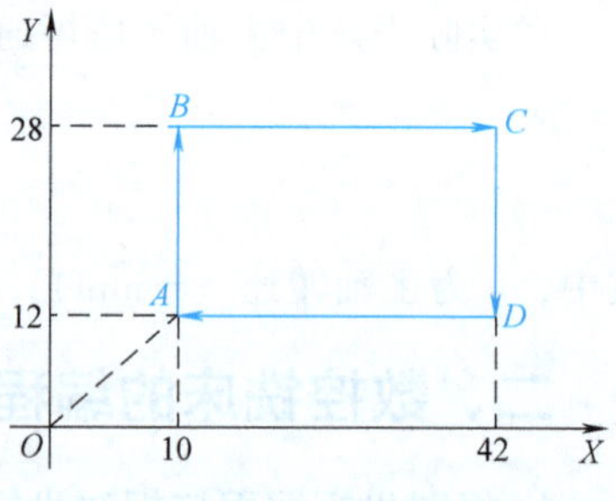

图 3-35 G00 应用实例

2. 直线插补指令 G01

（1）指令功能 G01 指令用于直线或斜线运动，可使数控铣床以指定的进给速度 *F* 沿 *X* 轴、*Y* 轴、*Z* 轴三个方向分别执行单轴运动，也可以是两轴或三轴联动。

（2）指令格式

G01 X__ Y__ Z__ F__；

指令中，*X*、*Y*、*Z* 的含义同 G00；*F* 为刀具的进给速度。

注意事项：

1）G01 是模态指令，具有续效功能。

2）*F* 也是模态指令，通常在第一次出现 G01 时设定，后面可省略。*F* 的单位由直线进给速度或旋转进给速度指令确定，数控铣床刀具通常采用直线进给速度形式，因此，*F* 的单位一般为 mm/min。

（3）应用实例　如图 3-35 所示路径，刀具已快速到达 *A* 点，要求刀具沿 *AB*、*BC*、*CD*、*DA* 实现直线切削，再由 *A* 点快速返回程序起始点 *O*。

绝对坐标编程如下：

```
G90 G01 X10 Y28 F100;      (刀具由 A 点到 B 点)
G01 X42 Y28;               (刀具由 B 点到 C 点)
G01 X42 Y12;               (刀具由 C 点到 D 点)
G01 X10 Y12;               (刀具由 D 点到 A 点)
G00 X0 Y0;                 (刀具由 A 点到 O 点)
```

相对坐标编程如下：

```
G91 G01 X0 Y16 F100;       (刀具由 A 点到 B 点)
G01 X32 Y0;                (刀具由 B 点到 C 点)
G01 X0 Y-16;               (刀具由 C 点到 D 点)
G01 X-32 Y0;               (刀具由 D 点到 A 点)
G90 G00 X0 Y0;             (刀具由 A 点到 O 点)
```

3. 圆弧插补指令 G02/G03

圆弧插补指令控制坐标轴在指定的平面内按给定的进给速度 *F* 做圆弧运动，加工圆弧要素。

（1）圆弧顺逆的判断　圆弧插补指令分为顺时针方向圆弧插补指令（G02）和逆时针方向圆弧插补指令（G03）。

圆弧插补顺逆的判断方法：沿垂直于圆弧所在平面的坐标轴的正方向看去，顺时针方向为 G02，逆时针方向为 G03，如图 3-36 所示。

（2）圆弧插补指令的编程格式

1）用圆弧半径 *R* 指定圆心位置。

G17 G02/G03 X __ Y __ R __ F __;

G18 G02/G03 X __ Z __ R __ F __;

G19 G02/G03 Y __ Z __ R __ F __;

2）用 *I*、*J*、*K* 指定圆心位置。

G17 G02/G03 X __ Y __ I __ J __ F __;

G18 G02/G03 X __ Z __ I __ K __ F __;

G19 G02/G03 Y __ Z __ J __ K __ F __;

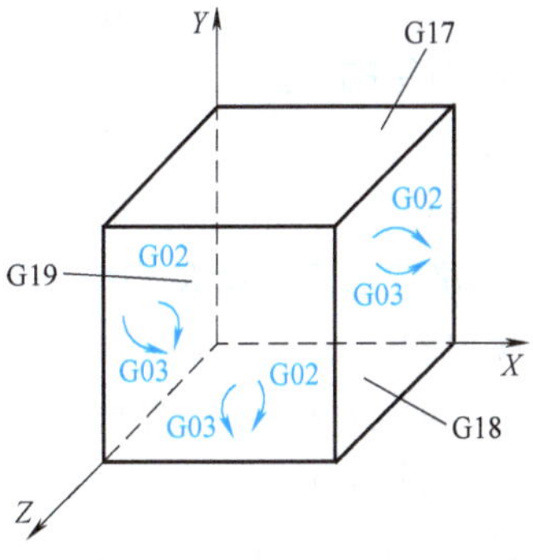

图 3-36　不同的铣削平面中圆弧顺逆方向

说明：

① G17/G18/G19 指令用于确定加工平面。

② G02/G03 指令用于确定圆弧转向。

③ *X*、*Y*、*Z* 表示圆弧终点坐标，可以对应 G90 方式下的绝对坐标，也可以对应 G91 方

式下的相对坐标。

④ R 表示圆弧半径，由于在同一半径 R 的情况下，从圆弧的起点到终点有两段圆弧的可能性，为区别二者，规定圆心角 $\alpha \leqslant 180°$ 时，用“+R”表示圆弧半径；$\alpha > 180°$ 时，用“-R”表示圆弧半径。

⑤ 用半径 R 指定圆心位置时，不能描述整圆，整圆只能用 I、J、K 方式编程。

⑥ I、J、K 表示圆心相对于圆弧起点在 X、Y、Z 轴方向上的增量值。

（3）编程实例　如图 3-37 所示，分别采用 R 和 I、J、K 指定圆心位置的编程方式编写 $A \to B$ 小圆弧段和大圆弧段的程序。

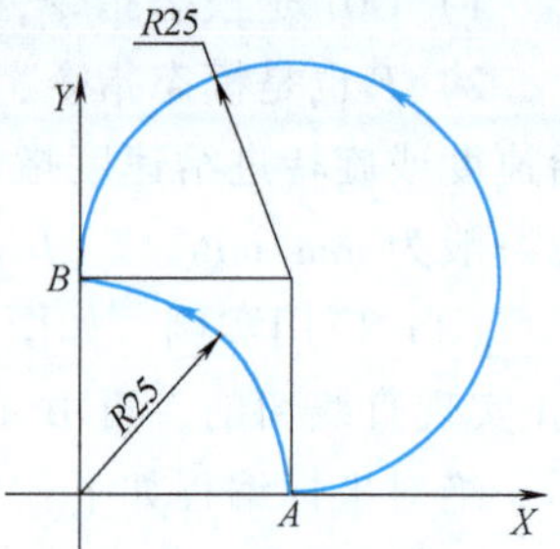

图 3-37　圆弧编程实例

1）小圆弧程序：

用 R 指定圆心位置的方式编程：G03 X0 Y25 R25 F120；

用 I、J、K 指定圆心位置的方式编程：G03 X0 Y25 I-25 J0 F120 ；

2）大圆弧程序：

用 R 指定圆心位置的方式编程：G03 X0 Y25 R-25 F120；

用 I、J、K 指定圆心位置的方式编程：G03 X0 Y25 I0 J25 F120；

任务实施

一、工艺分析

1. 确定加工基准

该零件为平面轮廓类零件，且零件轮廓形状对称，可以将上表面中心作为加工基准。

2. 确定装夹方案

块料毛坯一般采用机用虎钳装夹。该零件总厚度只有 20mm，需要在毛坯底下垫垫铁。端盖外轮廓高度只有 5mm，零件的装夹需高出外轮廓高度方可加工。因此，以已加工过的毛坯侧面作为定位基准，在毛坯底面垫垫铁，用平口虎钳夹紧，并使上表面高出钳口 7mm 左右。一次装夹完成端盖外轮廓的粗、精加工。

3. 刀具的选择

端盖外轮廓侧面有 $Ra3.2\mu m$ 的表面粗糙度要求，底面无表面粗糙度要求，则可采用立铣刀的侧面刃进行铣削。根据零件尺寸大小，粗、精铣都采用 $\phi 12mm$ 的立铣刀。

4. 确定加工方案及切削用量

按先粗后精的加工原则确定加工顺序。

1）粗铣 $\phi 93mm$ 外轮廓面，侧面留 0.25mm 的精铣余量。

2）精铣 $\phi 93mm$ 外轮廓面到要求的尺寸。

各工步的加工内容、切削用量、所用刀具等见表 3-3。

5. 确定粗、精加工走刀路线

为了计算方便，将工件坐标系原点选在工件上表面中心，采用 $\phi 12mm$ 的立铣刀粗加工时取 8mm 的侧吃刀量。圆台轮廓面的粗铣走刀路线如图 3-38 所示，刀具逆时针方向走 1、2、3 三个圆去掉大部分余量（由于走刀路线实际为刀具中心轨迹，因此每圈走刀需要让出刀具半径值)。圆台粗铣后尺寸为 ϕ93.5mm，留 0.25mm 的精铣余量。

表 3-3 数控加工工序卡

工步号	工步内容	切削用量			刀具
		主轴转速/(r/min)	进给量/(mm/min)	侧吃刀量/mm	
01	粗铣 ϕ93mm 外轮廓面	1200	300	8	ϕ12mm 的立铣刀
02	精铣 ϕ93mm 外轮廓面	2400	180	0.25	ϕ12mm 的立铣刀

为了提高表面质量，保证圆形外轮廓面的光滑过渡，精铣时刀具应沿外轮廓的切线方向切入、切出，精铣轨迹如图 3-39 所示。

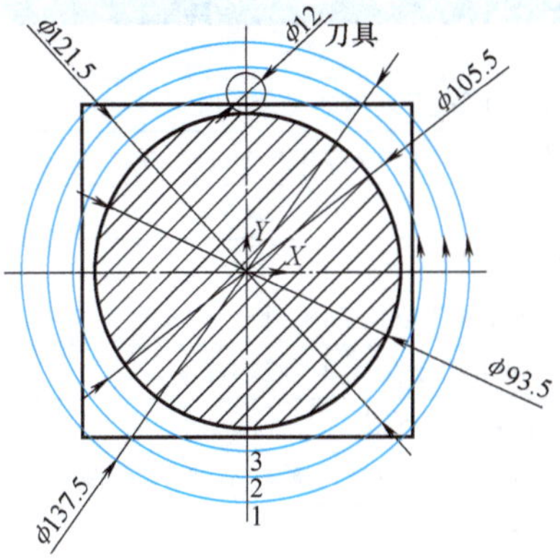

图 3-38 端盖外轮廓粗铣走刀路线

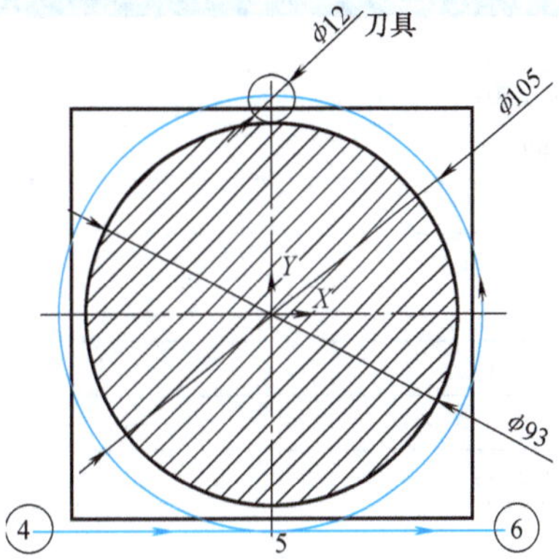

图 3-39 端盖外轮廓精铣走刀路线

二、程序编制

1）用 ϕ12mm 的立铣刀粗铣圆形外轮廓，程序见表 3-4。

表 3-4 粗铣程序

程序	程序说明
O3201	程序名
G54 G00 Z50;	建立工件坐标系，刀具抬至安全平面
M03 S1200;	主轴正转，粗加工转速为 1200r/min
M08;	切削液开
X-57 Y-68.75;	快速定位至 1 点切线方向
Z5;	快速下刀至工件上表面 5mm 处
G01Z-5 F300;	以 300mm/min 的速度下刀至轮廓深度
X0;	沿切线切入
G03 I0 J68.75;	粗铣第一圈，刀具轨迹为 ϕ137.5mm 的圆
G01 Y-60.75;	直线移动到 2 点
G03 I0 J60.75;	粗铣第二圈，刀具轨迹为 ϕ121.5mm 的圆
G01 Y-52.75;	直线移动到 3 点
G03 I0 J52.75;	粗铣第三圈，刀具轨迹为 ϕ105.5mm 的圆
G01 X57;	沿切线方向切出
G00 Z100;	抬高刀具至 Z100
M05 M09;	主轴停转，切削液关
M30;	程序结束

2）用 ϕ12mm 的立铣刀精铣外轮廓，程序见表 3-5。

三、仿真加工

1. 选择机床

打开宇龙数控仿真软件，按图 3-40 所示选择机床，机床选好后，将光标放在机床上单击右键，在弹出的快捷菜单中选择“选项”，弹出“视图选项”对话框，取消勾选“显示机床罩子”，机床罩子则隐藏。

表 3-5 精铣程序

程序	程序说明
O3202	程序名
G54 G00 Z50；	建立工件坐标系，刀具抬至安全平面
M03 S2400；	主轴正转，精加工转速为 2400r/min
M08；	切削液开
X-57 Y-52.5；	快速定位至 4 点
Z5；	快速下刀至工件上表面 5mm 处
G01Z-5 F180；	以 180mm/min 的速度下刀至轮廓深度
X0；	沿切线方向切入至 5 点
G03 I0 J52.5；	精铣轮廓最后一圈，刀具轨迹为 ϕ105mm 的圆
G01 X57；	沿切线方向切出至 6 点
G00 Z100；	抬高刀具到 Z100
M05 M09；	主轴停转，切削液关
M30；	程序结束

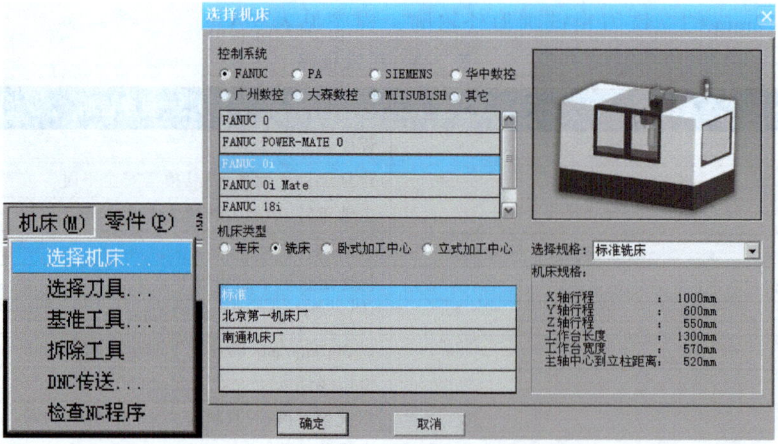

图 3-40 选择机床

2. 定义毛坯

单击工具条上的按钮，按图 3-41 所示对话框设置毛坯参数。

3. 安装夹具

单击工具条上的按钮，弹出如图 3-42 所示对话框。首先在“选择零件”下拉列表框中选择“毛坯 1”。然后在“选择夹具”下拉列表框中选“平口钳”，单击“向上”或“向下”按钮调整毛坯在夹具上的位置直至合适。

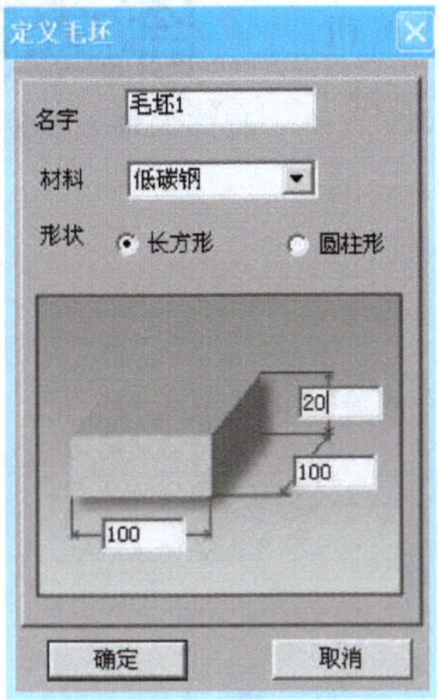

图 3-41 定义毛坯

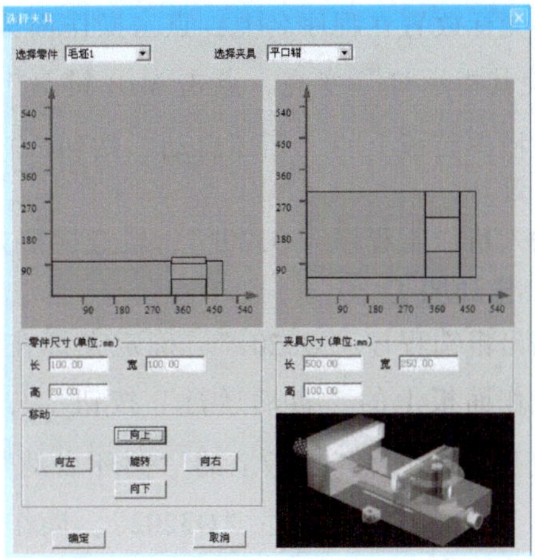

图 3-42 选择夹具

4. 安装毛坯

单击工具条上的按钮，系统弹出的操作对话框如图 3-43 所示，安装毛坯后，出现如图所示黄色箭头，左右调整毛坯至合适位置。

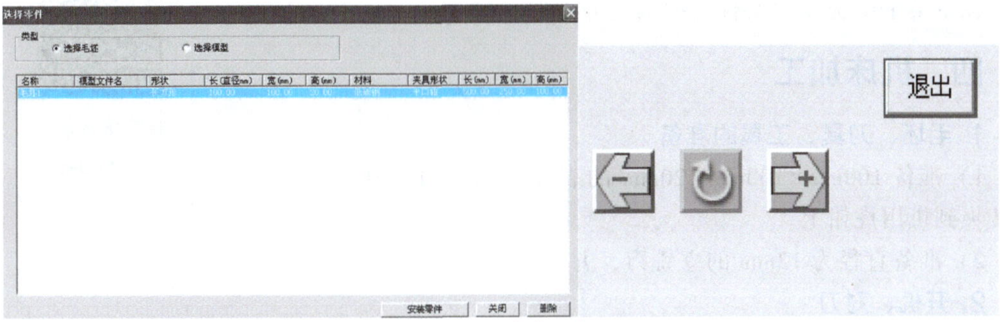

图 3-43 安装毛坯

5. 选择并安装刀具

单击工具条中的按钮，系统弹出刀具选择对话框，选择 ϕ12mm 的平底刀，如图 3-44 所示。注意根据切削深度选取刃长。

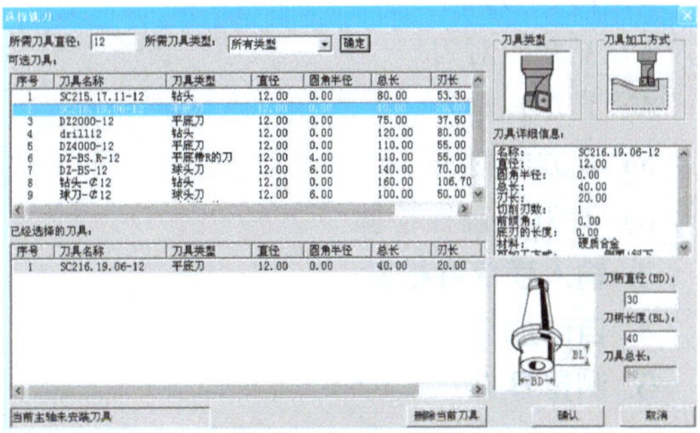

图 3-44 选择并安装刀具

6. 开机、回原点

参照任务 1.2 知识准备将机床各轴回原点。

7. 对刀（具体步骤见任务 3.1）

8. 输入程序并模拟轨迹

点击操作面板上的“编辑”按钮，再点击 MDI 键盘上的 PROG 键，输入粗铣程序“O3201”，点击 MDI 键盘上的 INSERT，进入程序编辑状态。输入一个程序段，点击，程序段结束。点击 MDI 键盘上的，插入每个程序段，依此类推，逐段输入。

将光标放置在程序名上，点击操作面板上的“自动运行”按钮，使其指示灯变亮，点击 MDI 键盘上的轨迹运行模式键，再点击操作面板上的“循环启动”按钮，观察程序“O3201”的运行轨迹。

程序的输入视频 3-4

输入精加工程序“O3202”，轨迹模拟方法同上。

9. 自动加工

调出粗铣程序“O3201”，确定光标在程序名上，点击操作面板上的“自动运行”按钮，使其指示灯变亮。点击操作面板上的“循环启动”按钮，开始加工。调出精铣程序“O3202”，操作方法同上。端盖零件的仿真加工结果如图 3-45 所示。

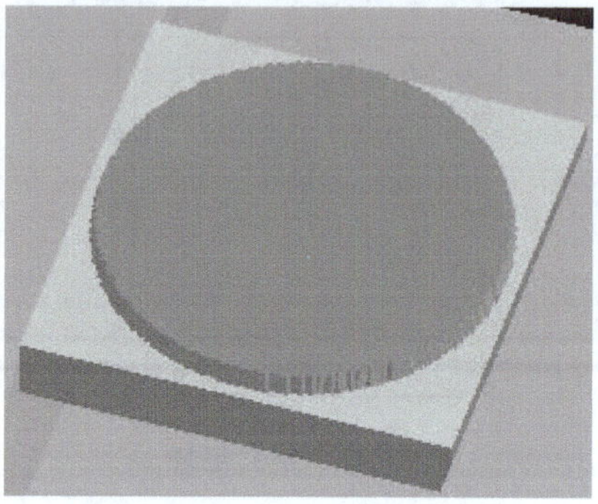

图 3-45　仿真加工结果

10. 测量零件

在主菜单中选择“测量”→“剖面图测量”，分别对直径和深度方向进行测量。

11. 保存项目

在主菜单中选择“文件”→“保存项目”。

端盖仿真加工视频 3-5

四、机床加工

1. 毛坯、刀具、工具的准备

1）准备 100mm×100mm×20mm 的表面已加工过的块料，并正确装夹到机用虎钳上。

2）准备直径为 12mm 的立铣刀，并正确安装在主轴上。

2. 开机、对刀

1）数控铣床通电、开机。

2）回参考点。

3）*X* 方向对刀。

4）*Y* 方向对刀。

5）*Z* 方向对刀。

6）对刀正确性检验。

3. 输入程序并校验

4. 自动加工

5. 测量零件

问题归纳

1）第一次使用 G01 指令时忘记设置进给速度 *F*，则刀具不走刀。

2）使用 G02/G03 指令时，圆心角大于 180°，*R* 值忘记加“-”号，则圆弧轨迹错误。

技能强化

图 3-46 所示为两个外轮廓类零件，毛坯面已处理，要求完成其外轮廓面的加工。

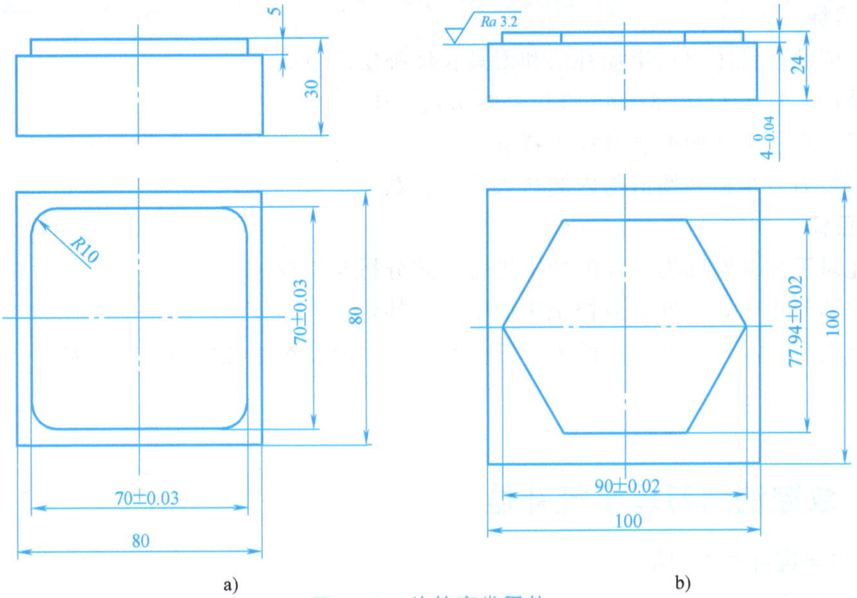

图 3-46　外轮廓类零件

任务 3.3　凸模板的编程与加工

任务导入

图 3-47 所示为凸模板零件，材料为 HT200，毛坯面已处理，要求完成凸模板外轮廓部

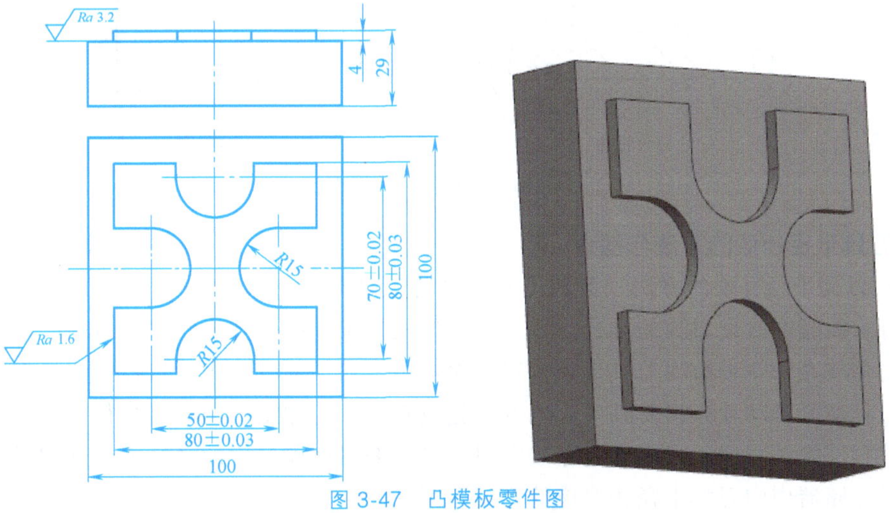

图 3-47　凸模板零件图

分的编程与加工。

学习目标

知识目标

1）了解数控铣床刀具半径补偿和刀具长度补偿的意义。

2）掌握 G41/G42/G43/G44 等指令的格式与用法。

3）了解顺、逆铣的概念及加工特点。

4）理解刀具半径补偿值与内圆弧大小的关系。

技能目标

1）能对平面外轮廓类零件的加工进行工艺分析与编程。

2）能够使用仿真软件和数控铣床加工平面外轮廓类零件。

3）能确定刀具半径补偿值的大小，并在刀具半径补偿地址中设置其参数。

知识准备

一、数控铣削刀具半径补偿

1. 刀具半径补偿的目的

在数控铣床上进行轮廓加工时，因为铣刀有一定的半径，所以刀具中心（刀心）轨迹和工件轮廓不重合。若数控装置不具备刀具半径补偿功能，则只能按刀心轨迹进行编程，其数值计算有时相当复杂，尤其当刀具磨损、重磨及换新刀等导致刀具直径变化时，必须重新计算刀心轨迹，修改程序，这样既繁琐，又不易保证加工精度。当数控系统具备刀具半径补偿功能时，只需按工件轮廓线（如图 3-48 中粗实线）进行编程，数控系统会自动计算刀心的轨迹坐标，使刀具偏离工件轮廓一个半径值（如图 3-48 中双点画线），即进行刀具半径补偿。

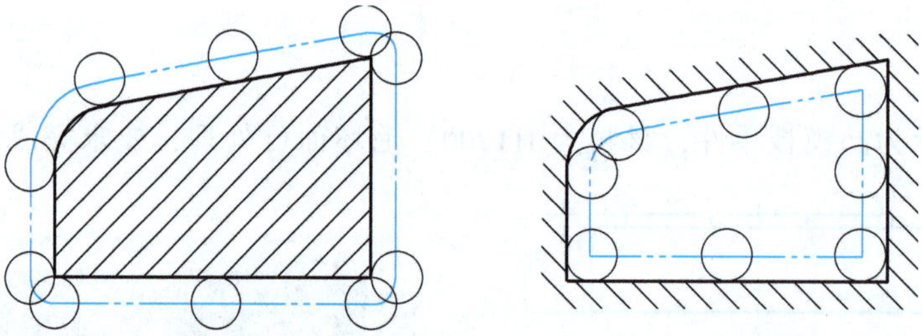

a) 外轮廓　　b) 内轮廓

图 3-48　刀具半径补偿图示

2. 刀具半径补偿的方法与指令

（1）刀具半径补偿的方法　数控刀具半径补偿就是将刀具中心轨迹计算过程交由数控系统执行。编程时假设刀具的半径为零，则直接根据零件的轮廓形状进行编程，而实际的刀具半径则存放在一个可编程刀具半径偏置存储器中，在加工过程中，数控系统根据零件加工程序和刀具半径自动计算出刀具中心轨迹，完成对零件的加工。当刀具半径发生变化时，不需要修改零件加工程序，只需修改存放在刀具半径偏置存储器中的半径值或选用另一个刀具半径偏置存储器中的刀具半径所对应的刀具即可。

（2）刀具半径补偿指令格式

1）建立刀具半径补偿：

G17 G41/G42 G00/G01 X __ Y __ D __;

G18 G41/G42 G00/G01 X __ Z __ D __;

G19 G41/G42 G00/G01 Y __ Z __ D __;

2）取消刀具半径补偿：

G17 G40 G00/G01 X __ Y __;

G18 G40 G00/G01 X __ Z __;

G19 G40 G00/G01 Y __ Z __;

在上述程序段中，G41 为刀具半径左补偿，G42 为刀具半径右补偿，G40 为取消刀具半径补偿，G41、G42 是模态代码，具有续效性。

刀具半径补偿 G41、G42 的判别方法如图 3-49 所示，沿着刀具运动方向看，刀具位于工件轮廓（编程轨迹）左边，则为刀具半径左补偿（G41），反之，为刀具半径右补偿（G42）。

X、*Y*、*Z* 为 G00/G01 移动的目标点坐标。*D* 为刀具半径补偿存储器地址字，后面一般用两位数字表示偏置量的代号，偏置量在加工前可用 MDI 方式输入，D 代码是模态代码，具有续效性。

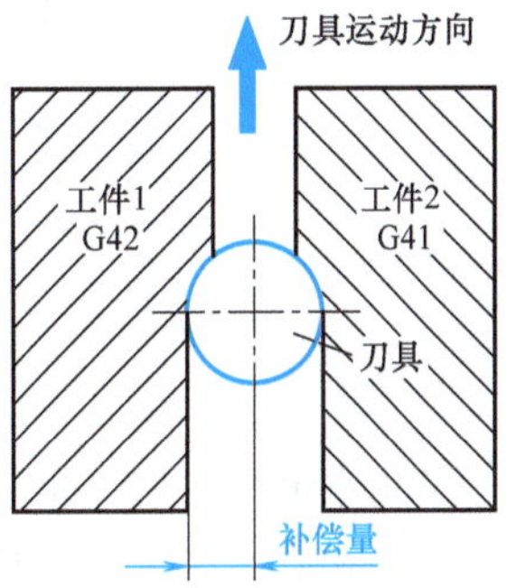

图 3-49　左、右刀具半径补偿

（3）刀具半径补偿的过程　数铣刀具半径补偿（可简称为刀补）包括刀补建立、刀补执行和刀补取消三个阶段，如图 3-50 所示。刀补的建立是指刀具中心从与编程轨迹重合过渡到与编程轨迹偏离一个补偿量的过程（如图 3-50 所示从 1 点向 2 点走刀的过程中刀具发生偏移，实际刀心路线是 1 点到 5 点），由指令 G41 或 G42 实现。刀补的执行是指刀具中心始终与编程轨迹相距一个补偿量（编程路线 2 点到 3 点，实际刀心路线为 5 点到 6 点），由指令 G41 或 G42 实现。刀补的取消是指刀具中心从与编程轨迹偏离过渡到与编程轨迹重合的过程（从 3 点向 4 点走刀的过程中刀具发生偏移，实际刀心路线是 6 点到 4 点，刀具回到没有刀补的状态），由指令 G40 实现。具体的补偿值输入刀具半径补偿地址 D 中。

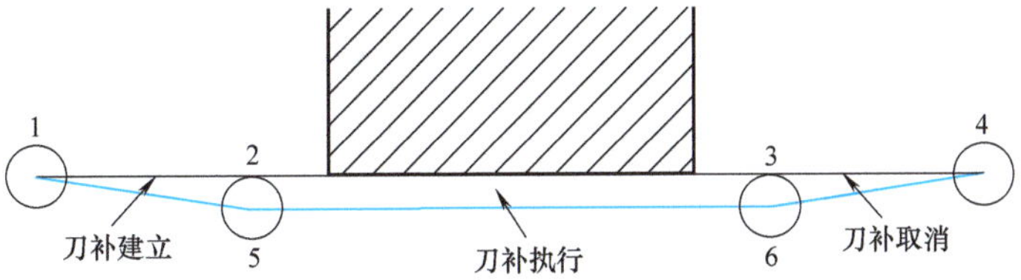

图 3-50　刀具半径补偿的过程

（4）注意事项

1）刀具半径补偿的建立与取消，只有在移动指令 G00 或 G01 下才能生效，圆弧指令下不生效。

2）当刀具半径值发生变化时，不需要修改程序，只需修改存放在刀具半径偏置存储器中的半径值。因此，利用刀具半径补偿功能编写的轮廓加工程序与刀具半径无关。

3）刀补建立后，不允许有连续两个程序段出现轴向移动，否则容易出现过切现象。

3. 应用实例

编写图 3-51 所示零件外轮廓的加工程序。

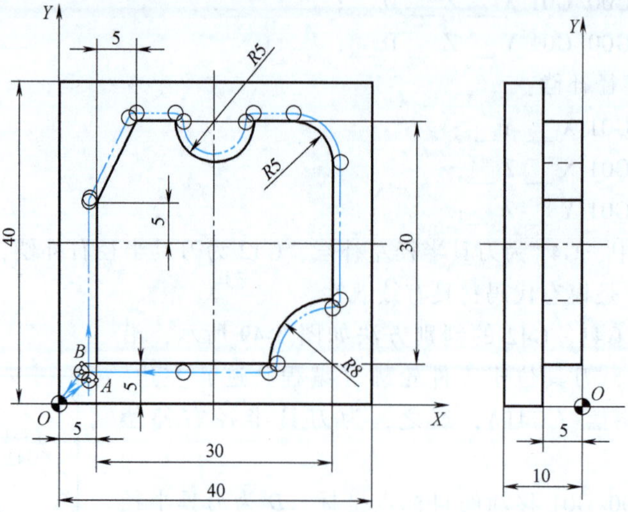

图 3-51　采用刀具半径补偿加工外轮廓

零件外轮廓的加工采用刀具半径左补偿，为了提高表面质量，保证零件曲面的平滑过渡，刀具应沿零件轮廓延长线切入与切出。*O*→*A* 为刀具半径左补偿建立段，*A* 点为沿轮廓延长线切入点。*B*→*O* 为刀具半径补偿取消段，*B* 点为沿轮廓延长线切出点。*A*、*B* 点均从轮廓延长出 2mm。

数控程序如下：

```
O3301
G54 G00 Z100;
M03 S800;
X0 Y0;
Z5;
G01 Z-5 F120;
G41 X5 Y3 D01;
Y25;
X10 Y35;
X15;
G03 X25 R5;
G01 X30;
G02 X35 Y30 R5;
G01 Y13;
G03 X27 Y5 R8;
G01 X3;
G40 X0 Y0;
```

G00 Z100;

M05;

M30;

说明:

1) D 代码必须配合 G41 或 G42 指令使用，D 代码应与 G41 或 G42 指令在同一程序段给出，或者可以在 G41 或 G42 指令之前给出，但不得在 G41 或 G42 指令之后。

2) D 代码是刀具半径补偿号，其具体数值必须在加工或试运行之前在刀具半径补偿存储器中设定。

二、数控铣削刀具长度补偿

1. 刀具长度补偿的目的

刀具长度补偿是用来补偿假定的刀具长度与实际的刀具长度之间的差值，即当更换不同规格的刀具或刀具磨损后，可通过刀具长度补偿指令补偿刀具长度方向尺寸的变化，而不必重新调整刀具或重新对刀。长度补偿只能同时加在一个轴上，要对补偿轴进行切换，必须先取消对前面轴的补偿。

2. 刀具长度补偿的方法与指令

(1) 指令格式

1) 建立刀具长度补偿:

G43/G44 G00 (G01) Z__ H__;

2) 取消刀具长度补偿:

G43/G44 G00 (G01) Z__ H00; 或 G49 G00 (G01) Z__;

在上述指令中，G43 为刀具长度正补偿，G44 为刀具长度负补偿，G49 为取消刀具长度补偿。

刀具长度补偿 G43、G44 的判别方法：G43 是把指定的刀具偏置值加到命令的 Z 坐标值上，如图 3-52a 所示；G44 是把指定的刀具偏置值从命令的 Z 坐标值上减去，如图 3-52b 所示。

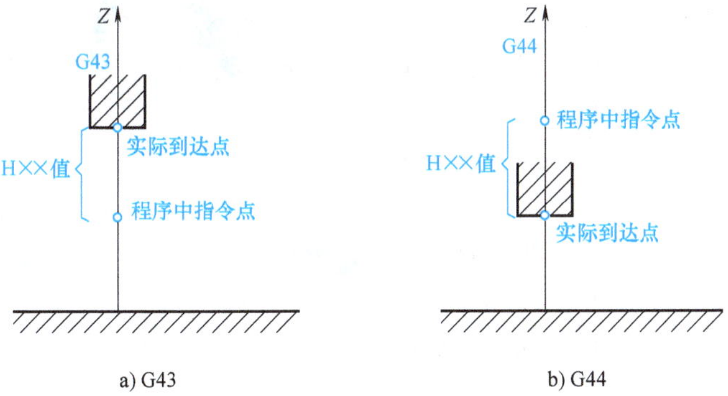

图 3-52 刀具长度正、负补偿

Z 为程序中 Z 轴终点坐标值；H 为刀具长度补偿存储器地址字，后面一般用两位数字表示偏置量的代号，偏置量在加工前也可用 MDI 方式输入。

(2) 注意事项

1）刀具长度补偿的建立与取消，只有在移动指令 G00 或 G01 下才能生效。

2）使用 G43 或 G44 指令实现刀具长度补偿时，只能有 Z 轴的移动量，若有其他轴向的移动，则会出现报警。

3. 应用实例

图 3-53 所示为加工两个孔，实际刀具长度比标准刀具短 2mm，对刀具进行长度补偿并加工孔，程序如下：

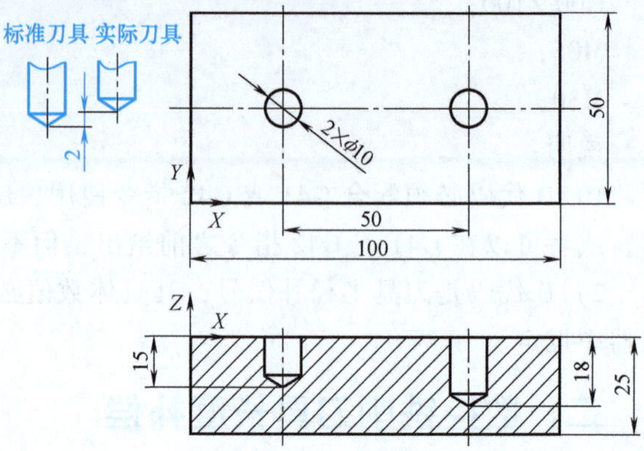

图 3-53 刀具长度补偿应用

```
O3302
G54 G00 X25 Y25;
G00 Z50;
S500 M03;
G43 Z3 H01;（在 H01 地址中输入刀补值 2mm）
G0l Z-15 F50;
G00 Z2;
X75;
G01 Z-18 F50;
G49 G00 Z50;
M05;
M30;
```

三、工艺知识准备

1. 顺铣和逆铣

数控铣削是铣刀旋转做主运动，工件做进给运动的切削加工方法。根据铣刀和工件的相对运动方向，将铣削方式分为顺铣和逆铣。铣削时，铣刀切出工件时的切削速度方向与工件的进给方向相同称为顺铣，如图 3-54a 所示；铣削时，铣刀切入工件时的切削速度方向与工件进给方向相反称为逆铣，如图 3-54b 所示。

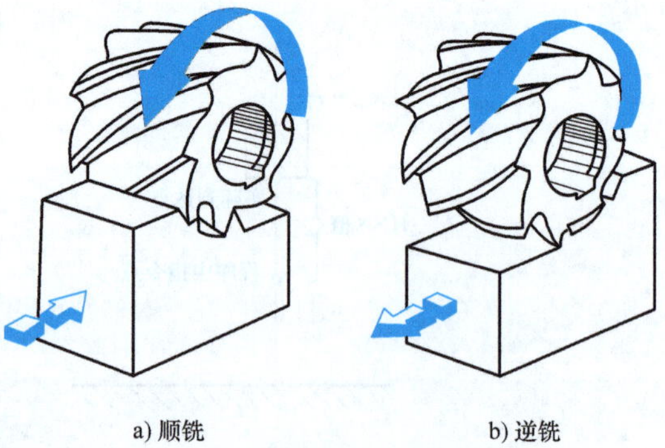
a) 顺铣　　b) 逆铣

图 3-54 顺铣和逆铣

与逆铣相比，顺铣加工可以提高铣刀寿命 2～3 倍，工件表面粗糙度值较小，尤其在铣削难加工材料时，效果更加明显。铣床工作台的纵向进给运动一般由丝杠副来实现，采用顺铣法加工时，对于普通铣床要求有消除进给丝杠副间隙的装置，避免工作台窜动；其次要求毛坯表面没有破皮，工艺系统有足够的刚度。如果具备这样的条件，应当优先考虑采用顺铣，否则应采用逆铣。数控铣床采用无间隙的滚珠丝杠副传动，因此均可采用顺铣加工。

2. 刀具半径补偿值与内圆弧大小的关系

图 3-55 所示为轮廓上有内圆弧的零件，两条双点画线是对零件轮廓进行刀具半径补偿后得到的走刀轨迹。可以看出，刀具半径补偿值越大，内圆弧走刀轨迹半径越小，如果刀具偏置值等于或大于圆弧半径后则内圆弧消失，走刀路线将无法确定，即会出现图 3-56 所示的过切现象。因此，加工有内圆弧的轮廓时，刀具半径补偿值尽量取小于内圆弧半径的值可避免过切现象。

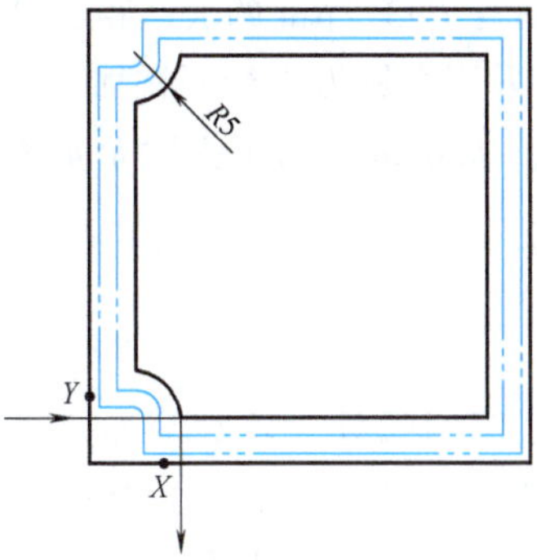

图 3-55 有内圆弧轮廓的零件

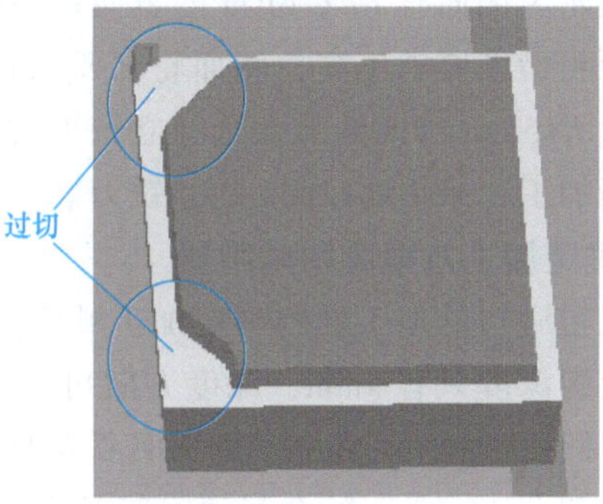

图 3-56 内圆弧轮廓过切

四、铣床刀补参数的设置

1. 输入刀具半径补偿参数

刀具半径补偿包括形状补偿和磨耗补偿。

1）在 FANUC 0i 系统中的 MDI 键盘上点击[OFFSET SETTING]键，点击“补正”键，进入刀补参数设定界面，找到“形状（D）”和“磨耗（D）”项，如图 3-57 所示。

2）用方位键[↑][↓]选择所需的番号，并用[←][→]确定需要设定的半径补偿是形状补偿还是磨耗补偿，将光标移到相应的区域。

3）点击 MDI 键盘上的数字/字母键，输入刀具半径补偿参数。

4）按菜单软键“输入”或按[INPUT]，将参数输入到指定区域。按[CAN]键可逐个删除输入域中的字符。

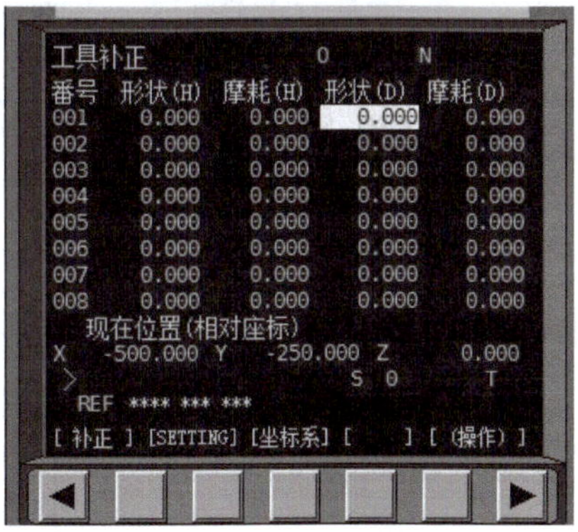

图 3-57 刀补参数设定界面

2. 输入长度补偿参数

刀具长度补偿包括形状长度补偿和磨耗长度补偿，如图 3-57 所示的“形状（H）”和“磨耗（H）”项，设置方法与刀具半径补偿相同。

任务实施

一、工艺分析

1. 确定加工基准

图 3-47 所示零件为平面外轮廓类零件，且零件轮廓形状对称，则将上表面中心作为加

工基准（工件坐标系原点）。

2. 确定装夹方案

以已加工过的毛坯侧面作为定位基准，毛坯底面垫垫铁，用平口虎钳夹紧，并使上表面高出钳口至少 5mm，一次装夹完成凸模轮廓的粗、精加工。

3. 刀具的选择

凸模轮廓侧面有 $Ra1.6\mu m$ 的表面粗糙度要求，底面有 $Ra3.2\mu m$ 的表面粗糙度要求，底面的表面粗糙度要求不高，侧面轮廓要求较高，因此，采用立铣刀进行顺铣加工。零件轮廓上有四段 $R15mm$ 的凹圆弧，选择立铣刀时直径不能大于 $\phi30mm$，为了去除余量方便，且便于粗、精加工，采用 $\phi12mm$ 的立铣刀。

4. 确定加工方案及切削用量

按先粗后精的加工原则确定加工顺序。

该轮廓深度只有 4mm，深度方向可一次下刀铣削；凹圆弧处为轮廓侧面余量最难去除部分，凹圆弧半径为 15mm，即刀具铣削凹圆弧单侧余量最大为 15mm。为精加工留 0.2mm 的余量，剩余 14.8mm 的余量可分两次铣削，每次铣削 7.4mm，该值为刀具直径的 0.6 左右，侧吃刀量值合理可用。

各工步的加工内容、切削用量、所用刀具等见表 3-6。

表 3-6 数控加工工序卡

工步号	工步内容	切削用量			刀具
		主轴转速/(r/min)	进给量/(mm/min)	侧吃刀量/mm	
01	第一次粗铣凸模轮廓	1200	300	7.4	ϕ12mm 的立铣刀
02	第二次粗铣凸模轮廓	1200	300	7.4	ϕ12mm 的立铣刀
03	精铣凸模轮廓	2200	120	0.2	ϕ12mm 的立铣刀

5. 确定粗、精加工走刀路线

将工件坐标系原点建立在工件上表面中心，采用顺铣方式进行加工，主轴正转，刀具半径补偿方式必须为左补偿，具体加工路线如图 3-58 所示。

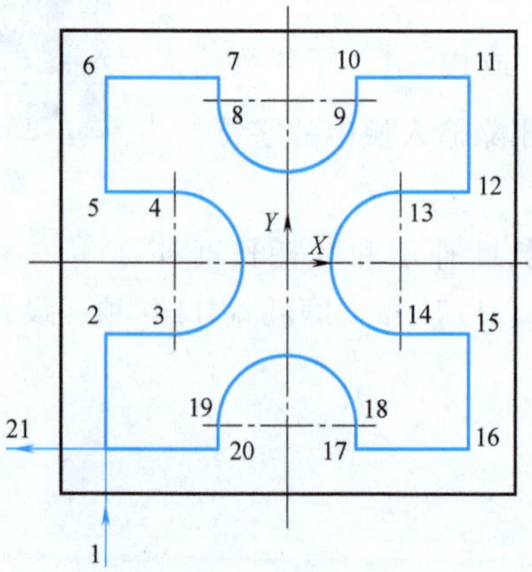

图 3-58 轮廓加工路线

二、程序编制

凸模粗、精加工程序见表 3-7。

表 3-7 凸模加工程序

程序	程序说明
O3303	程序名
G54G00Z50;	调用建立的 G54 工件坐标系,刀具 Z 向定位到不与零件干涉的平面
M03 S1200;	主轴正转,粗加工转速为 1200r/min(精加工时转速修改至 2200 r/min)
M08;	切削液开
G00 X-40Y-65;	快速定位至轮廓左下角 1 点的延长线方向
G41Y-55D01;	沿延长线方向快速定位至 1 点时刀具向左偏移
G00Z5;	刀具 Z 向快速下刀至距离上表面 5mm 处
G01 Z-4 F300;	以 300mm /min 的速度一次下刀至凸模轮廓深度(精加工时进给速度修改至 120mm /min)
Y-15;	沿轮廓切线方向一直铣削至 2 点
X-25;	铣削至 3 点
G03Y15R15;	铣削至 4 点
G01 X-40;	铣削至 5 点
Y40;	铣削至 6 点
X-15;	铣削至 7 点
Y35;	铣削至 8 点
G03X15R15;	铣削至 9 点
G01 Y40;	铣削至 10 点
X40;	铣削至 11 点
Y15;	铣削至 12 点
X25;	铣削至 13 点
G03Y-15R15;	铣削至 14 点
G01 X40;	铣削至 15 点
Y-40;	铣削至 16 点
X15;	铣削至 17 点
Y-35;	铣削至 18 点
G03X-15R15;	铣削至 19 点
G01 Y-40;	铣削至 20 点
X-55;	沿延长线方向一直切出至 21 点
G00Z50;	抬刀至 Z50
G40X-65;	沿延长线方向取消刀具半径补偿
M05 M09;	主轴停转,切削液关
M30;	程序结束

刀补地址 D01 具体值说明：由于轮廓中存在 R15mm 的凹圆弧，ϕ12mm 刀具中心的偏移量应尽量小于 15mm，否则走刀轨迹可能不确定，容易出现过切现象。刀补值大小的具体确定步骤从精加工往粗加工方向推算较方便。

1）用 ϕ12mm 的刀具精加工时切削刃必须和轮廓相切，则刀具中心偏移一个半径，即 $D01=6$mm。

2）精加工留了 0.2mm 的加工余量，第二次粗加工时，切削刃必须和该余量侧面相切，则刀具中心偏移（0.2+6）mm，即 $D01=6.2$mm。

3）粗加工时侧吃刀量为 7.4mm，第一次粗加工时，切削刃必须和精加工余量及第二次粗加工余量总和的侧面相切，则第一次粗加工刀具中心偏移（0.2+7.4+6）mm，即 $D01=13.6$mm。

因此，加工凸模轮廓时从粗加工至精加工刀补值分别为 13.6、6.2、6。每修改一次刀补值，以上程序运行一次，精加工时还应修改相应的主轴转速和进给速度，程序共需要运行三次。

三、仿真加工

1. 选择机床

2. 定义毛坯

设置 100mm×100mm×29mm 的长方形毛坯。

3. 安装夹具

选择平口虎钳夹具。

4. 安装毛坯

5. 选择并安装刀具

选择 ϕ12mm 的平底刀

6. 开机、回原点

7. 对刀

具体步骤见任务 3.1。

8. 输入程序并模拟轨迹

9. 设置刀补值，自动加工

点击操作面板中的
，点击显示屏下方的补正按键，如图 3-59 所示，在番号为 001 的“形状（D）”项中进行刀具半径补偿。

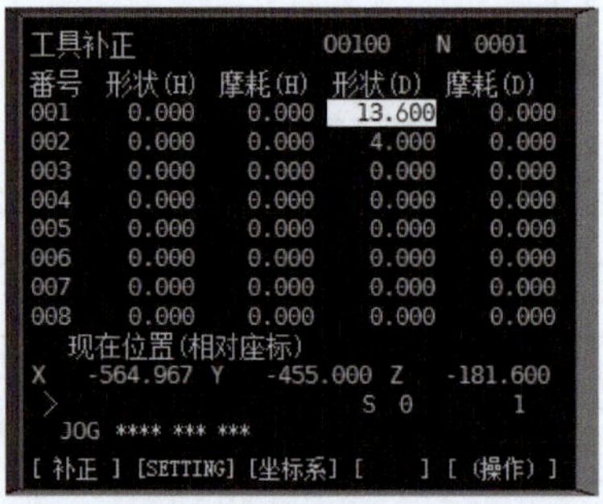

图 3-59 刀具半径补偿设置

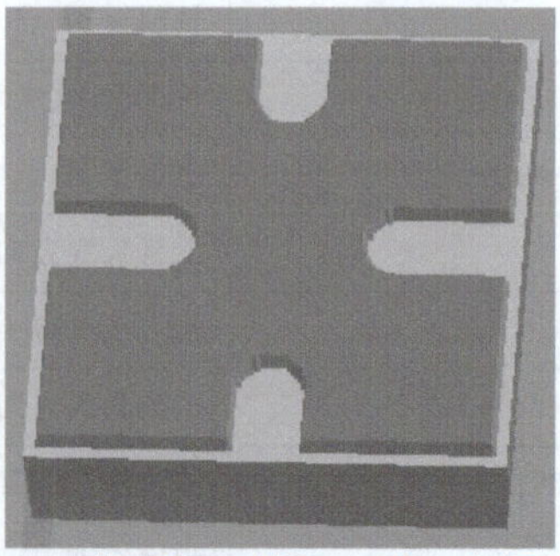

图 3-60 仿真加工结果（第一次粗加工）

1）设置刀具半径补偿值为13.6，运行程序，进行第一次粗加工，仿真加工结果如图3-60所示。

2）改变刀具半径补偿值为6.2，运行程序，进行第二次粗加工，仿真加工结果如图3-61所示。

3）改变刀具半径补偿值为6，修改相应的主轴转速和进给速度，运行程序，进行精加工，仿真加工结果如图3-62所示。

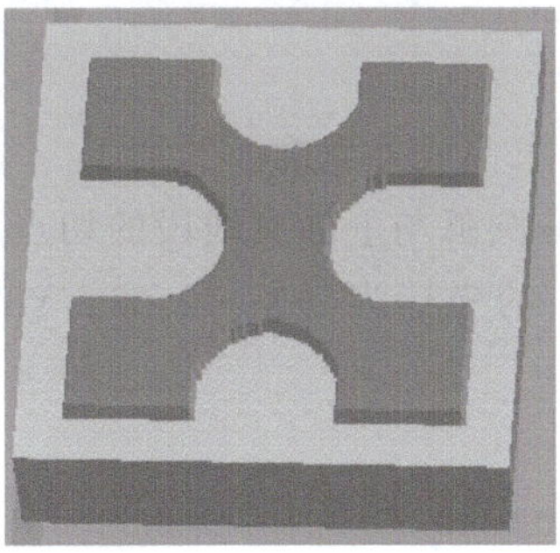

图3-61 仿真加工结果（第二次粗加工）

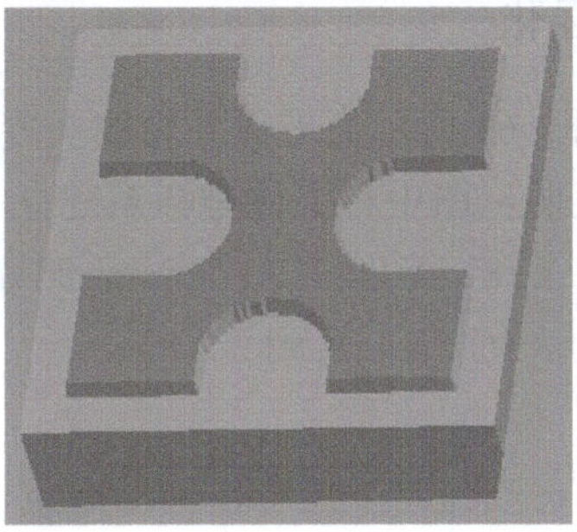

图3-62 仿真加工结果（精加工）

10. 测量零件

11. 保存项目

凸模板仿真加工

视频3-6

四、机床加工

1. 毛坯、刀具、工具的准备

1）准备100mm×100mm×29mm的块料，材料为HT200，将毛坯正确安装到平口虎钳上。

2）准备ϕ12mm的立铣刀，并正确安装至主轴上。

3）准备规格为125mm的游标卡尺。

4）正确摆放所需工具。

2. 开机、对刀

1）数控铣床通电、开机。

2）回参考点。

3）对刀。

3. 输入程序并校验

4. 设置刀补值、自动加工

1）设置刀具半径补偿值为13.6，运行程序，进行第一次粗加工。

2）改变刀具半径补偿值为6.2，运行程序，进行第二次粗加工。

3）改变刀具半径补偿值为6，修改相应的主轴转速和进给速度，运行程序，进行精加工。

5. 测量零件

用游标卡尺测量凸模轮廓的长宽与深度。

问题归纳

1）若建立的刀具半径补偿没有生效，检查是否在圆弧走刀时建立了半径补偿，或者在刀具轴向建立了半径补偿。

2）加工有内圆弧的轮廓时，若出现过切现象，检查刀具半径补偿值设置得是否比内圆弧半径大。

技能强化

图 3-63 所示为平面外轮廓类零件，毛坯面已处理，要求完成外轮廓面的加工。

说明：图中将工件坐标系建立在工件对称中心，*R*8mm 圆弧与上面直线段的切点 *B* 的坐标为（X-8，Y34.47）；*R*8mm 圆弧与 ϕ60mm 圆的切点 *C* 的坐标为（X-12.63，Y27.21），*A* 点坐标为（X-28.91，Y8）。

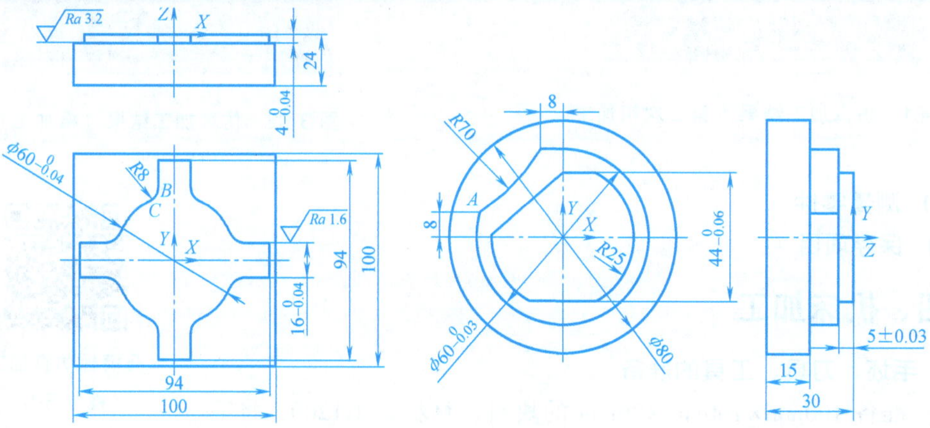

图 3-63　外轮廓类零件

任务 3.4　凹模的编程与加工

任务导入

图 3-64 所示为凹模零件，零件材料为 Cr12，毛坯面已处理，要求完成凹模内轮廓部分的编程与加工。

学习目标

知识目标

1）了解键槽铣刀的结构及特点。

2）熟悉内轮廓进、退刀路线的设计。

3）了解内轮廓刀具半径补偿的方向与刀具起刀点的关系。

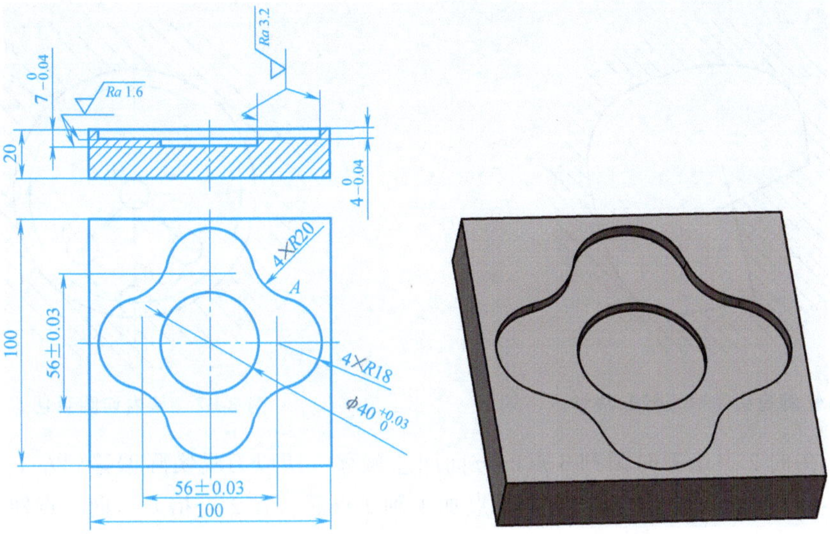

图 3-64 凹模零件

技能目标

1）能确定内轮廓刀补值的大小，熟练设计内轮廓走刀路线。

2）能对平面内轮廓类零件的加工进行工艺分析与编程。

3）能够使用仿真软件和数控铣床加工平面内轮廓类零件。

知识准备

1. 键槽铣刀

键槽铣刀主要用于铣槽面、键槽等。它只有两个刀齿，圆柱面和端面都有切削刃，且端面刃延至中心，可以实现短距离的轴向进给，既像立铣刀，又类似钻头，如图 3-65 所示。加工时，键槽铣刀先轴向进给达到槽底，然后沿键槽方向铣出键槽全长。

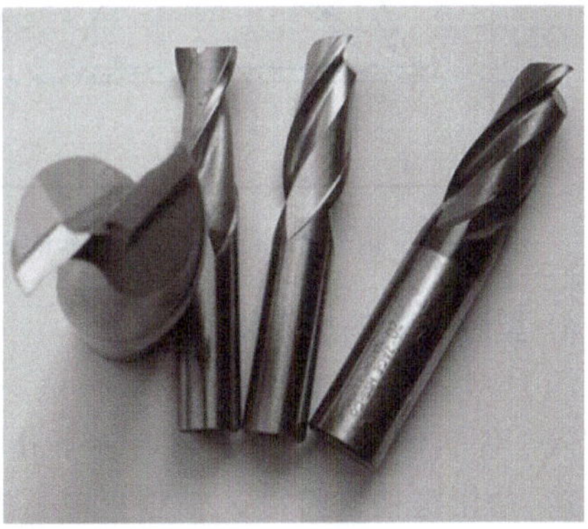
图 3-65 键槽铣刀

2. 内轮廓进、退刀路线的设计

对于零件的内轮廓加工，如图 3-66 所示，如果内轮廓中有尖角部分，进、退刀采用沿延长线切入、切出的方式，如果该尖角变为圆角，则可直接沿切线切入、切出；如果无尖角或凸出的圆角，如图 3-67 所示，可在内轮廓上作内切圆弧，内切圆弧与内轮廓可光滑过渡，如果从内切圆弧的一端切入，加工完毕后沿内切圆弧的另一端切出，可减少或避免刀痕的产生，减小内轮廓的表面粗糙度值。

3. 内轮廓加工中刀具半径补偿的方向与刀具起刀点的关系

图 3-68 所示为三角形槽，刀具在 2 点加取刀补时出现如图 3-69 所示的过切。刀具从 1 点走刀至 2 点（三角形左下角点）的过程中加左刀补，并在 2 点下刀，下一步是向 3 点走

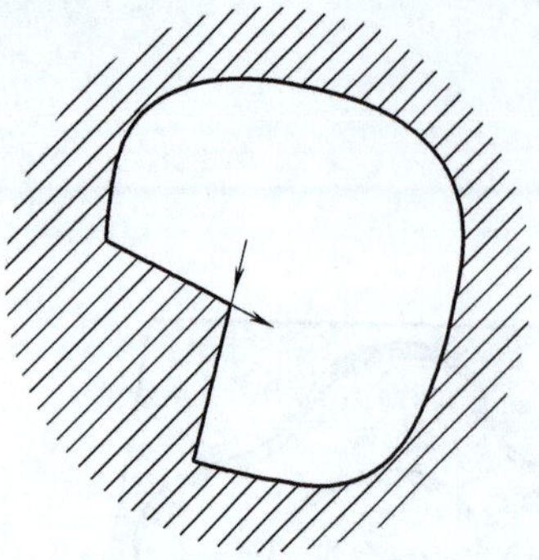

图 3-66　内轮廓有尖角时沿延长线切入、切出

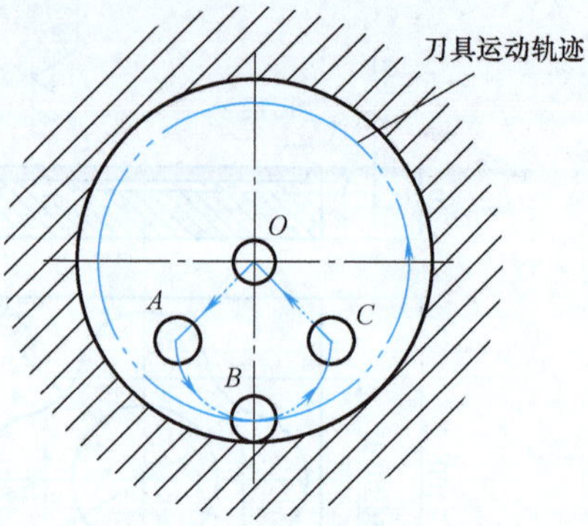

图 3-67　从内切圆弧切入、切出

刀，则刀具在向 2 点走刀时预判 3 点的方向向左偏移，所以刀具实际偏移到左上方 5 点，即产生了图 3-69 中所示向左的过切；从 4 点加工到 2 点后，在 2 点抬刀，向 1 点回刀时取了刀补，系统做了预判，则在 2 点刀具取刀补前的实际位置是偏移至左刀补的 6 点位置，即产生了图 3-69 中所示向下的过切。如图 3-68 所示，如果将下刀、抬刀点设定在 8 点，从 7 点向 8 点走刀时加左刀补，然后下刀，加工完回到 8 点后抬刀，往 9 点走刀时取刀补，则可避免过切现象。因此，内轮廓加工中加取刀补的方向应尽量沿起刀点的延长线或切线方向。

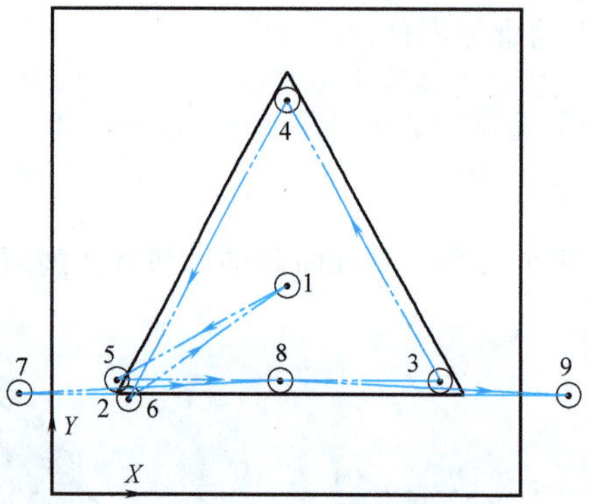

图 3-68　内轮廓加工中加取刀补的路线

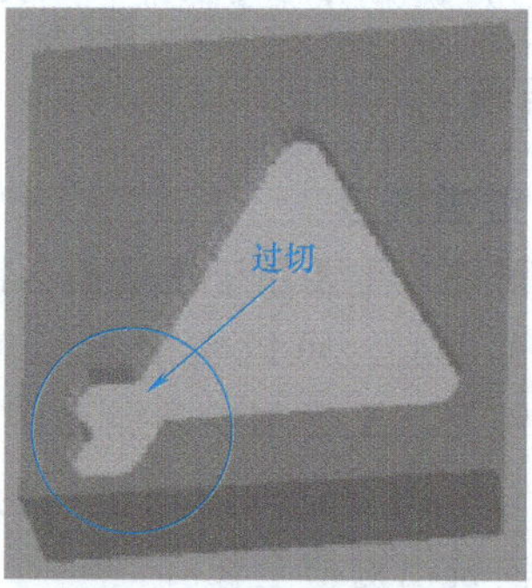

图 3-69　内轮廓加工中的过切

4. 型腔铣削的加工路线

（1）型腔铣削刀具 Z 向引入方法　与外轮廓加工不同，型腔铣削时，要考虑如何沿 Z 向切入工件实体的问题。通常有如下几种方法：

1）使用键槽铣刀沿 Z 轴垂直向下进刀切入工件。

2）预先钻一个孔，再用直径比孔小的平底立铣刀切入工件。

3）斜线进刀和螺旋进刀。这两种进刀方式都是通过铣刀的侧刃逐渐向下铣削实现向下进刀。

（2）型腔铣削水平方向的刀具路线

1）图 3-70a 所示为行切走刀路线，刀具来回行切，粗加工效率较高，相邻两行走刀路线的起点和终点之间有残留，残留高度和行距有关。

2）图 3-70b 所示为环切走刀路线，环绕切削，加工余量均匀稳定，表面质量高，但是

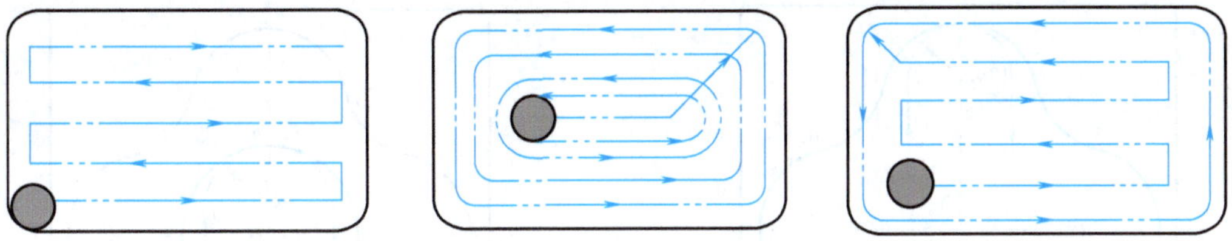

a) 行切法　　b) 环切法　　c) 行切法+环切法

图 3-70　型腔铣削的三种路线

刀路较长，加工效率低。

3）图 3-70c 所示为把行切和环切结合起来的走刀路线，粗加工采用行切，精加工采用环切。这种方法结合了两种路线的优点，提高加工效率的同时，得到了较高的表面加工质量。

任务实施

一、工艺分析

1. 确定加工基准

该零件为平面内轮廓类零件，零件轮廓形状对称，可将上表面中心作为加工基准（工件坐标系原点）。图 3-64 中 R20mm 圆弧与 R18mm 圆弧的切点 A 的坐标为（X32.04，Y17.54）。

2. 确定装夹方案

以已加工过的毛坯侧面作为定位基准，毛坯底面垫垫铁，用平口虎钳夹紧，并使上表面高出钳口 3~4mm 方便对刀即可。一次装夹完成凹模内轮廓的加工。

3. 确定刀具及走刀路线

凹模内轮廓侧面有 Ra3.2μm 的表面粗糙度要求，底面有 Ra1.6μm 的表面粗糙度要求，底面的表面粗糙度要求比侧面高。为了获得更好的表面加工质量，采用键槽铣刀进行顺铣方式加工，设置主轴正转，刀具半径补偿方式必须为左补偿。为了避免切入、切出的刀痕，分别在花槽和圆槽内侧设计 R12mm 和 R15mm 的内切圆弧作为刀具切入、切出路线，具体加工路线分别如图 3-71 和图 3-72 所示。零件内轮廓上的最小凹圆弧半径为 R18mm，设计的内切圆弧最小半径为 R12mm，因此，选择键槽铣刀时直径不能大于 ϕ24mm。为了去除余量方便，便于粗、精加工，采用 ϕ18mm 的键槽铣刀。

4. 确定加工方案及切削用量

按先粗后精的加工原则确定加工顺序。

（1）花槽加工方案　花槽深度只有 4mm，深度方向可一次下刀铣削；侧面精加工留 0.2mm 的余量。设计的切入、切出圆弧半径 R12mm 为整个花槽内轮廓余量最小处，因此，ϕ18mm 键槽铣刀进行刀具半径补偿时，偏移量应尽量小于 12mm，否则刀具路线不确定可能会引起过切。根据刀具偏移量范围，花槽分三次铣削，各工步的加工内容、切削用量、所用刀具等见表 3-8。

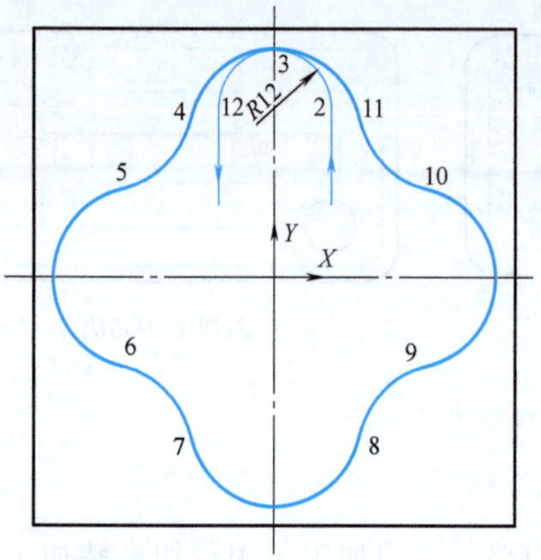

图 3-71　花槽内轮廓加工路线

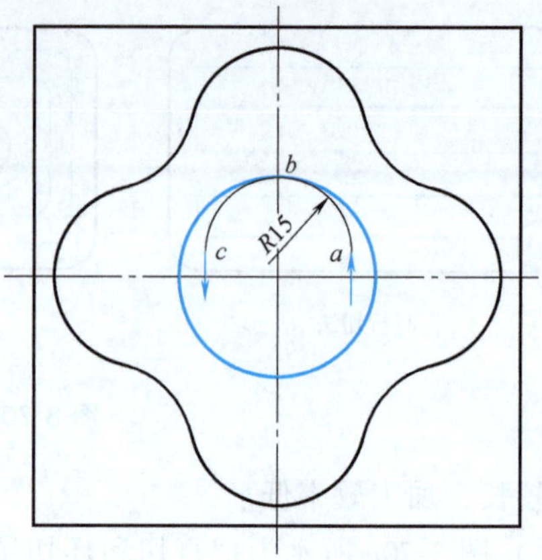

图 3-72　圆槽内轮廓加工路线

表 3-8　数控加工工序卡

工步号	工步内容	切削用量				刀具
		主轴转速/(r/min)	进给量/(mm/min)	背吃刀量/mm	刀具偏移量(D01)/mm	
01	第一次粗铣花槽	1500	350	4	12	ϕ18mm 的键槽铣刀
02	第二次粗铣花槽	1500	350	4	9.2	ϕ18mm 的键槽铣刀
03	精铣花槽内轮廓	2200	140	4	9	ϕ18mm 的键槽铣刀

（2）圆槽加工方案　圆槽本身深度只有 3mm，由于花槽刀补偏置到 12mm 时，中心仍有余量残留，所以圆槽的深度方向分两层加工，分别下刀至-4mm 和-7mm 深；圆槽侧面精加工留 0.2mm 的余量。设计的切入、切出圆弧半径 R15mm 为整个圆槽余量最小处，因此，ϕ18mm 键槽铣刀进行刀具半径补偿时，偏移量应尽量小于 15mm。根据刀具偏移量范围，圆槽第二层（下至 7mm 处）分三次铣削，各工步的加工内容、切削用量、所用刀具等见表 3-9（根据花槽的中心余量，下至 4mm 处，圆槽程序刀补补偿 9.2mm，可将残留余量去除）。

表 3-9　数控加工工序卡

工步号	工步内容	切削用量				刀具
		主轴转速/(r/min)	进给量/(mm/min)	背吃刀量/mm	刀具偏移量(D02)/mm	
01	去除花槽中心余量	1500	350	4	9.2	ϕ18mm 的键槽铣刀
02	第一次粗铣圆槽	1500	350	7	12	ϕ18mm 的键槽铣刀
03	第二次粗铣圆槽	1500	350	7	9.2	ϕ18mm 的键槽铣刀
04	精铣圆槽内轮廓	2200	140	7	9	ϕ18mm 的键槽铣刀

二、程序编制

1）花槽加工程序见表 3-10。

表 3-10 花槽加工程序

程序	程序说明
O3401	程序名
G54G00Z50;	调用建立的 G54 工件坐标系,刀具 Z 向定位到不与零件干涉的平面
M03 S1500;	主轴正转,粗加工转速为 1500r/min(精加工时转速修改至 2200r/min)
M08;	切削液开
G00 X12Y-20;	快速定位至内切圆弧起始点 2 点的切线方向
Z5;	刀具 Z 向快速下刀至上表面附近
G41Y34D01;	沿切线方向快速定位至 2 点时刀具向左偏移,偏移量参考表 3-8
G01Z-4F350;	以 350mm /min 的速度一次下刀至花槽深度(精加工时进给速度修改至 140mm /min)
G03X0Y46R12;	沿内切圆弧切入至 3 点
X-17. 54Y32. 04R18;	铣削至 4 点
G02X-32. 04Y17. 54R20;	铣削至 5 点
G03Y-17. 54R18;	铣削至 6 点
G02X-17. 54Y-32. 04R20;	铣削至 7 点
G03X17. 54R18;	铣削至 8 点
G02X32. 04Y-17. 54R20;	铣削至 9 点
G03Y17. 54R18;	铣削至 10 点
G02X17. 54Y32. 04R20;	铣削至 11 点
G03X0Y46R18;	铣削至 3 点
G03X-12Y34R12;	沿内切圆弧切出至 12 点
G00Z100;	抬刀至 Z100
G40Y-12;	沿内切圆弧的切线方向取消刀具半径补偿
M05 M09;	主轴停转,切削液关
M30;	程序结束

刀补地址 D01 具体值说明：加工花槽时，D01 中的刀补值从粗加工至精加工分别为 12、9.2、9，每修改一次刀补值，以上程序运行一次。精加工时修改相应的主轴转速和进给速度，程序共需要运行三次。

2）圆槽加工程序见表 3-11。

表 3-11 圆槽加工程序

程序	程序说明
O3402	程序名
G54G00Z50;	调用建立的 G54 工件坐标系,刀具 Z 向定位到不与零件干涉的平面
M03 S1500;	主轴正转,粗加工转速 1500r/min(精加工时转速修改至 2200r/min)
M08;	切削液开
G00 X15Y-20;	快速定位至内切圆弧起始点 *a* 点的切线方向
Z5;	刀具 Z 向快速下刀至上表面附近
G41Y5D02;	沿切线方向快速定位至 *a* 点时刀具向左偏移,偏移量参考表 3-9
G01 Z-4 F350;	以 350mm /min 的速度下刀至 Z-4(精加工时进给速度修改至 140mm /min)
G03X0Y20R15;	切圆弧切入至 *b* 点

（续）

程序	程序说明
G03I0J-20;	铣削整圆
X-15Y5R15;	沿内切圆弧切出至 c 点
G00Z100;	抬刀至 Z100
G40Y-20;	沿内切圆弧的切线方向取消刀具半径补偿
M05 M09;	主轴停转，切削液关
M30;	程序结束

刀补地址 D02 具体值说明：程序 D02 中的刀补值设置了 4 次，分别为 9.2、12、9.2、9，每修改一次刀补值，以上程序运行一次，同时修改相应的背吃刀量、主轴转速和进给速度，程序共需要运行四次。

三、仿真加工

1. 选择机床

2. 定义毛坯

设置 100mm×100mm×20mm 的长方体毛坯。

3. 安装夹具

选择平口虎钳夹具。

4. 安装毛坯

5. 选择并安装刀具

选择 ϕ18mm 的平底刀（宇龙数控仿真软件没有键槽铣刀选项，这里就用平底刀代替）。

6. 开机、回原点

7. 对刀

具体步骤见任务 3.1。

8. 输入程序并模拟轨迹

9. 设置刀补值，自动加工

1）设置 D01 值为 12，运行程序 O3401，进行花槽第一次粗加工。

2）改变 D01 值为 9.2，运行程序 O3401，进行花槽第二次粗加工。

3）改变 D01 值为 9，运行程序 O3401（修改主轴转速和进给速度），进行花槽精加工。仿真加工结果如图 3-73 所示。

4）设置 D02 值为 9.2，运行程序 O3402（背吃刀量为-4mm），去除花槽中心余量。

5）改变 D02 值为 12，运行程序 O3402（修改背吃刀量为-7mm），进行圆槽第一次粗加工。

6）改变 D02 值为 9.2，运行程序 O3402，进行圆槽第二次粗加工。

7）改变 D02 值为 9，运行程序 O3402（修改主轴转速和进给速度），进行圆槽精加工。仿真加工结果如图 3-74 所示。

凹模仿真加工视频 3-7

10. 测量零件

11. 保存项目

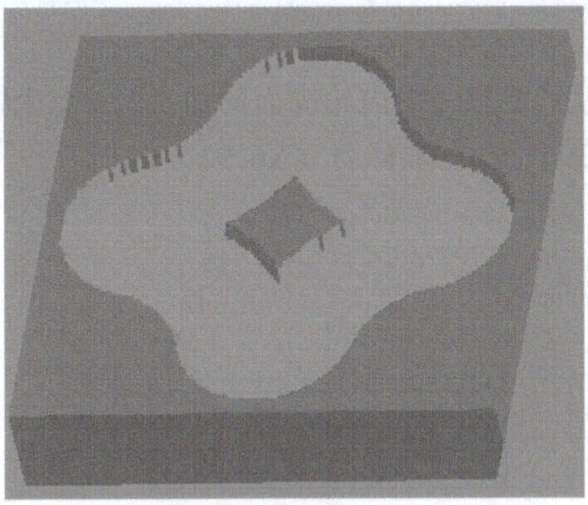

图 3-73　花槽的仿真加工结果

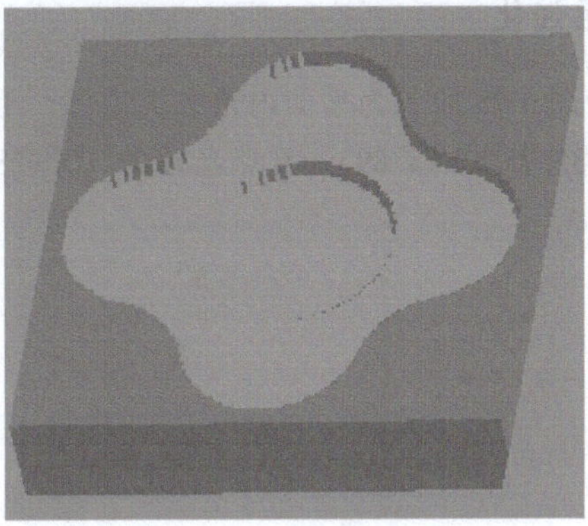

图 3-74　圆槽的仿真加工结果

四、机床加工

1. 毛坯、刀具、工具的准备

1）准备 100mm×100mm×20mm 的毛坯，材料为 Cr12，将毛坯正确装夹到机用虎钳上。

2）准备 ϕ18mm 的键槽铣刀，并正确安装至主轴上。

3）准备规格为 125mm 的游标卡尺。

4）正确摆放所需工具。

2. 开机、对刀

1）数控铣床通电、开机。

2）回参考点。

3）对刀。

3. 输入程序并校验

4. 设置刀补值、自动加工

1）设置 D01 刀具半径补偿值为 12，运行程序 O3401。

2）改变 D01 刀具半径补偿值为 9.2，运行程序 O3401。

3）改变 D01 刀具半径补偿值为 9，修改主轴转速和进给速度，运行程序 O3401。

4）设置 D02 刀具半径补偿值为 9.2，背吃刀量为-4mm，运行程序 O3402。

5）改变 D02 刀具半径补偿值为 12，修改背吃刀量为-7mm，运行程序 O3402。

6）改变 D02 刀具半径补偿值为 9.2，运行程序 O3402。

7）改变 D02 刀具半径补偿值为 9，修改主轴转速和进给速度，运行程序 O3402。

5. 测量零件

用游标卡尺测量凹模的尺寸。

问题归纳

1）进退刀路线设计不合理，会导致内轮廓侧壁出现刀痕，影响表面粗糙度。

2）加工内轮廓时出现过切现象，应检查刀具半径补偿建立或取消的方向是否与刀具切入、切出轮廓的方向相反，或者刀具半径补偿值设置是否合适等。

技能强化

图 3-75 所示为平面内轮廓类零件，毛坯面已处理，要求完成内轮廓面的加工，*A* 点坐标为（X-35.75，Y13.89），*B* 点坐标为（X-28.59，Y18.39），*C* 点坐标为（X6.92，Y21）。

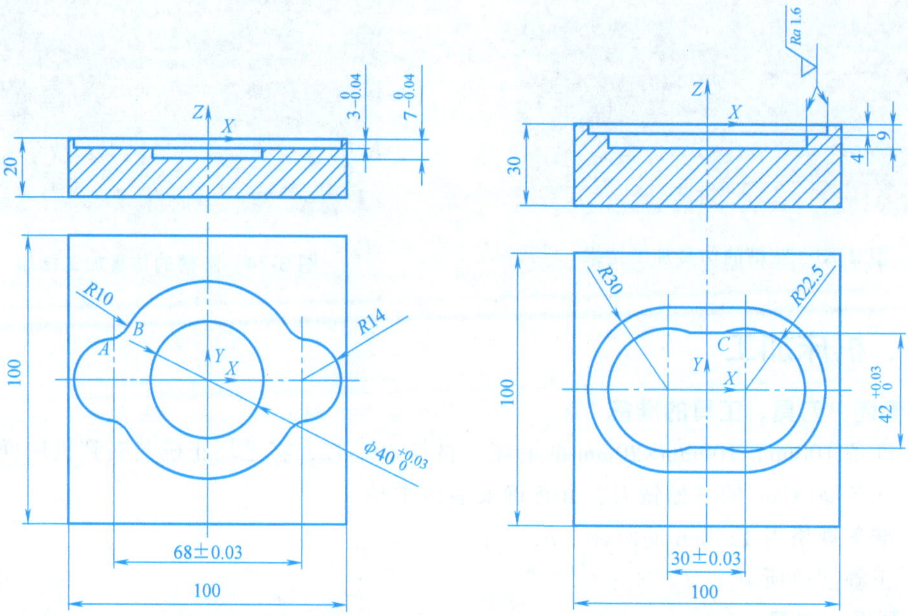

图 3-75　内轮廓类零件

任务 3.5　底板的编程与加工

任务导入

图 3-76 所示为底板零件，毛坯为 100mm×100mm×30mm 的块料，材料为 HT200，毛坯面已处理，要求完成底板上系列孔的加工。

学习目标

知识目标

1）了解孔加工的刀具。

2）熟悉孔加工方案及特点。

3）了解孔加工的切削参数及余量。

4）掌握钻孔固定循环指令。

技能目标

1）会制订孔的加工方案，并选择合适的切削用量。

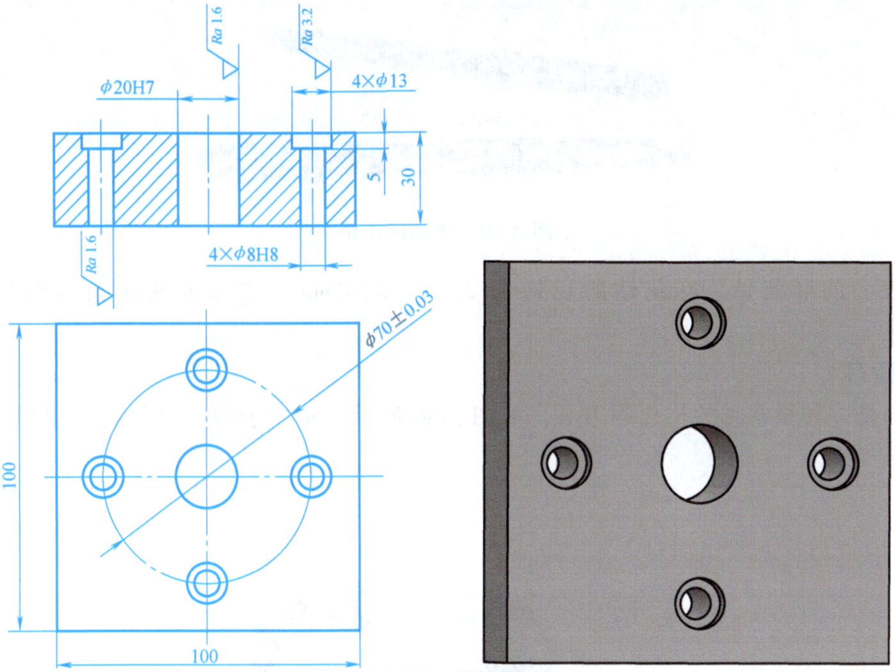

图 3-76　底板零件

2）熟练使用仿真软件和数控铣床加工孔类零件。

知识准备

一、孔加工刀具

1. 中心钻

在加工精度要求较高的孔时，为了克服用麻花钻钻孔时产生的轴线歪斜或孔径扩大等问题，常用中心钻在钻孔位置预钻定位孔，然后应用麻花钻进行钻孔，以保证钻孔位置和孔径的准确性。图 3-77 所示为中心钻。

2. 麻花钻

麻花钻是最常用的钻孔工具，一般为高速工具钢或硬质合金材料制成的整体式结构。柄部有直柄和锥柄两种，如图 3-78 和图 3-79 所示。直柄主要用于小直径麻花钻，锥柄主要用

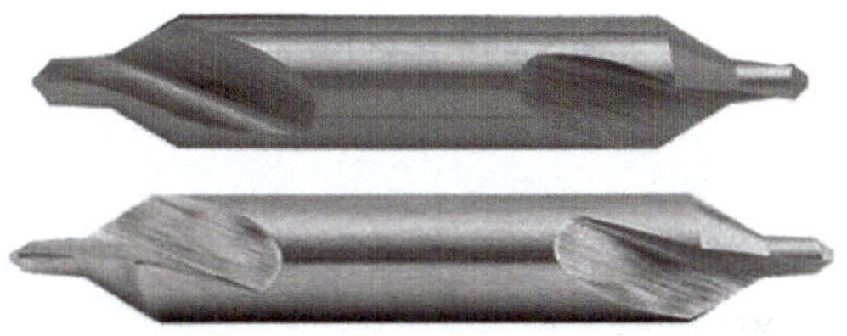

图 3-77　中心钻

图 3-78　直柄麻花钻

图 3-79　锥柄麻花钻

于直径较大的麻花钻。麻花钻的规格为 $\phi 0.1 \sim \phi 100$mm，常用的麻花钻的直径范围为 3～50mm。

3. 镗刀

镗刀是一种很常见的扩孔用刀具，如图 3-80 所示，常用于较大直径孔的粗加工、半精加工和精加工。

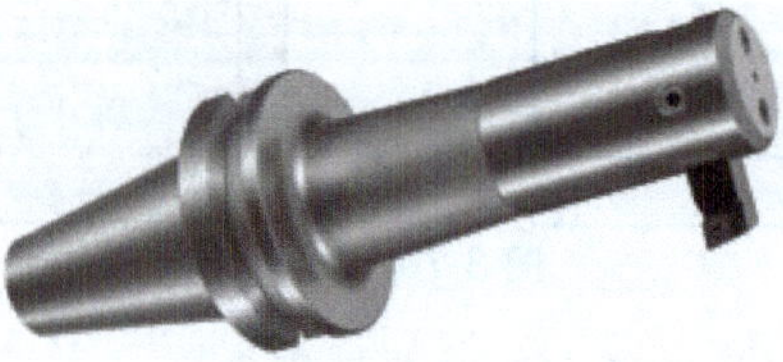

图 3-80　镗刀

4. 铰刀

当孔加工精度要求高时，需要在钻孔后用铰刀进行铰孔，以提高孔的尺寸精度，降低孔的表面粗糙度。机用铰刀通常采用高速工具钢或者硬质合金材料制成整体式结构，柄部有直柄和锥柄两种，如图 3-81 和图 3-82 所示。直柄主要用于小直径铰刀，锥柄主要用于直径较大的铰刀。

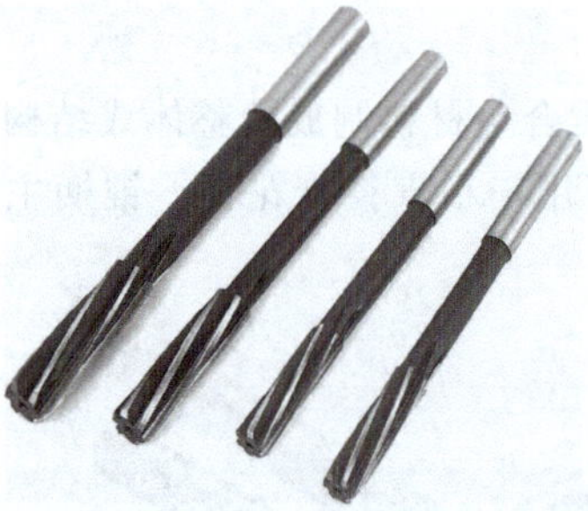

图 3-81　直柄机用铰刀

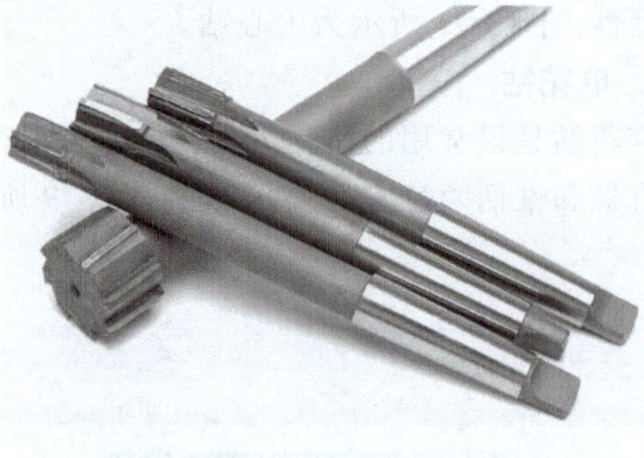

图 3-82　锥柄机用铰刀

二、孔加工方案

1. 孔加工的技术要求

1）尺寸精度：孔的直径和深度。

2）形状精度：孔的圆度、圆柱度及轴线的直线度。

3）位置精度：同轴度、平行度和垂直度等。

4）表面质量：表面粗糙度、表面硬度等。

2. 孔的种类

根据孔的结构和用途，可以将孔分为紧固孔、辅助孔、回转体零件的轴心孔、箱体支架类零件的轴承孔等，图 3-83 所示为各类常见孔。

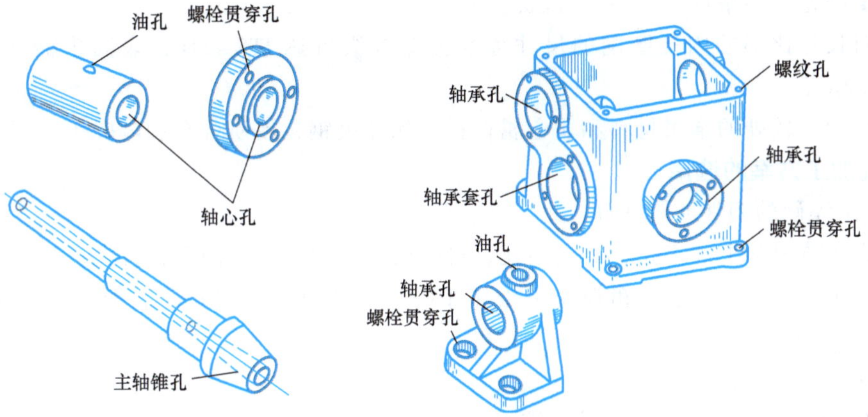

图 3-83 常见孔的种类

3. 孔的加工方案及特点

孔的加工方法较多，常用的有钻、扩、镗、铰、磨等。

（1）钻孔　用钻头在零件的实体部位加工孔称为钻孔。钻孔是一种最基本的孔加工方法。对要求不高的孔，如螺栓贯穿孔、螺纹底孔和油孔，可直接钻出。钻孔的特点如下：

1）钻孔是孔的粗加工方法。

2）可加工直径为 0.05~125mm 的孔。

3）孔的尺寸标准公差等级在 IT10 以下。

4）孔的表面粗糙度一般只能控制在 *Ra*12.5μm。

（2）扩孔　扩孔是用扩孔钻对工件上已有（铸出、锻出或钻出）孔进行的扩大加工。例如，钻削 $D>30$mm 的孔时，为了减小钻削力及转矩，提高孔的质量，一般先用（0.5~0.7）D 大小的钻头钻出底孔，再用扩孔钻进行扩孔，则可较好地保证孔的精度、控制表面粗糙度，且生产率比直接用大钻头一次钻出时要高。扩孔的特点如下：

1）扩孔是孔的半精加工方法。

2）一般加工尺寸的标准公差等级为 IT10~IT9。

3）孔的表面粗糙度可控制在 *Ra*6.3~3.2μm。

（3）镗孔　镗孔是用镗削方法扩大工件孔的方法。针对孔内环槽等内成形表面、直径较大的孔（$D>80$mm），镗削是唯一适宜的加工方法。镗孔的特点如下：

1）镗孔可对不同孔径的孔进行粗、半精和精加工。

2）加工尺寸的标准公差等级可达 IT7~IT6。

3）孔的表面粗糙度可控制在 *Ra*6.3~0.8μm。

4）能修正前面工序造成的孔轴线弯曲、偏斜等形状、位置误差。

（4）铰孔　铰孔是在扩孔或半精镗的基础上进行的，其特点如下：

1）铰孔是孔的精加工方法。

2）可加工尺寸的标准公差等级为 IT7、IT8、IT9 的孔。

3）孔的表面粗糙度可控制在 $Ra3.2 \sim 0.2\mu m$。

4）铰刀是定尺寸刀具。

（5）磨孔　磨孔是用高速旋转的砂轮精加工孔的方法，其特点如下：

1）磨削是零件精加工的主要方法之一。

2）对长径比小的内孔磨削的尺寸标准公差等级可达 IT5～IT6，表面粗糙度可控制到 $Ra0.8 \sim 0.2\mu m$。

3）可加工较硬的金属材料和非金属材料，如淬火钢、硬质合金和陶瓷等。

4. 孔加工方案的选择

（1）未淬硬的钢件或铸铁件

1）在实体材料上加工孔，首先钻孔。对于已经铸出或锻出的孔，首先扩孔或镗孔。

2）对于中等精度和表面粗糙度的孔（IT8～IT7、$Ra1.6 \sim 0.8\mu m$），根据孔径 ϕ 的大小，可采用如下加工方案：

① $\phi<10mm$，钻→铰。

② $10mm \leqslant \phi \leqslant 30mm$，钻→扩→铰。

③ $30mm \leqslant \phi \leqslant 80mm$，若 L/D 大，钻→扩→铰；若 L/D 小，钻→粗镗→半精镗→铰或磨（盘套类回转体零件），或钻→粗镗→半精镗→铰或镗（箱体、支架类零件）。

④ $\phi>80mm$，钻→粗镗→半精镗→磨（盘套类回转体零件）；或钻→粗镗→半精镗→镗（箱体、支架类零件）。

（2）淬火钢件　对于淬火钢件，孔加工方案选择钻→镗→（淬火）→磨。要求尺寸标准公差等级为 IT6 以上，表面粗糙度 $Ra0.2\ \mu m$ 以下的孔应进行光整加工。

（3）有色金属材料　对于有色金属材料的精加工可采用精镗、精细镗、精铰、手铰的方法。

三、孔加工的切削参数及加工余量

1. 孔加工的切削参数

表 3-12～表 3-15 中列出了部分孔加工的切削用量，以供参考。

表 3-12　高速钢钻头加工钢件的切削用量

钻头直径/mm	材料强度					
	R_m=520～700MPa（35、45 钢）		R_m=700～900MPa（15Cr、20Cr）		R_m=1000～1100MPa（合金钢）	
	切削用量					
	v_c /(m/min)	f /(mm/r)	v_c /(m/min)	f /(mm/r)	v_c /(m/min)	f /(mm/r)
1～6	8～25	0.05～0.1	12～30	0.05～0.1	8～15	0.03～0.08
6～12	8～25	0.1～0.2	12～30	0.1～0.2	8～15	0.08～0.15
12～22	8～25	0.2～0.3	12～30	0.2～0.3	8～15	0.15～0.25
22～50	8～25	0.3～0.45	12～30	0.3～0.54	8～15	0.25～0.35

表 3-13 高速钢钻头加工铸铁的切削用量

钻头直径/mm	材料硬度					
	160~200HBW		200~300HBW		300~400HBW	
	切削用量					
	v_c /(m/min)	f /(mm/r)	v_c /(m/min)	f /(mm/r)	v_c /(m/min)	f /(mm/r)
1~6	16~24	0.07~0.12	10~18	0.05~0.1	5~12	0.03~0.08
6~12	16~24	0.12~0.2	10~18	0.1~0.18	5~12	0.08~0.15
12~22	16~24	0.2~0.4	10~18	0.18~0.25	5~12	0.15~0.2
22~50	16~24	0.4~0.8	10~18	0.25~0.4	5~12	0.2~0.3

表 3-14 高速钢铰刀铰孔的切削用量

铰刀直径/mm	工件材料					
	铸铁		钢及合金钢		铝铜及其合金	
	切削用量					
	v_c /(m/min)	f /(mm/r)	v_c /(m/min)	f /(mm/r)	v_c /(m/min)	f /(mm/r)
6~10	2~6	0.3~0.5	1.2~5	0.3~0.4	8~12	0.3~0.5
10~15	2~6	0.5~1	1.2~5	0.4~0.5	8~12	0.5~1
15~25	2~6	0.8~1.5	1.2~5	0.5~0.6	8~12	0.8~1.5
25~40	2~6	0.8~1.5	1.2~5	0.4~0.6	8~12	0.8~1.5
40~60	2~6	1.2~1.8	1.2~5	0.5~0.6	8~12	1.5~2

表 3-15 镗孔的切削用量

工序	刀具材料	工件材料					
		铸铁		钢及合金钢		铝及其合金	
		切削用量					
		v_c /(m/min)	f /(mm/r)	v_c /(m/min)	f /(mm/r)	v_c /(m/min)	f /(mm/r)
粗加工	高速工具钢 硬质合金	20~25 35~50	0.4~0.45	15~30 50~70	0.35~0.7	100~150 100~250	0.5~1.5
半精加工	高速工具钢 硬质合金	20~35 50~70	0.15~0.45	15~50 95~135	0.15~0.45	100~200	0.2~0.5
精加工	高速工具钢 硬质合金	70~90	D1 级<0.08 D 级 0.12~0.15	100~135	0.02~0.15	150~400	0.06~0.1

2. 孔加工的切削余量

表 3-16 中列出了在实体材料上的孔加工方式及加工余量，以供参考。

表 3-16　在实体材料上的孔加工方式及加工余量

加工孔的直径/mm	直径/mm							
	钻		粗加工		半精加工		精加工（H7、H8）	
	第一次	第二次	粗镗	扩孔	粗铰	半精镗	精铰	精镗
3	2.9	—	—	—	—	—	3	—
4	3.9	—	—	—	—	—	4	—
5	4.8	—	—	—	—	—	5	—
6	5.0	—	—	5.85	—	—	6	—
8	7.0	—	—	7.85	—	—	8	—
10	9.0	—	—	9.85	—	—	10	—
12	11.0	—	—	11.85	11.95	—	12	—
13	12.0	—	—	12.85	12.95	—	13	—
14	13.0	—	—	13.85	13.95	—	14	—
15	14.0	—	—	14.85	14.95	—	15	—
16	15.0	—	—	15.85	15.95	—	16	—
18	17.0	—	—	17.85	17.95	—	18	—
20	18.0	—	19.8	19.85	19.90	19.95	20	20
22	20.0	—	21.8	21.85	21.90	21.95	22	22
24	22.0	—	23.8	23.85	23.90	23.95	24	24
25	23.0	—	24.8	24.85	24.90	24.95	25	25
26	24.0	—	25.8	25.85	25.90	25.95	26	26
28	26.0	—	27.8	27.85	27.90	27.95	28	28
30	15.0	28.0	29.8	29.85	29.90	29.95	30	30
32	15.0	30.0	31.7	31.75	31.90	31.93	32	32
35	20.0	33.0	34.7	34.75	34.90	34.93	35	35
38	20.0	36.0	37.7	37.75	37.90	37.93	38	38
40	25.0	38.0	39.7	39.75	39.90	39.93	40	40
42	25.0	40.0	41.7	41.75	41.90	41.93	42	42
45	30.0	43.0	44.7	44.75	44.90	44.93	45	45
48	36.0	46.0	47.7	47.75	47.90	47.93	48	48
50	36.0	48.0	49.7	49.75	49.90	49.93	50	50

四、孔系测量量具

孔用塞规是光滑极限量规中的一种，是没有刻度的定尺寸的专用量具，用来检验光滑孔的直径尺寸。塞规的两端分别做成上极限尺寸和下极限尺寸，如图 3-84 所示。它的下极限尺寸一端称作通端，上极限尺寸一端称作止端。用塞规检验工件时，如果通端能通过且止端不能通过，说明该工件合格。二者缺一不可，否则就不合格。

塞规规格：$\phi3\sim\phi500$mm，特殊型号可以定做。塞规的使用有以下注意事项：

1）使用前先检查塞规测量面，不能有锈迹、坯锋、划痕、黑斑等。塞规的标志应正确、清楚。

2）塞规的使用必须在周期检定期内，而且附有检定合格证或标记，或其他足以证明塞规合格的文件。

3）塞规测量的标准条件：温度为20℃，测力为0N。在实际使用中很难达到这一条件要求。为了减少测量误差，应尽量在等温条件下使用塞规进行测量，测量过程中力要尽量小，不允许把塞规用力往孔里推或一边旋转一边往里推。

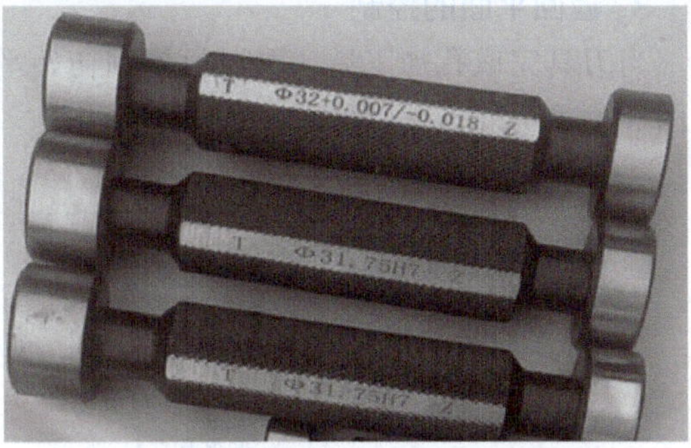

图 3-84 孔用塞规

4）测量时，塞规应顺着孔的轴线插入或拔出，不能倾斜。塞规塞入孔内时，不许转动或摇晃塞规。

5）不允许用塞规检测不清洁的工件。

五、钻孔固定循环的基本知识

数控铣床通常采用钻孔固定循环指令进行钻孔、镗孔、攻螺纹等。钻孔固定循环指令使用一个程序段就可以完成一个孔加工的全部动作。如果孔加工的动作无需变更，则程序中所有的模态数据可以不写，以简化编程，并可以用固定循环指令来选择孔加工方式。

1. 钻孔固定循环的基本动作

钻孔固定循环通常包括6个基本动作，如图3-85所示。

① 在XY平面（初始平面）快速定位。

② 刀具从初始平面快速移动到R点平面。

③ 孔的切削加工。

④ 孔底动作。

⑤ 返回到R点平面。

⑥ 快速返回到初始平面。

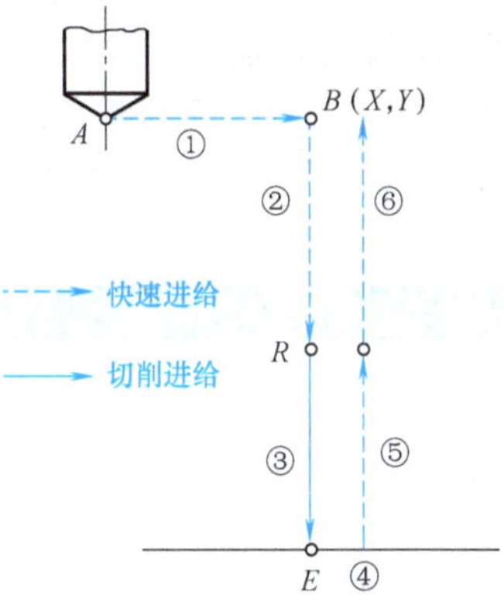

图 3-85 钻孔固定循环的基本动作

2. 钻孔固定循环定义平面

（1）初始平面　初始平面是为了安全下刀而规定的一个平面。初始平面到零件表面的距离可以设定为任意一个安全的数值。当使用同一把刀加工若干个孔时，只有孔中间存在障碍需要跳跃或全部孔加工完时，才需要返回初始平面。

（2）R点平面　R点平面又称为参考平面，是刀具下刀时由快进转化为工进的高度平面，一般距离工件表面2~5mm。绝对坐标编程方式时，为R点平面的绝对坐标，相对坐标编程方式时，为初始平面到R点平面的距离。

（3）孔底平面　加工不通孔时，孔底平面就是孔底的Z轴高度；加工通孔时，一般刀具还需要伸出工件底平面一段距离，否则孔底钻不通，一般伸出距离为$0.3d+(1\sim2)$mm，d为钻头直径。

3. 返回平面的控制

当刀具完成孔加工后，可以返回到初始平面或 R 点平面，分别由 G98 和 G99 指令设定，如图 3-86 所示。

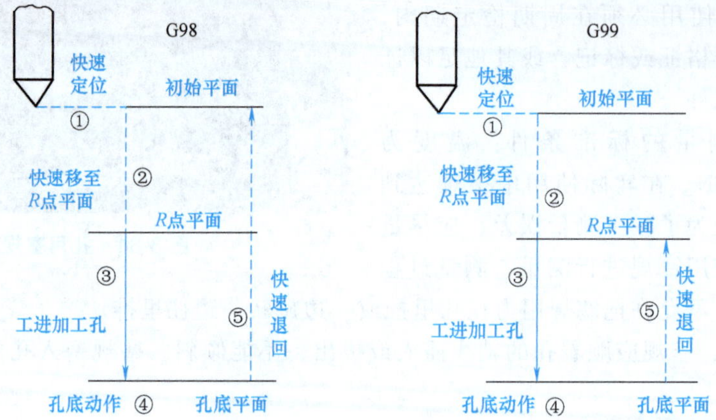

图 3-86　返回平面控制

4. 钻孔固定循环指令的基本格式

钻孔固定循环指令的基本格式如下：

G90 /G91 G98/G99 G73~G89 X__ Y__ Z__ R__ Q__ P__ F__ K__;

指令中，G90 /G91 为绝对坐标编程或相对坐标编程；G98 为返回初始平面；G99 为返回 R 点平面；G73~G89 为孔加工的方式，如钻孔加工、高速深孔钻加工、镗孔加工等，对应的固定循环功能见表 3-17；X、Y 为孔中心的坐标；Z 为孔底坐标，采用相对坐标编程方式时，指 R 点到孔底的距离；R 为 R 点平面的坐标；Q 为每次背吃刀量；P 为孔底的暂停时间；F 为切削进给速度；K 为重复加工次数。

表 3-17　钻孔固定循环功能表

G 指令	加工动作(Z 向)	在孔底部的动作	回退动作(Z 向)	功能
G73	间歇进给		快速进给	高速钻深孔
G74	切削进给(主轴反转)	暂停-主轴正转	切削进给	反转攻螺纹
G76	切削进给	主轴定向停止	快速进给	精镗孔
G80				取消固定循环
G81	切削进给		快速进给	钻孔、钻中心孔
G82	切削进给	暂停	快速进给	锪孔
G83	间歇进给		快速进给	排屑、钻深孔
G84	切削进给(主轴正转)	暂停-主轴反转	切削进给	攻螺纹
G85	切削进给		切削进给	精镗孔、铰孔
G86	切削进给	主轴停止	快速进给	粗镗孔
G87	切削进给	主轴停止	快速进给	反镗循环

六、常用钻孔固定循环指令

1. 一般钻孔循环指令 G81

格式：G98/G99 G81 X__ Y__ Z__ R__ F__ K__;

说明：G81 循环通常用于定点钻，刀具以进给速度向下运动钻孔，到达孔底位置后，快速退回（无孔底动作），如图 3-87 所示。

2. 锪孔、镗阶梯孔循环指令 G82

格式：G98/G99 G82 X __ Y __ Z __ R __ P __ F __ K __;

说明：与 G81 指令唯一的区别是有孔底暂停动作，暂停时间由 P 指定（单位为 ms），动作如图 3-88 所示。执行该指令可使孔的表面更光滑，孔底更平整。常用于做锪孔、沉头台阶孔。

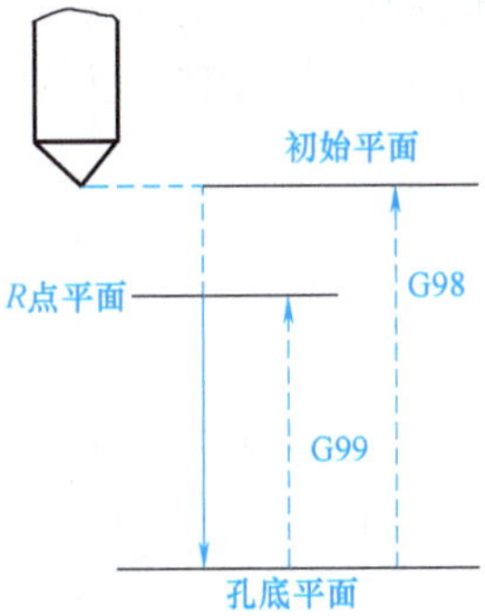

图 3-87　G81 动作图

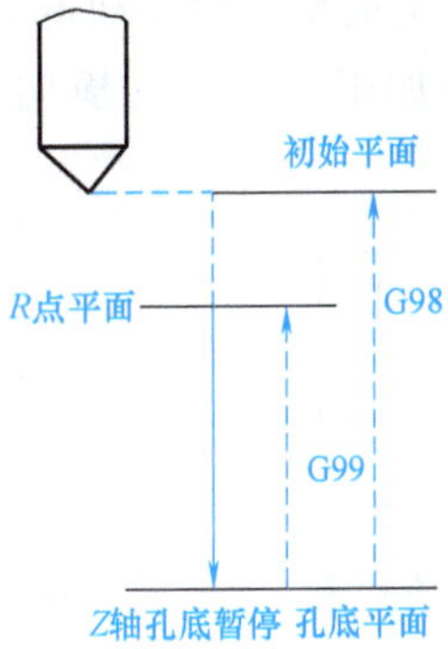

图 3-88　G82 动作图

3. 高速深孔钻循环指令 G73

格式：G98/G99 G73 X __ Y __ Z __ R __ Q __ F __ K __;

说明：G73 指令在钻孔时采取间断进给的方式（Q 为每次进给深度的增量值，d 为退刀量，由系统内部参数设定），有利于断屑和排屑，抬刀量少，加工效率高，孔底无动作，快速回退，适合深孔加工。动作如图 3-89 所示。

通常生产中对深径比大于 3 的孔采用高速深孔钻循环指令加工。

4. 深孔排屑钻循环指令 G83

格式：G98/G99 G83 X __ Y __ Z __ R __ Q __ F __ K __;

说明：与 G73 不同之处在于每次进刀后都返回 R 点平面高度处，更有利于钻深孔时的排屑。动作如图 3-90 所示。

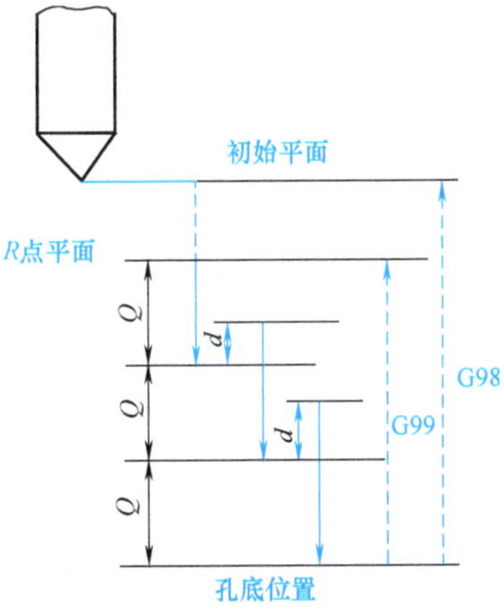

图 3-89　G73 动作图

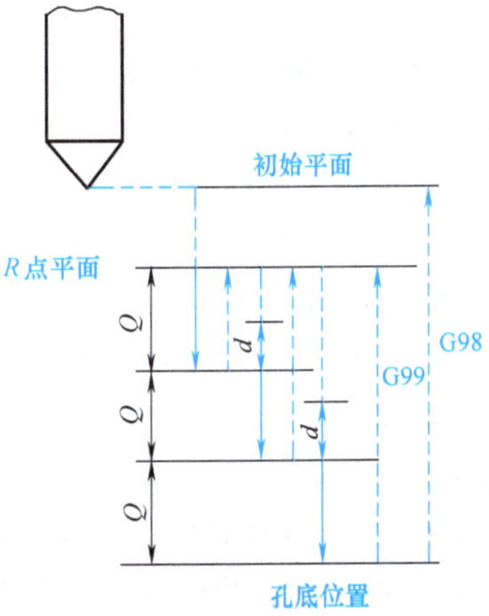

图 3-90　G83 动作图

5. 粗镗孔指令 G86

格式：G98/G99 G86 X __ Y __ Z __ R __ F __ K __；

说明：该指令与 G81 相同，但在孔底时主轴停止，然后快速退回。

注意：该指令退刀前没有让刀动作，退回时会划伤已加工表面，因此只用于粗镗孔。

6. 精镗孔指令 G76

格式：G98/G99 G76 X __ Y __ Z __ R __ Q __ P __ F __ K __；

说明：G76 循环动作如图 3-91 所示，加工到孔底时，主轴在固定的旋转位置停止，并且刀具以刀尖的反方向移动退刀（图 3-92），这样退刀时不损伤已加工表面，能实现精密和有效的镗削加工。刀具的横向偏移量由地址 Q 给定，Q 总是正值，移动方向由系统参数设定。

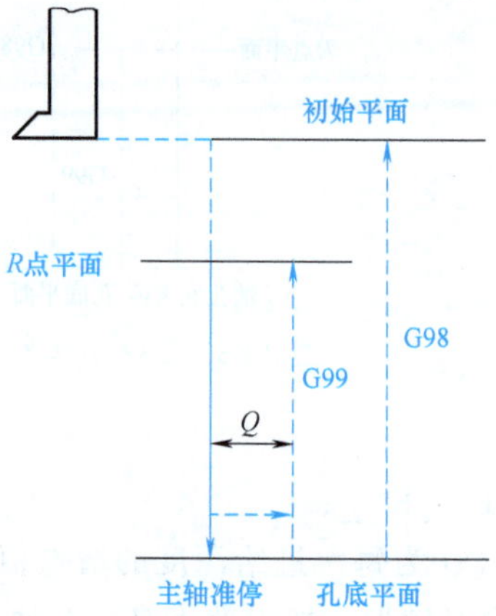

图 3-91 G76 动作图

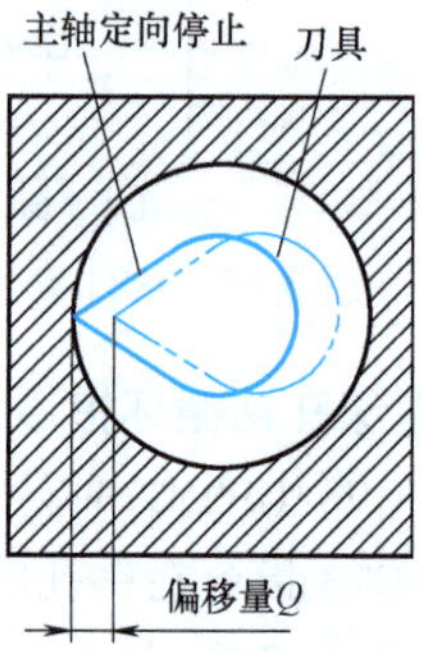

图 3-92 G76 刀具孔底偏移

7. 反向镗孔指令 G87

格式：G98/G99 G87 X __ Y __ Z __ R __ Q __ P __ F __ K __；

说明：动作如图 3-93 所示，在初始平面 XY 定位后，主轴定向停止，然后向刀尖的反方向移动距离 Q，再快速进给到孔底（Z 点）定位；在此位置，刀具向刀尖方向移动距离 Q；主轴正转，在 Z 轴正方向上加工至 R 点；这时主轴又定向停止，向刀尖反方向位移；然后返回到初始点（只能用 G98），主轴正转，进行下一个程序段的动作。

8. 铰孔、精镗孔指令 G85

格式：G98/G99 G85 X __ Y __ Z __ R __ F __ K __；

说明：该指令动作过程与 G81 指令相同，只是 G85 进刀和退刀都为工进速度，且回退时主轴不停转。动作如图 3-94 所示。

9. 攻左旋螺纹指令 G74

格式：G98/G99 G74 X __ Y __ Z __ R __ P __ F __ K __；

说明：G74 指令为攻左旋螺纹。进给为主轴反转，孔底停刀，然后以切削进给速度回退，退回为主轴正转。

与钻孔加工不同的是，攻螺纹结束后的返回过程不是快速运动，而是以工进速度退回，动作如图 3-95 所示。攻螺纹过程要求主轴转速与进给速度成严格的比例关系。在每分钟进给方式中，进给速度 f(mm/min) = 导程 P（mm）×主轴转速 n（r/min）；在每转进给方式中，

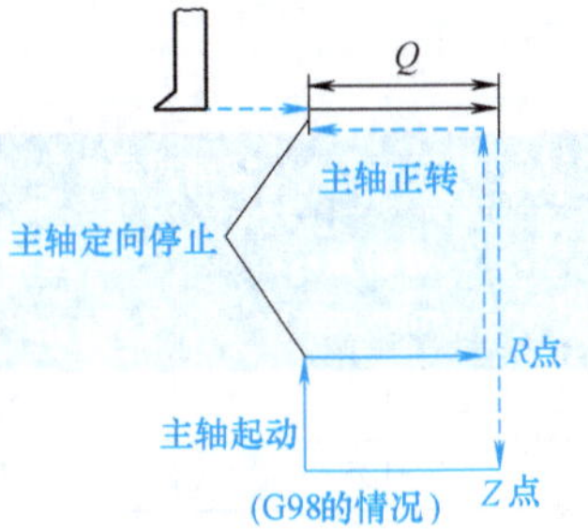

图 3-93 G87 动作图

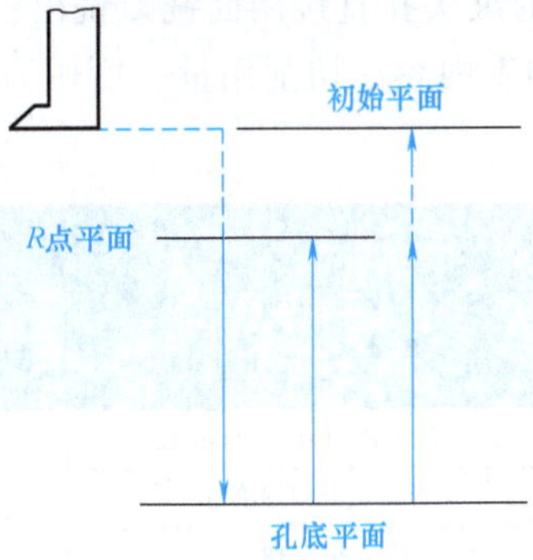

图 3-94 G85 动作图

进给速度值等于螺纹导程。

10. 攻右旋螺纹指令 G84

格式：G98/G99 G84 X __ Y __ Z __ R __ P __ F __ K __;

说明：G84 指令和 G74 指令中的主轴转向相反，其他动作和 G74 指令相同，如图 3-96 所示。

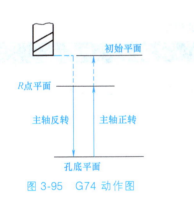

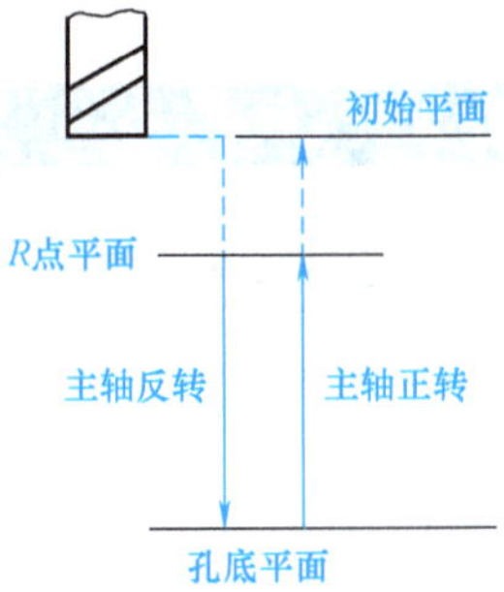

图 3-95 G74 动作图

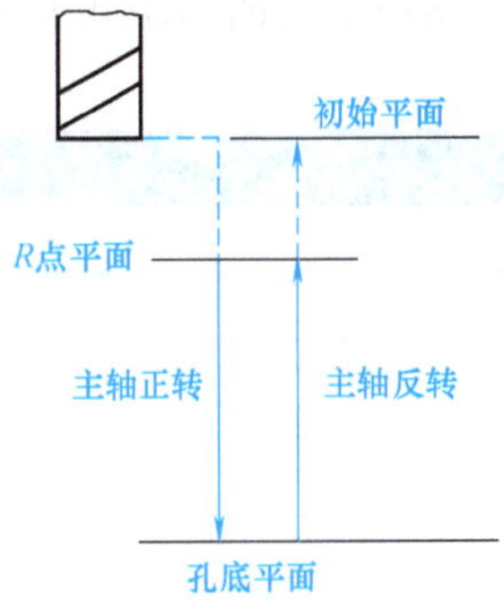

图 3-96 G84 动作图

注意事项：

1）孔加工循环指令均为模态指令。

2）G80 指令或者 G00、G01、G02、G03 的 G 代码可以取消孔加工固定循环。

任务实施

一、工艺分析

1. 确定加工基准

该零件为平面板类零件，且零件轮廓形状对称，可以将上表面中心作为加工基准。

2. 确定装夹方案

块料毛坯采用机用虎钳装夹，加工的孔为通孔，毛坯底下必须留出刀具延伸距离。因此，装夹时先在毛坯底下垫宽度小于毛坯宽度的垫铁，对毛坯进行定位夹紧后抽出垫铁。

3. 确定加工方案、刀具及切削用量

根据孔的公差等级与孔径大小，确定 ϕ8H8 四个孔采用“钻→铰”的加工方案，

ϕ13mm 的沉头孔直接用面铣刀铣出，ϕ20H7 的中心孔采用“钻→扩→铰”的加工方案。各工步的加工内容、切削用量、所用刀具等见表 3-18。

表 3-18 加工工序卡

工步号	工步内容	刀具	切削用量	
			进给量/(mm/min)	主轴转速/(r/min)
1	点钻零件上所有的孔	ϕ3mm 的中心钻	110	2200
2	钻 4×ϕ8H8 的孔	ϕ7.85mm 的麻花钻	105	700
3	铰 4×ϕ8H8 的孔	ϕ8mm 的铰刀	50	350
4	铣 4×ϕ13mm 沉头孔	ϕ13mm 的面铣刀	60	650
5	钻 ϕ20H7 的孔	ϕ12mm 的麻花钻	70	480
6	扩 ϕ20H7 的孔	ϕ19.95mm 的麻花钻	50	350
7	铰 ϕ20H7 的孔	ϕ20mm 的铰刀	30	190

二、程序编制

1）点钻所有孔的程序见表 3-19。

表 3-19 点钻所有孔的程序

程序	程序说明
O3501	程序名
G54G00Z100;	调用建立的 G54 工件坐标系，刀具 Z 向定位到安全平面
M03 S2200;	主轴正转，点钻转速为 2200r/min
G99G81X-35Y0Z-3R3F110;	钻第一个孔，并返回 R 点平面
X0Y35;	钻第二个孔
Y0;	钻第三个孔
Y-35;	钻第四个孔
G98X-35Y0;	钻第五个孔，并返回初始平面
G80 M05;	取消固定循环，主轴停转
M30;	程序结束

2）钻、铰 ϕ8H8 四个孔的程序见表 3-20。

表 3-20 钻、铰 ϕ8H8 四个孔的程序

程序	程序说明
O3502	程序名
G54G00Z100;	调用建立的 G54 工件坐标系，刀具 Z 向定位到安全平面
M03 S700;	主轴正转，转速为 700r/min（铰孔时修改为 350r/min）
G99G83X-35Y0Z-34R3Q5 F105;	点钻第一个孔，并返回 R 点平面（铰孔时 F 修改为 50mm/min）
X0Y35;	点钻第二个孔
X35Y0;	点钻第三个孔
G98X0Y-35;	点钻第四个孔，并返回初始平面
G80 M05;	取消固定循环，主轴停转
M30;	程序结束

3）铣 ϕ13 四个沉头孔的程序见表 3-21。

表 3-21 铣 ϕ13 四个沉头孔的程序

程序	程序说明
O3503	程序名
G54G00Z100;	调用建立的 G54 工件坐标系，刀具 *Z* 向定位到安全平面
M03 S650;	主轴正转，转速为 650r/min
G99G81X-35Y0Z-5R3 F60;	铣第一个孔，并返回 *R* 点平面
X0Y35;	铣第二个孔
X35Y0;	铣第三个孔
G98X0Y-35;	铣第四个孔，并返回初始平面
G80 M05;	取消固定循环，主轴停转
M30;	程序结束

4）钻、扩、铰 ϕ20H7 中心孔的程序见表 3-22。

表 3-22 加工 ϕ20H7 中心孔的程序

程序	程序说明
O3504	程序名
G54G00Z100;	调用建立的 G54 工件坐标系，刀具 *Z* 向定位到安全平面
M03 S480;	主轴正转，转速为 480r/min（扩孔时修改转速为 350r/min，铰孔时修改转速为 190r/min）
G98G81X0Y0Z-36R3 F70;	钻孔并返回初始平面（扩孔时修改 *F* 为 50mm/min，铰孔时修改 *F* 为 30mm/min，扩孔、铰孔时修改 *Z* 为-40）
G80 M05;	取消固定循环，主轴停转
M30;	程序结束

三、仿真加工

1. 选择机床

2. 定义毛坯

3. 安装夹具

4. 安装毛坯

5. 选择并安装刀具

选择 ϕ3mm 的中心钻。

6. 开机、回原点

7. 对刀

8. 导入所有程序

9. 点钻所有的孔

用 ϕ3mm 的中心钻点钻所有的孔，仿真加工结果如图 3-97 所示。

1~9 步仿真操作
视频 3-8

10. 钻、铰 ϕ8H8 的孔

选择 ϕ6mm 钻头（代替 ϕ7.85mm 的麻花钻，仿真软件中的钻头尺寸没有精确到小数位），Z 向对刀，钻四个孔；选择 ϕ8mm 的铰刀，Z 向对刀，铰四个孔。仿真加工结果如图 3-98 所示。

图 3-97　点钻仿真加工结果

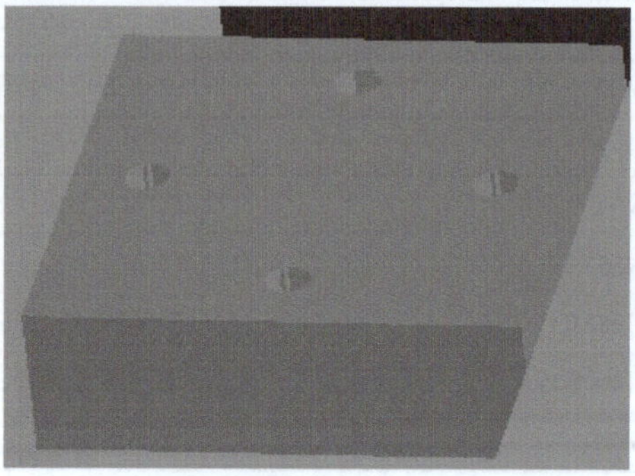

图 3-98　ϕ8H8 孔的仿真加工结果

11. 铣 ϕ13mm 的沉头孔

选择 ϕ13mm 的平底刀，Z 向对刀，铣四个沉头孔，仿真加工结果如图 3-99 所示。

第 10 步仿真操作视频 3-9

第 11 步仿真操作视频 3-10

12. 钻、扩、铰 ϕ20HT 的中心孔

选择 ϕ12mm 钻头，Z 向对刀，钻孔；选择 ϕ18mm 钻头（代替 ϕ19.95mm 的麻花钻），Z 向对刀，扩孔；选择 ϕ20mm 的铰刀，Z 向对刀，铰孔。最终仿真加工结果如图 3-100 所示。

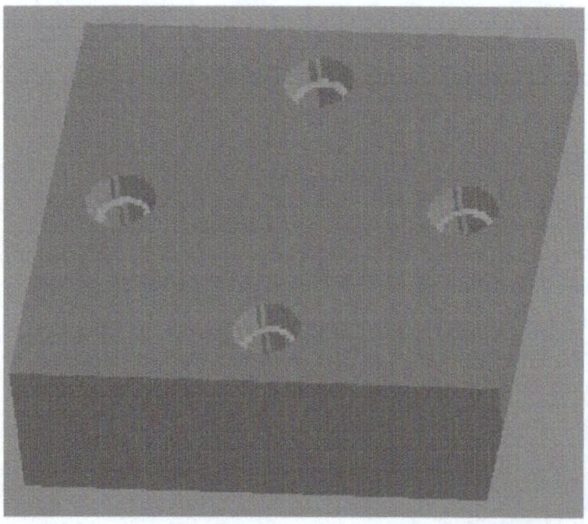

图 3-99　ϕ13mm 沉头孔的仿真加工结果

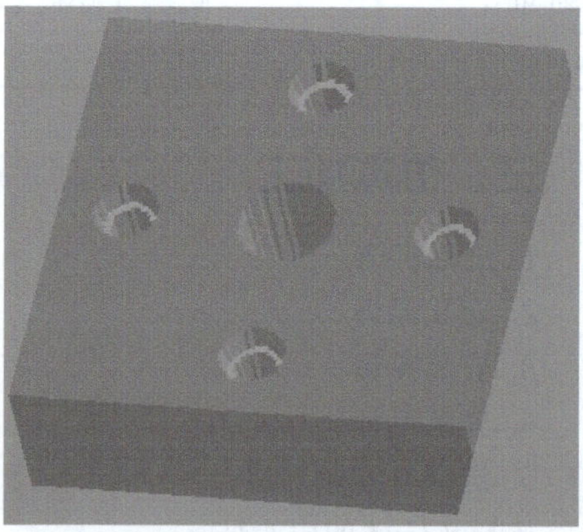

图 3-100　最终仿真加工结果

13. 测量零件

14. 保存项目

四、机床加工

1. 毛坯、刀具、工具的准备

第 12 步仿真操作视频 3-11

2. 开机、对刀

3. 输入所有的程序并校验

4. 点钻所有孔

5. 加工 ϕ8H8 的孔

换两次刀，重新对刀加工。

6. 加工 ϕ13mm 的沉孔

换一次刀，重新对刀加工。

7. 加工 ϕ20H7 的孔

换三次刀，重新对刀加工。

8. 测量零件

用游标卡尺测量孔距，用塞规测量孔径。

问题归纳

1）钻通孔时，注意轴向延伸距离的计算，防止孔打不通；注意孔底面留出空间，防止打刀。

2）使用中心钻点钻时注意进给速度，若设置不当很容易打刀。

3）注意塞规的使用规范，切勿把塞规用力往孔里推或一边旋转一边往里推；塞规塞入孔内时，不许转动或摇晃塞规。

技能强化

图 3-101 所示为两个孔系零件，毛坯面已处理，要求完成孔的加工。

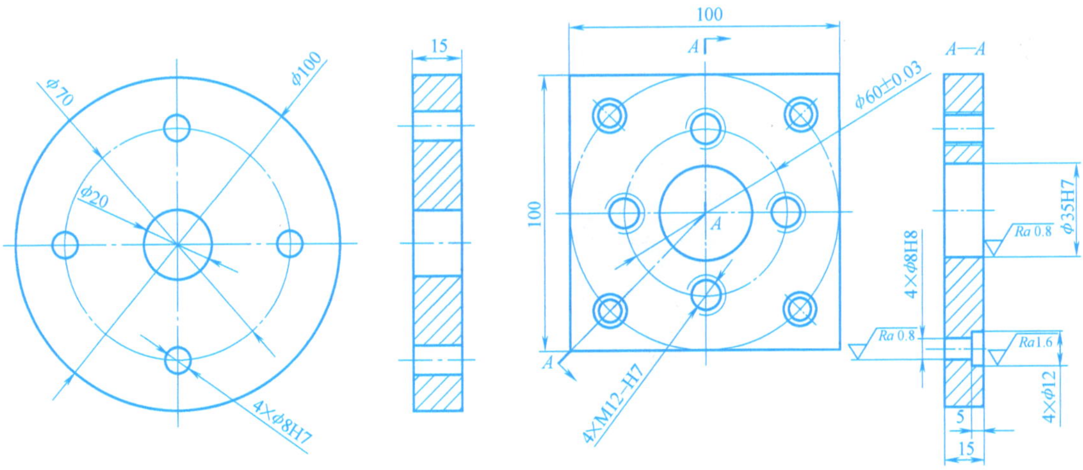

图 3-101　孔系零件

任务 3.6 花键的编程与加工

任务导入

图 3-102 所示为花键零件，材料为 45 钢，毛坯面已处理，要求完成圆台、孔、键槽等部分的加工。

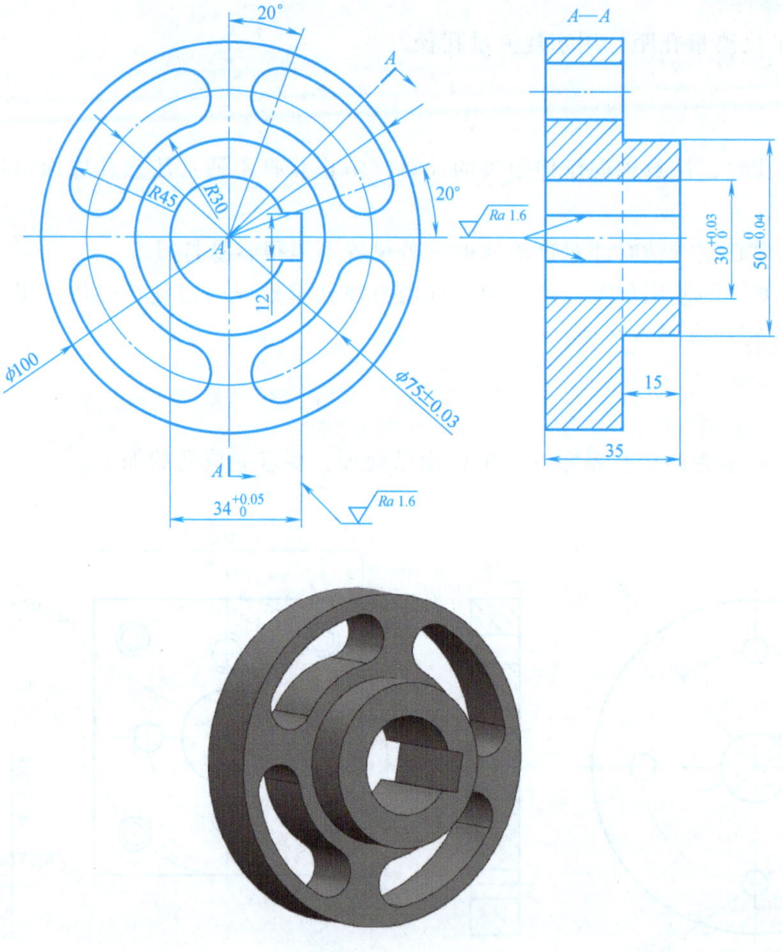

图 3-102 花键零件

学习目标

知识目标

1）了解镜像功能指令的格式与用法。

2）了解旋转功能指令的格式与用法。

技能目标

1）能对槽盘类零件进行数铣工艺分析与编程。

2）会使用镜像、旋转等指令简化程序。

3）能够使用仿真软件和数控铣床加工槽盘类零件。

知识准备

一、镜像功能指令

1. 指令功能

如果工件中有几个形状相同的部分，且这些形状相同的部分之间关于某一轴或某个点对称，则可将形状相同的某一部分编成子程序，然后在主程序中利用镜像指令调用，以简化编程。

2. 指令格式

（1）G51.1 和 G50.1 镜像指令

1）镜像指令用来实现对称加工。

2）G51.1 用来建立镜像；G50.1 用来取消镜像。

3）编程格式如下：

关于 Y 轴对称镜像：G51.1X0；

关于 X 轴对称镜像：G51.1Y0；

关于原点对称镜像：G51.1X0Y0；

（2）G51 和 G50 镜像指令

1）有些经济型的系统并不支持 G51.1 和 G50.1 镜像指令，可以利用 G51 比例缩放功能建立镜像加工和 G50 取消镜像加工。

2）编程格式如下：

关于 Y 轴对称镜像：G51 X __ Y __ I-1000 J1000；

关于 X 轴对称镜像：G51 X __ Y __ I 1000 J-1000；

关于原点对称镜像：G51 X __ Y __ I-1000 J-1000；

3. 应用实例

图 3-103 所示为一零件图样，其毛坯尺寸为 100mm×100mm×13mm。

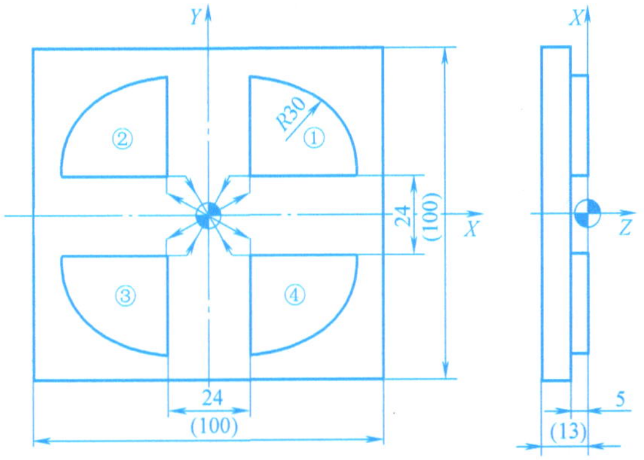

图 3-103 镜像功能应用

1）应用镜像功能编程如下：

主程序

```
O3601
G54 G00 Z20;
X0 Y0;
M03 S800;
M98 P3603;   （调用子程序加工第一象限的台阶）
G51.1 X0;    （建立关于 Y 轴镜像）
M98 P3605;   （调用子程序，镜像加工第二象限的台阶）
G51.1 Y0;    （建立关于 X 轴镜像，关于 Y 轴镜像未取消，即建立了关于原点的镜像）
M98 P3603;   （调用子程序，镜像加工第三象限的台阶）
G50.1 X0;    （取消了关于 Y 轴镜像，保留了关于 X 轴镜像）
M98 P3603;   （调用子程序，镜像加工第四象限的台阶）
G50.1 Y0;    （最后取消关于 X 轴镜像）
M05;
M30;
```

2）应用比例缩放功能建立镜像编程如下：

主程序

```
O3602
G54 G00 Z20;
X0 Y0;
M03 S800;
M98 P3603;                  （调用子程序加工第一象限的台阶）
G51 X0 Y0 I-1000 J1000;     （建立关于 Y 轴镜像）
M98 P3603;                  （调用子程序，镜像加工第二象限的台阶）
G51 X0 Y0 I-1000 J-1000;    （建立关于原点的镜像）
M98 P3603;                  （调用子程序，镜像加工第三象限的台阶）
G51 X0 Y0 I1000 J-1000;     （建立关于 X 轴镜像）
M98 P3603;                  （调用子程序，镜像加工第四象限的台阶）
G50;                        （最后取消镜像）
M05;
M30;
```

子程序（加工第一象限图形①的程序）

```
O3603
G41 G00 X12Y6 D01 ;
G01 Z-5 F120;
Y42;
G02 X42Y 12 R30;
X6;
```

```
G00 Z20;
G40 X0Y0;
M99;
```

二、旋转功能指令

1. 指令功能

如果工件的形状是由许多相同的图形组成，并且这些相同的图形之间具有一定的夹角，互相可以通过旋转得到，则可将图形单元编成子程序，然后在主程序中利用旋转功能指令调用。这样可以简化编程，省时、省存储空间。

2. 指令格式

G68 X__ Y__ R__;

指令中，*X*、*Y* 为旋转中心坐标；*R* 为旋转角度，逆时针方向旋转为正，反之为负。

G69 指令能取消旋转功能。

例如："G68 X15. Y15. R60" 表示以坐标（15，15）为旋转中心将图形逆时针方向旋转 60°。

注意：指令中如果省略 *X*、*Y*，则以工件坐标系原点为旋转中心。例如："G68 R60" 表示以工件坐标系原点为旋转中心，将图形逆时针方向旋转 60°。

3. 应用实例

编制图 3-104 所示外轮廓的加工程序，铣削深度为 3mm。

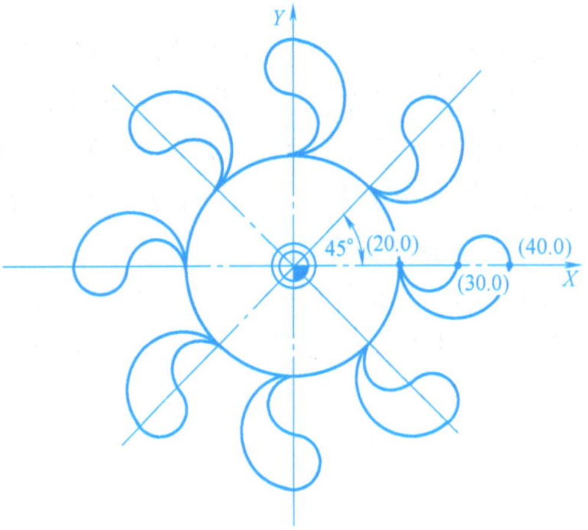

图 3-104 旋转功能应用

程序如下：

```
O3604（主程序）
G54 G90 G00 X0 Y0;
M03 S800;
Z5;
M98 P3605;
G68 R45;
M98 P3605;
G68 R90;
M98 P3605;
……        （旋转加工八次）
G68 R315;
M98 P3605;
G90G00 Z50;
G69M05;
M30;
```

```
O3605    （子程序）
G91G41 G00 X20 Y2 D01;
G01Z-8F120;
Y-2;
G03 X10 R5;
G02 X10R5;
G03 X-20 R10;
G01Y2;
G00Z8;
G40 X-20Y-2;
M99;
```

三、指示表的使用

指示表是一种精度较高的量具，它只能测出相对数值，不能测出绝对数值，主要用于测量工件的尺寸、形状和位置误差（如圆度、平面度、垂直度、圆跳动等），也可用于检验机床的几何精度、调整工件的装夹位置偏差、圆柱形零件的对刀等。常用的指示表有普通指示表、电子数显指示表、内径指示表、深度指示表、杠杆指示表。

1. 指示表的工作原理

图 3-105 所示为指示表，工作时将测杆的测头紧靠在被测量的物体上，物体的变形将引起测头的上下移动，测杆上的齿条便推动轴齿轮 2 及和它同轴的大齿轮 3 共同转动，大齿轮 3 带动指针齿轮 4，于是指针随之转动。如指针在度盘 8 上每转动一格，表示测头的位移为 0.01mm，则放大倍数为 100，这种指示表也常称为百分表。指针转动的圈数可由转数指针 7 予以记录。

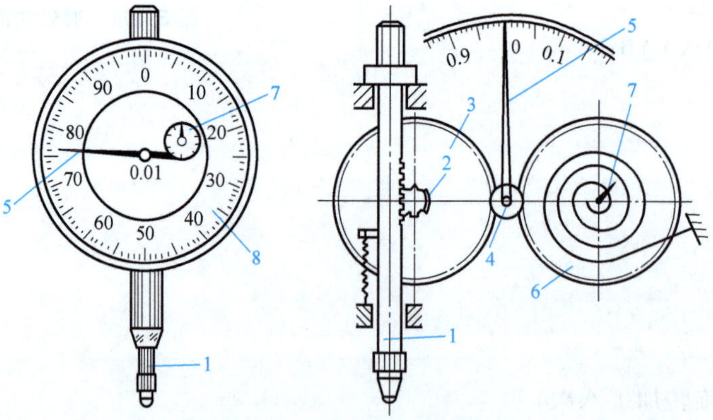

图 3-105　指示表及其传动原理

1—测杆　2—轴齿轮　3—大齿轮　4—指针齿轮　5—指针　6—游丝　7—转数指针　8—度盘

2. 指示表的读数原理及方法

如图 3-106 所示，触动指示表的测头时，指针、转数指针可转动；转动表圈，度盘可转动。指示表的度盘被标尺分为 100 格，若指针回转一圈为 1mm 的移动量，则度盘的每一格为 0.01mm，那它的分度值就为 0.01mm。转数指针每移动一格为 1mm。当测头每移动 0.01mm 时，指针偏转 1 格；当测头每移动 1mm 时，指针偏转 1 周，转数指针偏转 1 格。

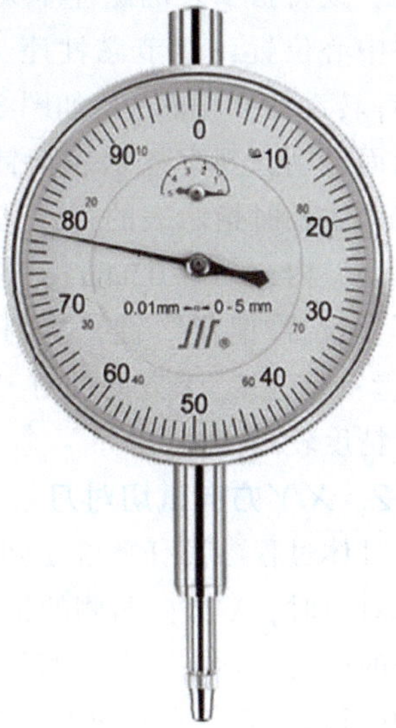

图 3-106　指示表实物

指示表的读数方法：先读转数指针转过的标尺线，再读指针转过的标尺线，并乘以分度值，然后两者相加，即得到所测量的数值。

3. 指示表的表架

指示表常装在表架上使用，图 3-107 所示为三种常用的表架。

4. 使用指示表的注意事项

1）使用前，应检查测杆活动的灵活性。即轻轻推动测杆时，测杆在轴套内的移动要灵活，没有任何轧卡现象，每次手松开后，指针能回到原来的位置。

2）使用时，必须把指示表安装在专用表架上。切不可贪图省事，随便夹在不稳固的地方，否则容易造成测量结果不准确，或摔坏指示表。

a) 万能表架　　b) 磁性表架　　c) 普通表架

图 3-107　指示表的表架

3）测量时，不要使测杆的行程超过它的测量范围，不要使表头突然撞到工件上，也不要用指示表测量表面粗糙或有显著凹凸不平的工件。

4）测量平面时，指示表的测杆要与平面垂直，测量圆柱形工件时，测杆要与工件的中心线垂直，否则，将使测杆活动不灵或测量结果不准确。

5）为方便读数，在测量前一般都让指针指到度盘的零位。

6）指示表不用时，应使测杆处于自由状态，以免使表内弹簧失效。

7）远离液体，避免冷却液、切削液、水或油与指示表接触。

四、加工圆柱形零件的对刀方法

1. *X/Y* 方向借助指示表对刀

加工圆柱形零件时可借助指示表实现 *X*、*Y* 方向的精确对刀。将指示表的安装杆装在刀柄上，或将指示表的磁性座吸在主轴套筒上，移动工作台使主轴轴线（即刀具中心）靠近工件中心位置，调节磁性座上伸缩杆的长度和角度，使指示表的测头接触工件的圆周面（指针转动约 0.1mm），如图 3-108 所示。用手慢慢转动主轴，使指示表的测头沿着工件的圆周面转动，观察指示表指针的摆动情况。慢慢移动工作台的 X 轴和 Y 轴，多次反复后，待转动主轴时指示表的指针基本在同一位置（表头转动一周时，其指针的跳动量在允许的对刀误差内，如 0.02mm），这时可认为主轴的中心就是 X 轴和 Y 轴的原点。然后在机床上按下“设置/偏置”键，找到 G54 坐标系，输入“X0”，按“测量”键，输入“Y0”，按“测量”键，X、Y 方向的对刀完成。借助指示表对刀操作的方法比较麻烦，效率较低，但对刀精度较高。

2. X/Y 方向试切对刀

具体过程参照任务 3.1 知识准备中的“试切法对刀”。特别需要注意的是，对圆块零件试切对刀时，X 方向两侧的试切点须在一条水平线上（保持两试切点 Y 坐标相同），Y 方向两侧的试切点须在一条垂直线上（保持两试切点 X 坐标相同），否则会导致中心偏离。如图 3-109 所示，刀具在圆块左侧 1 点试切完，Z 向抬起刀后，往 X 正方向走刀，然后下刀，往 X 负方向靠近圆块右侧，整个过程中 Y 方向不移动，则左右两点在一条水平线上，即可找到左右两侧的中心（即 X0）的位置。Y 向对刀同理，3、4 点要在一条垂直线上。

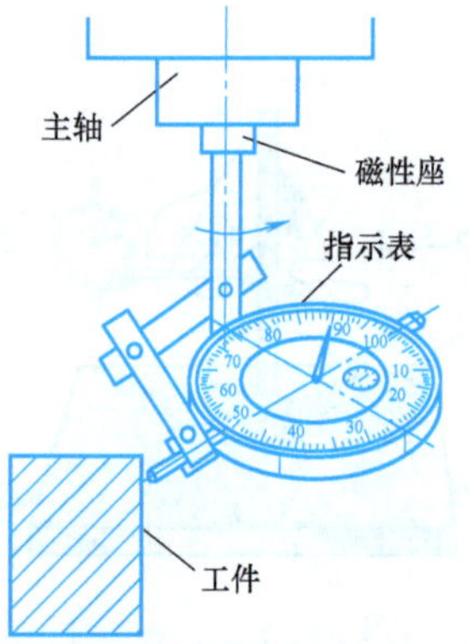

图 3-108　加工圆柱形零件时借助指示表对刀

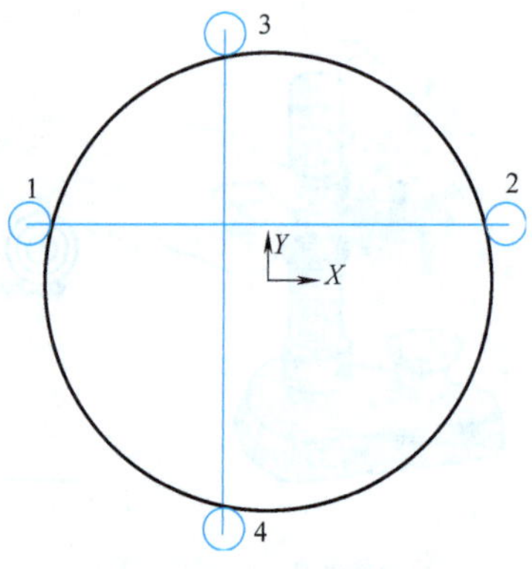

图 3-109　圆块零件试切对刀点示意图

3. Z 方向对刀法

参照任务 3.1 知识准备“Z 方向量块对刀法”。

圆柱毛坯 X/Y 方向试切对刀仿真操作视频 3-12

任务实施

一、工艺分析

1. 确定加工基准

该零件轮廓形状对称，可将上表面中心作为加工基准。

2. 确定装夹方案

该零件为盘形零件，一般采用自定心卡盘进行装夹。首先用 T 形槽、螺栓将自定心卡盘立式固定在工作台上，然后将零件装夹在自定心卡盘上，具体装夹方法如图 3-110 所示。毛坯面已处理，总厚度为 35mm，圆台高度为 15mm，零件的装夹需保证圆台部分伸出卡盘方可加工，弧形槽和圆孔均为通的，因此注意预留刀具延伸距离。

图 3-110 自定心卡盘在数控铣床上的装夹

3. 确定加工方案、刀具及切削用量

该零件的加工部位包括圆台、弧形槽、通孔、平键键槽。弧形槽宽度为 15mm，根据圆台的余量大小，确定这两部分均选用 ϕ10mm 的键槽铣刀进行铣削。根据 ϕ30mm 的通孔的表面粗糙度值及标准公差等级确定通孔的加工方案为钻→扩→铰，刀具选择钻头和铰刀。因为孔为通孔，所以加工时，刀具在深度方向需要伸出工件，伸出长度一般取 $0.3d+(1\sim2)$mm 即可打通。平键键槽是直角键槽，无法在铣床上完成，需要线切割或插销加工，在这里不加工。

按先面后孔、先粗后精的加工原则确定加工顺序。

各工步的加工内容、切削用量、所用刀具等见表 3-23。

表 3-23 数控加工工序卡

工步号	工步内容	切削用量				刀具
		主轴转速/(r/min)	进给量/(mm/min)	背吃刀量/mm	刀具偏移量(侧吃刀量 D01)/mm	
01	粗铣圆台	1500	350	5(共下刀 3 次)	21.2、13.2、5.2(每层偏置 3 次)	ϕ10mm 的键槽铣刀
02	精铣圆台	2200	150	15(一次性下刀)	5	
03	粗铣弧形槽	1500	350	5(共下刀 4 次)	/	
04	精铣弧形槽	2200	150	5(共下刀 4 次)	5.2	
				20(一次性下刀)	5	
05	点钻孔	2200	110	3	/	ϕ3mm 的中心钻
06	钻孔	500	70	45	/	ϕ20mm 的麻花钻
07	扩孔	500	60	50	/	ϕ29.95mm 的麻花钻
08	铰孔	180	20	50	/	ϕ30mm 的铰刀

4. 确定走刀路线

为了避免切入、切出的刀痕，获得更好的表面加工质量，对圆台的外轮廓加工时应沿轮廓切线切入、切出，具体加工路线如图 3-111 所示。

由于弧形槽宽度较小，粗加工时不加刀补，按刀具中心直接移动加工，加工路线如图 3-112 所示。精加工时直接按轮廓进给，防止出现过切现象，不设计切入、切出路线，直接进给，具体加工路线如图 3-113 所示。弧形槽共四个，形状相同，位置对称，只需设计一个槽的加工路线，其余用镜像指令进行镜像加工。

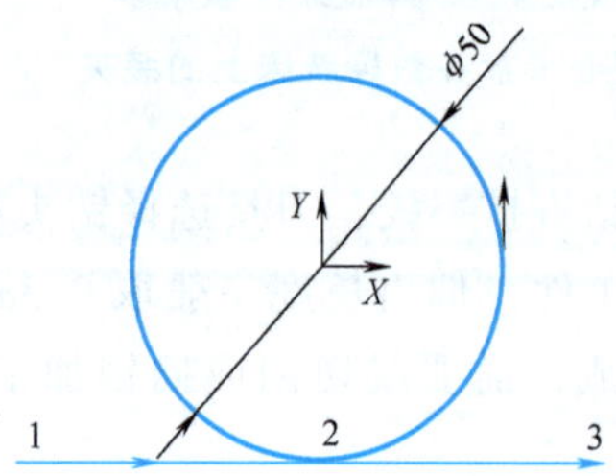

图 3-111　圆台加工走刀路线

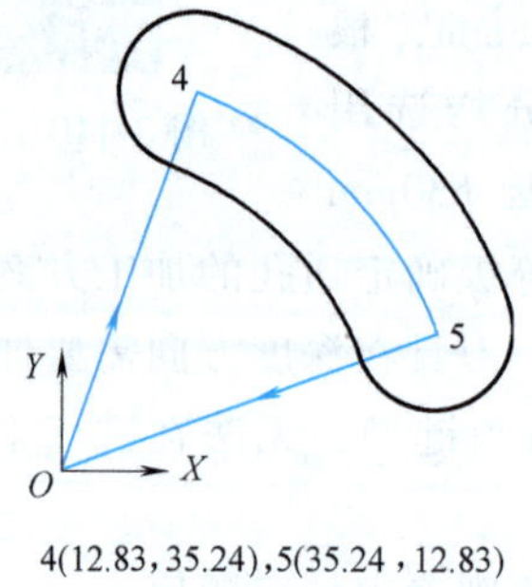

图 3-112　弧形槽粗铣走刀路线

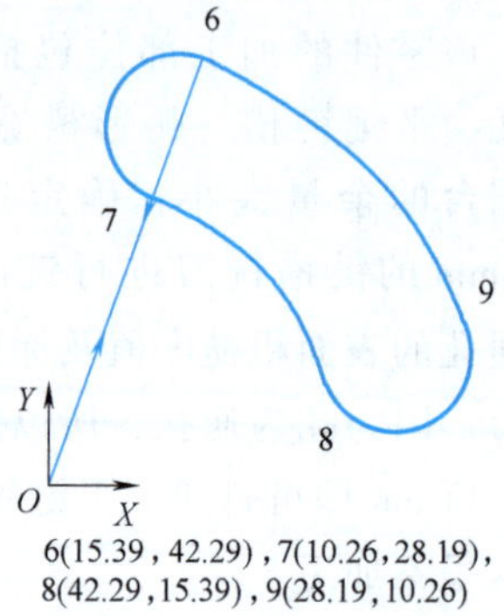

图 3-113　弧形槽精铣走刀路线

二、程序编制

1）圆台铣削程序见表 3-24。

表 3-24　圆台铣削程序

程序	程序说明
O3606	程序名
G54G00Z50;	调用建立的 G54 工件坐标系，刀具 Z 向定位到不与零件干涉的平面
M03 S1500;	主轴正转，粗加工转速为 1500r/min（精加工时转速修改至 2200r/min）
M08;	切削液开
G00 X-60Y-25;	快速定位至圆台切线方向
Z5;	刀具 Z 向快速下刀至圆台上表面附近
G42X-50D01;	沿切线往 1 点方向走刀，刀具向右偏移
G01Z-5F350;	以 350mm/min 的速度一次下刀 5mm（精加工时进给速度修改至 150mm/min）
X0;	沿切线铣削至 2 点
G03I0J25;	铣削整圆
G01X50;	沿切线往 3 点方向切出
G00Z100;	抬刀至 Z100
G40X60;	沿整圆的切线方向取消刀具半径补偿
M05 M09;	主轴停转，切削液关
M30;	程序结束

刀补地址 D01 具体值参考表 3-23。

2）花键键槽铣削程序如表 3-25～表 3-27 所示。

表 3-25 弧形槽铣削主程序

程序	程序说明
O3607	程序名
G54G00Z100;	调用建立的 G54 工件坐标系，刀具 Z 向定位到不与零件干涉的平面
M03 S1500;	主轴正转，粗加工转速为 1500r/min（精加工时转速修改至 2200r/min）
M08;	切削液开
G00 X0Y0;	快速定位至原点
Z5;	刀具 Z 向快速下刀至键槽上表面附近
M98 P3608;	调用子程序，铣削第一象限的弧形槽（精铣时调用子程序 O3609）
G51X0Y0I-1000J1000;	建立关于 Y 轴的镜像
M98P3608;	调用子程序，铣削第二象限的弧形槽
G51X0Y0I-1000J-1000;	建立关于原点的镜像
M98P3608;	调用子程序，铣削第三象限的弧形槽
G51X0Y0I1000J-1000;	建立关于 X 轴的镜像
M98P3608;	调用子程序，铣削第四象限的弧形槽
G50;	取消镜像
G00Z100;	抬刀至 Z100
M05 M09;	主轴停转，切削液关
M30;	程序结束

表 3-26 弧形槽粗铣子程序

程序	程序说明
O3608	子程序名
X12. 83Y35. 24;	接续主程序，从原点快速走刀至 4 点上方
G01Z-20F350;	以 350mm/min 的速度一次下刀至粗铣第一层
G02X35. 24Y12. 83R37. 5;	粗铣弧形槽至 5 点
G00Z5;	抬刀
X0Y0;	回到原点
M99;	子程序结束

表 3-27 弧形槽精铣子程序

程序	程序说明
O3609	子程序名
G41G00X15. 39Y42. 29D02;	接续主程序，从原点快速走刀至 6 点上方，加左刀补
G01Z-20F150;	以 150mm /min 的速度一次下刀至精铣第一层
G03X10. 26Y28. 19R7. 5;	铣至 7 点
G02X28. 19Y10. 26R30;	铣至 8 点
G03X42. 29Y15. 39R7. 5;	铣至 9 点
G03X15. 39Y42. 29R45;	铣至 6 点
G00Z5;	抬刀
G40X0Y0;	回到原点，取消刀补
M99;	子程序结束

刀补地址 D02 具体值参考表 3-23。

3）孔加工程序见表 3-28。

表 3-28　孔加工程序

程序	程序说明
O3610	程序名
G54G00Z100;	调用建立的 G54 工件坐标系，刀具定位到 Z100 平面
M03 S2200;	主轴正转，转速为 2200r/min（后续根据工步修改）
M08;	切削液开
G98G81X0Y0Z-3R3F110;	点钻孔，进给速度为 110mm /min（后续根据工步修改）
M30;	程序结束

三、仿真加工

1. 选择机床

2. 定义毛坯

设置 ϕ100mm×35mm 的圆柱形毛坯。

3. 安装夹具

4. 安装毛坯

5. 开机、回原点

6. X、Y 向刚性靠棒对刀

加工圆块零件对刀时，在仿真软件中用刚性靠棒代替刀具，采用检查塞尺松紧的方式对刀，刚性靠棒是基准工具。单击主菜单“机床/基准工具…”，弹出“基准工具”对话框，如图 3-114 所示，左边的是刚性靠棒基准工具，右边的是寻边器。具体对刀过程参照任务 3.1 或本节知识准备中的视频，注意事项参照本节知识准备中的“X/Y 方向试切对刀”内容。

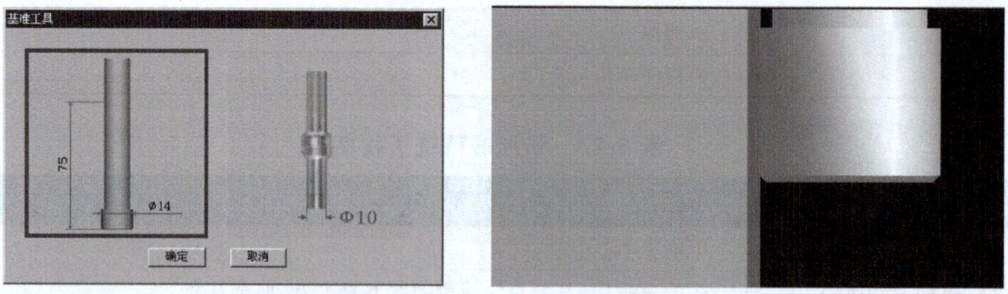

图 3-114　刚性靠棒对刀

7. 选择并安装刀具，Z 向对刀

选择 ϕ10mm 的平底刀（注意刀具刃长）。Z 向使用塞尺对刀。

8. 导入程序并模拟轨迹

9. 设置刀补值，加工圆台

1）O3606 程序中的下刀深度设置为-5mm，D01 值分别设置为 21.2、13.2、5.2，运行程序 3 次，进行圆台第一层加工。

2）O3606 程序中的下刀深度设置为-10mm，D01 值分别设置为 21.2、13.2、5.2，运行程序 3 次，进行圆台第二层加工。

3）O3606 程序中的下刀深度设置为-15mm，D01 值设置为 5，运行程序 1 次，进行圆台精加工。仿真加工结果如图 3-115 所示。

图 3-115 仿真加工结果

10. 加工弧形槽

1）逐次修改 O3608 子程序中的下刀深度值 Z 为 -20、-25、-30、-36（延伸 1mm 铣通），在 O3607 主程序中调用 O3608 子程序，运行 O3607 主程序 4 次，进行弧形槽的 4 层粗加工。仿真加工结果如图 3-116a 所示。

2）O3609 子程序中的 D02 值设置为 5.2，逐次修改 O3609 子程序中的下刀深度值 Z 为-20、-25、-30、-36（延伸 1mm 铣通），在 O3607 主程序中调用 O3609 子程序，运行 O3607 主程序 4 次，进行弧形槽的 4 层半精加工。O3609 子程序中的 D02 值设置为 5，修改 O3609 子程序中的下刀深度 Z 为 -36，在 O3607 主程序中调用 O3609 子程序，运行 O3607 主程序 1 次，进行弧形槽的精加工。仿真加工结果如图 3-116b 所示。

1~9 步仿真操作视频 3-13

a) 弧形槽粗加工仿真结果　　b) 弧形槽精加工仿真结果

图 3-116 仿真加工结果

11. 加工孔

1）换 ϕ3mm 的中心钻，Z 轴重新对刀，运行程序 O3610（设置钻孔深度 Z 为-3mm），点钻孔。

2）换 ϕ20mm 的钻头，Z 轴重新对刀，运行程序 O3610（设置钻孔深度 Z 为-45mm），钻孔。

3）换 ϕ30mm 的钻头（因仿真软件没有 ϕ29.95mm 的麻花钻和铰刀，所以扩孔和铰孔两步用 ϕ30mm 的钻头一次完成），Z 轴重新对刀，运行程序 O3610（设置钻孔深度 Z 为-50mm），扩、铰孔。仿真加工结果如图 3-117 所示。

第 10 步仿真操作视频 3-14

第 11 步仿真操作视频 3-15

12. 测量零件

13. 保存项目

四、机床加工

1. 毛坯、刀具、工具的准备

1）准备 ϕ100mm×35mm 的圆柱料，材料为 45 钢，将毛坯正确装夹到自定心卡盘上。

2）准备 ϕ10mm 的键槽铣刀，并正确安装至主轴上。

3）准备规格为 125mm 的游标卡尺。

4）正确摆放所需工具。

图 3-117　仿真加工结果

2. 开机、对刀

1）数控铣床通电、开机。

2）回参考点。

3）ϕ10mm 的键槽铣刀对刀。

3. 输入所有的程序并校验

4. 加工圆台

设置 D01 中的刀具半径补偿值，设置层高，多次运行程序 O3606，逐层加工圆台。

5. 加工弧形槽

设置 O3608/O3609 两个子程序中的参数值，多次运行主程序 O3607，逐层加工弧形槽。

6. 加工孔

1）装夹 ϕ3mm 的中心钻，对刀，运行程序 O3610，点钻孔。

2）装夹 ϕ20mm 的麻花钻，对刀，设置钻孔深度，运行程序 O3610，钻孔。

3）装夹 ϕ29.95mm 的麻花钻，对刀，设置钻孔深度，运行程序 O3610，扩孔。

4）装夹 ϕ30mm 的铰刀，对刀，设置铰孔深度，运行程序 O3610，铰孔。

7. 测量零件

用游标卡尺和塞规测量花键零件各部分的尺寸。

问题归纳

1）若镜像指令不生效，需查看数控机床指令说明，不同数控系统的镜像指令区别较大。

2）加工圆块零件用试切法对刀后，若工件坐标系原点偏离中心，则应注意左右两侧试切保持 Y 坐标一样，前后两侧的试切保持 X 坐标一样。

3）采用镜像指令加工之后，刀具的顺、逆铣也会镜像，因此，对于加工质量要求较高的零件，尽量不要用镜像指令加工。

技能强化

图 3-118 所示为凸台零件图，毛坯表面已处理，分别用镜像和旋转功能指令编写凸台零件的加工程序，并完成凸台的加工。

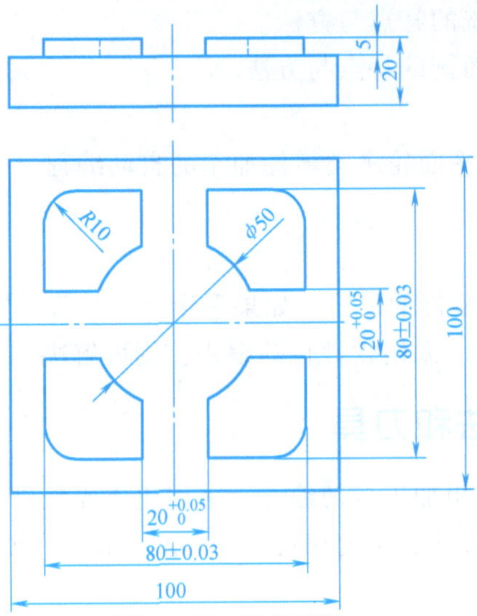

图 3-118 凸台零件

任务 3.7 凸轮的自动编程

任务导入

图 3-119 所示为凸轮零件，应用 UG NX 8.5 软件完成凸轮轮廓粗、精加工的自动编程。

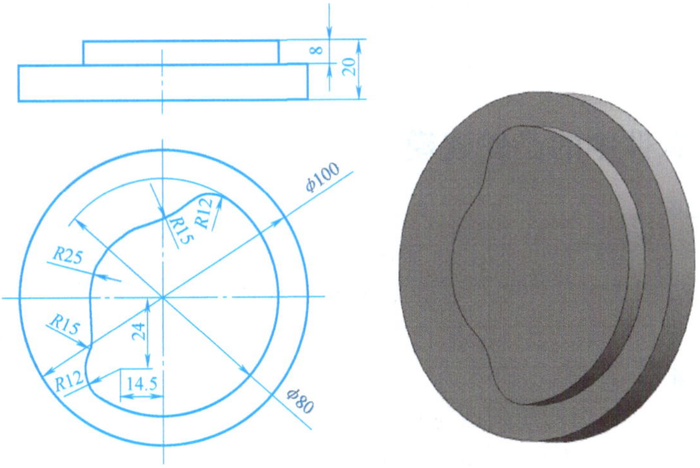

图 3-119 凸轮零件

学习目标

知识目标

1）了解 UG 软件自动编程参数的设定。

2）掌握 UG 软件平面铣的特点与方法。

3）掌握 UG 软件边界面铣的特点与方法。

技能目标

熟练使用 UG 软件完成平面轮廓类零件加工的自动编程。

任务分析

对于图 3-119 所示凸轮零件的加工，如果采用手工编程，则需要知道圆弧之间的切点坐标，计算不方便，编程麻烦。采用软件自动编程，则可解决以上问题。

一、确定加工方法和刀具

本任务采用平面铣进行粗加工自动编程，采用边界面铣进行精加工自动编程。根据凸轮轮廓中凹圆弧半径 $R15$mm 尺寸，确定粗铣选用 $\phi20$mm 的平底铣刀，精加工采用 $\phi18$mm 的平底铣刀。

二、确定切削用量

粗、精加工切削用量见表 3-29。

表 3-29　粗、精加工的切削用量

工步	加工方法	主轴转速/(r/min)	进给速度/(mm/min)
粗加工	平面铣	2200	300
精加工	边界面铣	3000	150

三、确定工件坐标系

以圆柱体上表面中心作为工件坐标系原点。

任务实施

一、UG 软件中的凸轮建模

1. 创建圆柱体

用圆柱体命令创建 $\phi100$mm×12mm 的圆柱体，指定原点为（0，0，−20），将工件坐标系原点移至圆柱体上表面圆心处。

2. 创建凸轮轮廓

绘制图 3-119 中俯视图所示的凸轮轮廓线，拉伸轮廓线并与圆柱体求和，如图 3-120 所示，完成凸轮实体建模。工件坐标系原点建立在工件上表面中心。

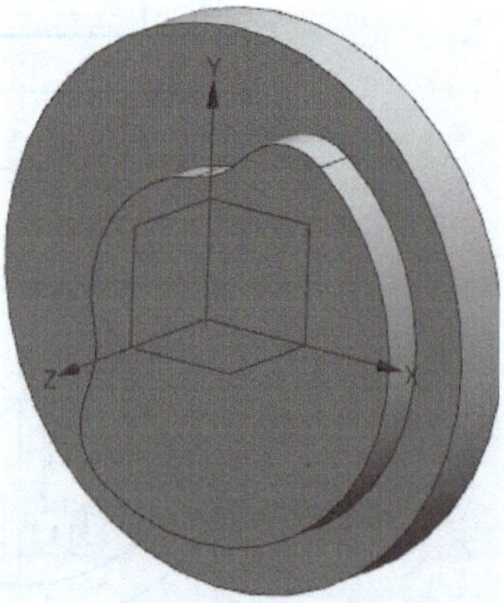

图 3-120　凸轮实体及工件坐标系位置

二、凸轮轮廓粗加工自动编程

1. 进入加工模式并设置加工环境

单击“开始”按钮 开始，在下拉菜单中选择“加工”，进入加工模式，如图 3-121

所示。

进入加工模式后，弹出“加工环境”对话框。“CAM 会话配置”用来定义可用的加工处理器、刀具库、后处理器及应用于某些特定场合（如模具加工、机械加工等）的高级参数；“要创建的 CAM 设置”用于选择加工所用的机床类型、刀具、几何体、加工方法和操作顺序等。三轴的数控铣床编程中“CAM 会话配置”通常选择“cam general”，加工平面类零件时“要创建的 CAM 设置”通常选择“mill planar”，如图 3-122 所示。接着单击“确定”按钮，进入加工环境。

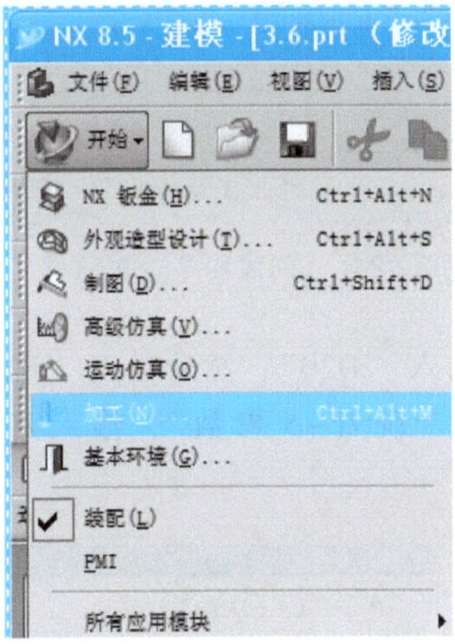

图 3-121 进入加工模式

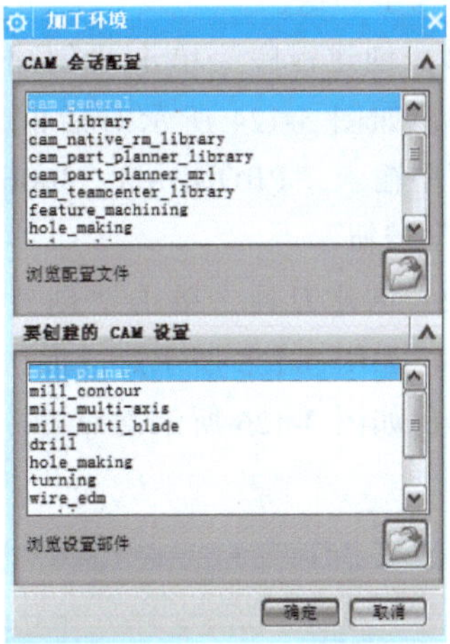

图 3-122 加工环境设置

2. 创建程序、刀具及几何体

进入加工模式后，UG 除了显示常用的工具按钮外，还将显示在加工模式下专用的 4 个工具条，如图 3-123 所示。

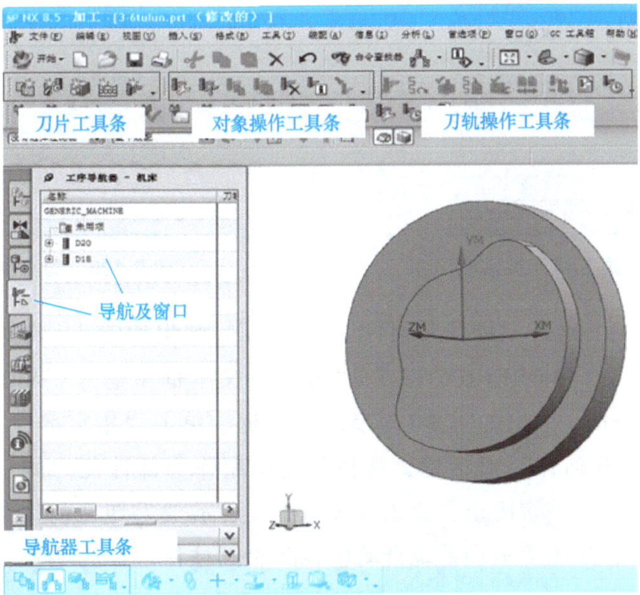

图 3-123 加工模式专用工具条

刀片工具条提供新建数据的模块，可以新建程序、刀具、几何体和工序；对象操作工具条可对导航窗口中所选的对象进行编辑、剪切、复制及刀轨的转换等操作；刀轨操作工具条可针对选取的操作生成刀轨，或者针对已生成的刀轨进行编辑、删除等；导航器工具条确定工序导航器的显示内容，可以在导航器中通过右键菜单切换。

图 3-124 “创建程序”对话框

（1）创建程序　单击“创建程序”按钮，弹出如图 3-124 所示对话框。在“名称”文本框中输入“PROGRAM_3006”，然后单击“确定”按钮。

（2）创建刀具　单击“创建刀具”按钮，弹出如图 3-125 所示对话框。在“名称”文本框中输入“D20”，然后单击“确定”按钮，弹出如图 3-126 所示对话框，系统默认新建铣刀为“铣刀-5 参数”，输入刀具直径“20”。

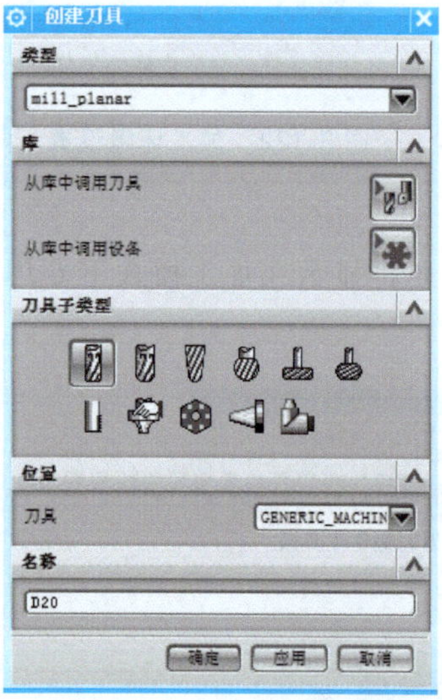

图 3-125 “创建刀具”对话框

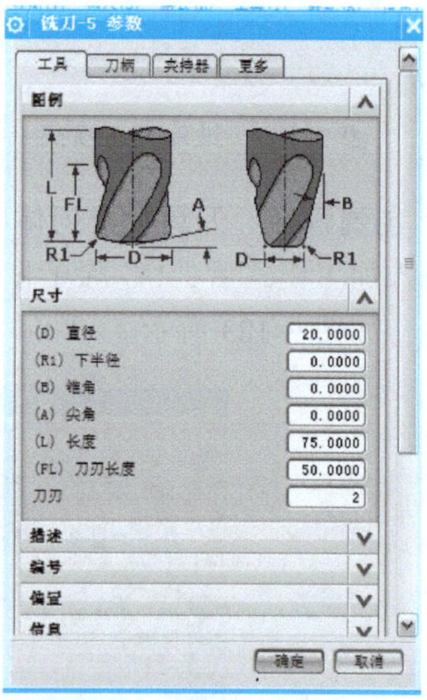

图 3-126 刀具参数设置对话框

（3）创建几何体　单击“创建几何体”按钮，弹出如图 3-127 所示对话框。“几何体子类型”选择第二个 WORKPIECE，在“名称”文本框中输入“WORKPIECE_3006”，然后单击“确定”按钮，弹出如图 3-128 所示对话框。单击“指定部件”按钮，弹出如图 3-129 所示“部件几何体”对话框，选择凸轮模型作为部件几何体，然后单击“确定”按钮。单击“指定毛坯”按钮，弹出如图 3-130 所示“毛坯几何体”对话框，“类型”选择“包容圆柱体”，如图所示，系统自动包容凸轮圆柱体块作为毛坯，然后单击“确定”按钮。

图 3-127 “创建几何体”对话框

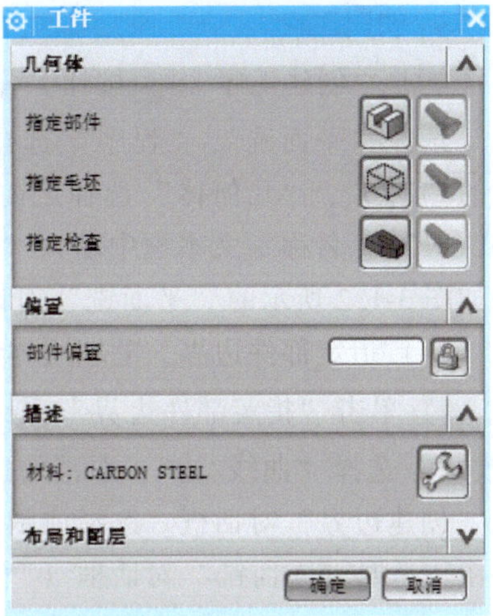

图 3-128 “工件”对话框

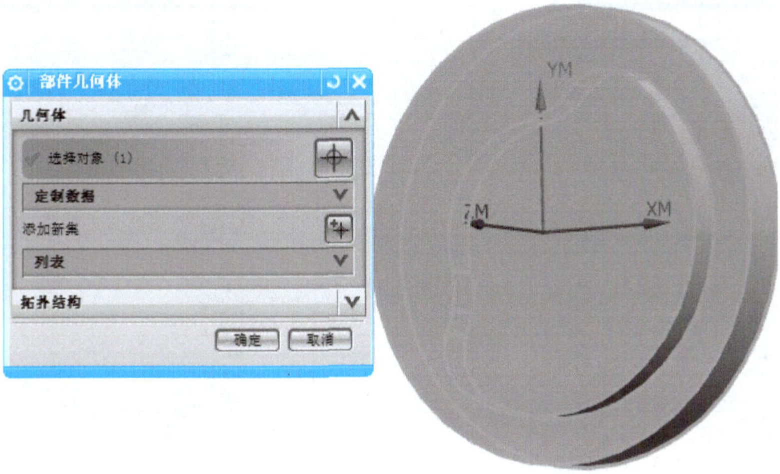

图 3-129 指定部件几何体

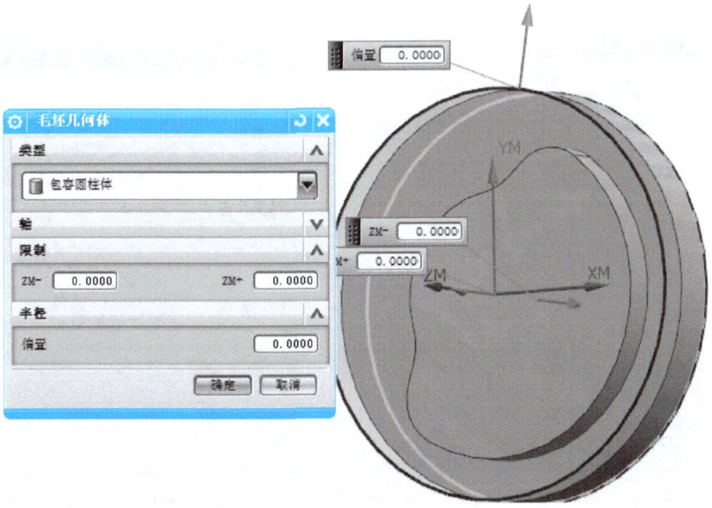

图 3-130 指定毛坯几何体

3. 创建工序

单击“创建工序” 按钮，弹出如图 3-131 所示的“创建工序”对话框。“工序子类型”选择“平面铣”，“程序”选择之前创建的“PROGRAM_3006”，“刀具”选择之前创建的“D20”，“几何体”选择之前创建的“WORKPIECE_3006”，“方法”选择“MILL_ROUGH”，“名称”文本框中输入“PLANAR_MILL_3006CU”，然后单击“确定”按钮，弹出如图 3-132 所示的“平面铣”对话框。

(1) 指定部件边界、毛坯边界和底面

1) 单击“指定部件边界” 按钮，弹出如图 3-133 所示的“边界几何体”对话框。“模式”选择“曲线/边”，取消勾选“忽略岛”，单击“确定”按钮，弹出如图 3-134 所示的“创建边界”对话框。选择如图 3-135 所示凸轮轮廓线作为边界曲线，单击两次“确定”按钮，返回“平面铣”对话框（“材料侧”指要保留的材料位置）。

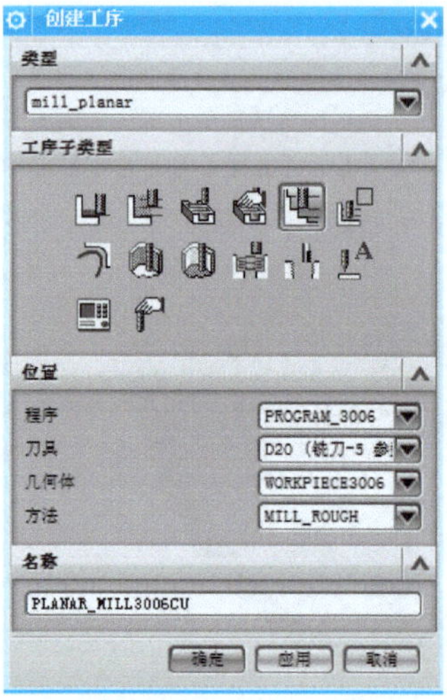

图 3-131 “创建工序”对话框

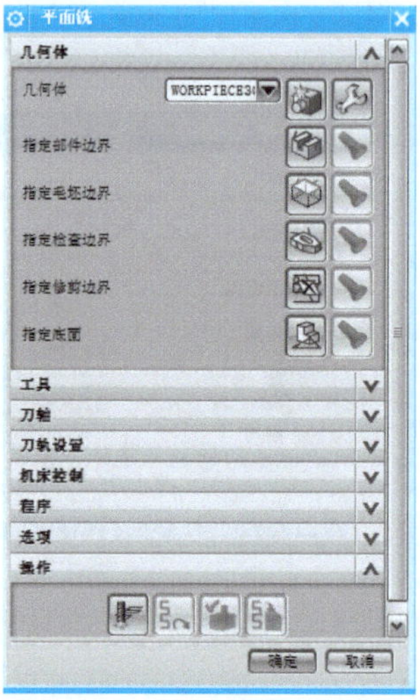

图 3-132 “平面铣”对话框

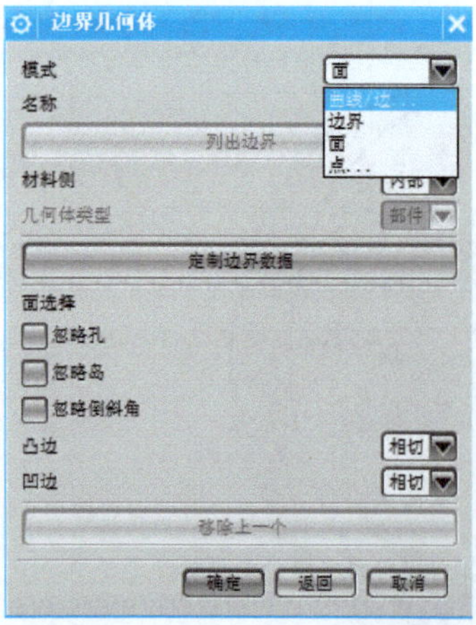

图 3-133 “边界几何体”对话框

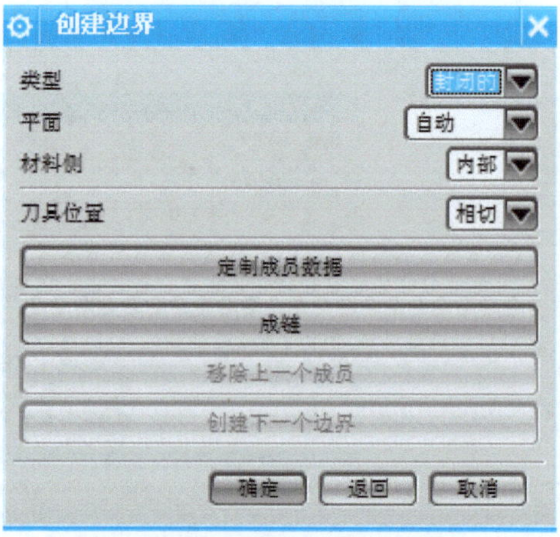

图 3-134 “创建边界”对话框

2）单击“指定毛坯边界” 按钮，弹出如图 3-136 所示的“边界几何体”对话框。“模式”选择“曲线/边”，取消勾选“忽略岛”，弹出如图 3-137 所示的“创建边界”对话框。选择如图所示圆柱轮廓线作为毛坯边界曲线，“平面”选择“用户定义”，弹出如图 3-138 所示对话框，选择如图所示凸轮上表面作为毛坯边界所在平面，单击两次“确定”按钮，返回“平面铣”对话框。

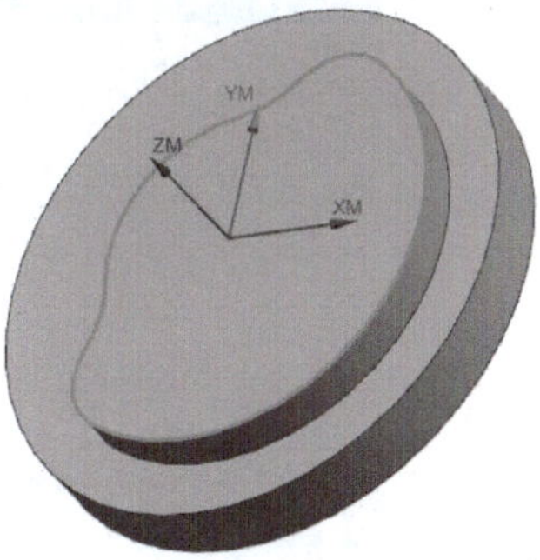

图 3-135 选择部件边界轮廓线

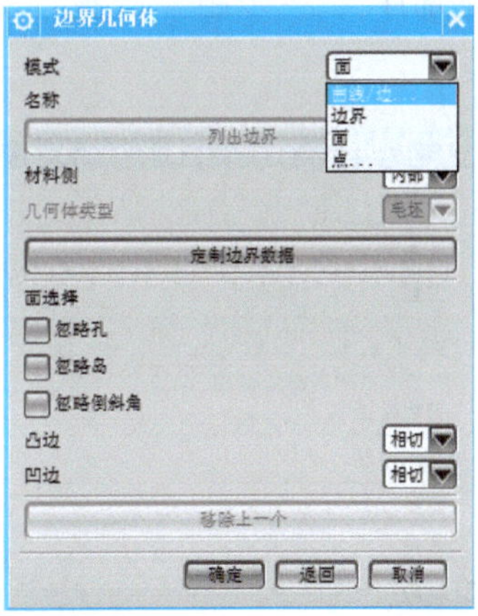

图 3-136 “边界几何体”对话框

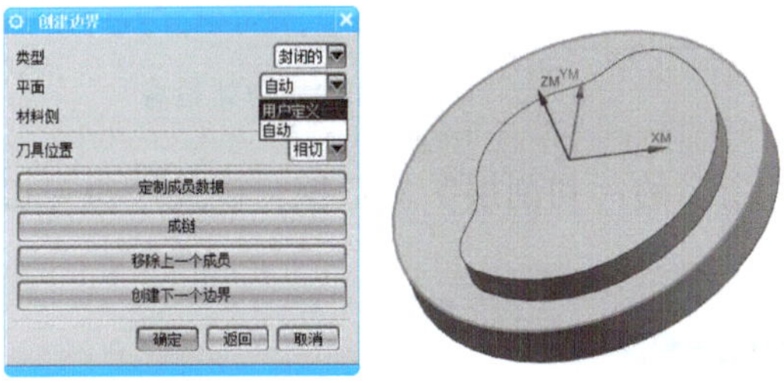

图 3-137 “创建边界”对话框

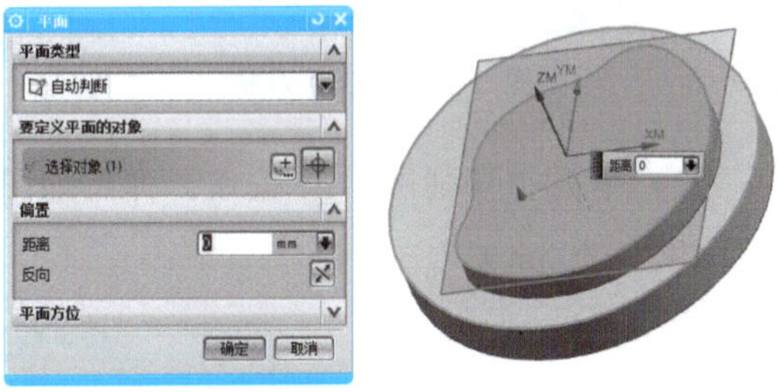

图 3-138 选择毛坯边界所在平面

3）单击“指定底面” 按钮，弹出如图 3-139 所示的“平面”对话框。选择如图

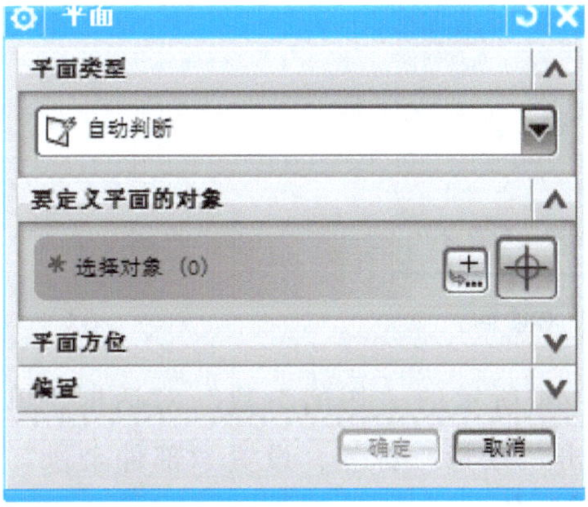

图 3-139 “平面”对话框

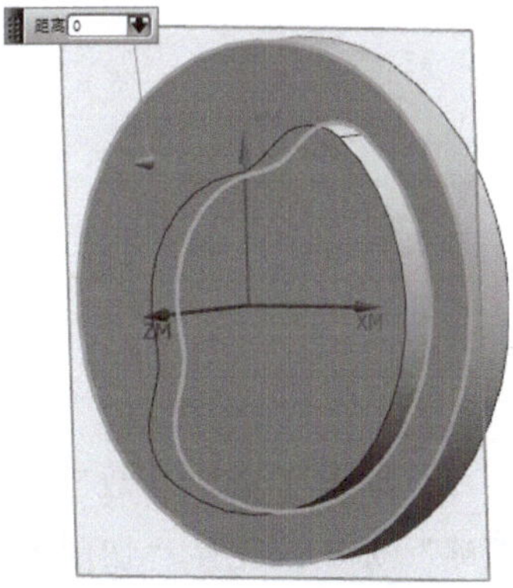

图 3-140 底面的选择

3-140 所示台阶面作为底面，距离为“0”，单击“确定”按钮，返回“平面铣”对话框。

（2）指定刀轴　如图 3-141 所示，在“平面铣”对话框中点开“刀轴”项，选择“+ZM 轴”。

（3）刀轨设置

1）如图 3-142 所示，在“平面铣”对话框中点开“刀轨设置”项，“切削模式”选择“跟随部件”，“步距”选择“刀具平直百分比”，在“平面直径百分比”文本框中输入“80”。

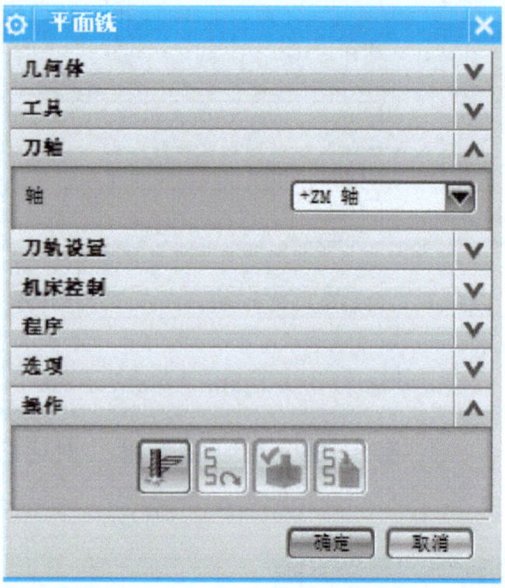

图 3-141　选择刀轴

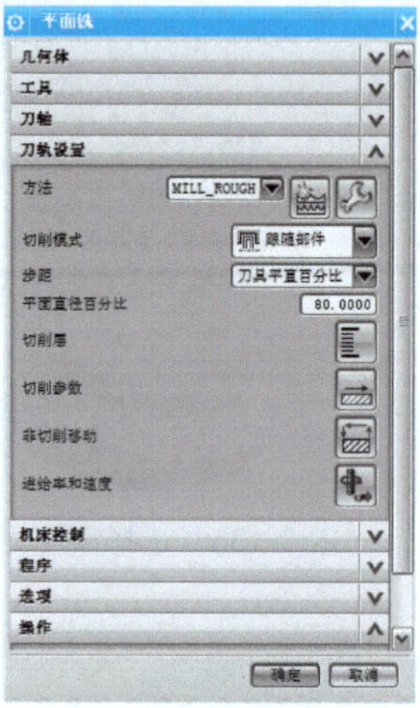

图 3-142　刀轨设置

2）单击“切削层”按钮，弹出如图 3-143 所示的“切削层”对话框，设置“每刀切削深度”为 3mm。

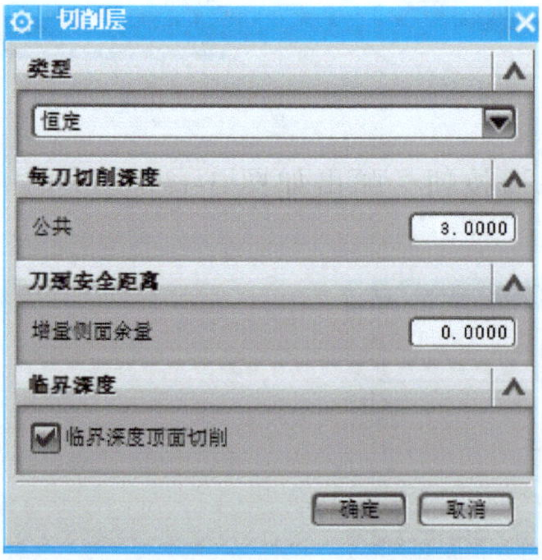

图 3-143　“切削层”对话框

3）单击“切削参数”按钮，弹出如图 3-144 所示的“切削参数”对话框。单击“策略”标签，设置“切削方向”为“顺铣”，单击“余量”标签，设置“部件余量”为 0.5mm，“最终底面余量”为 0.5mm，其余参数为默认值。

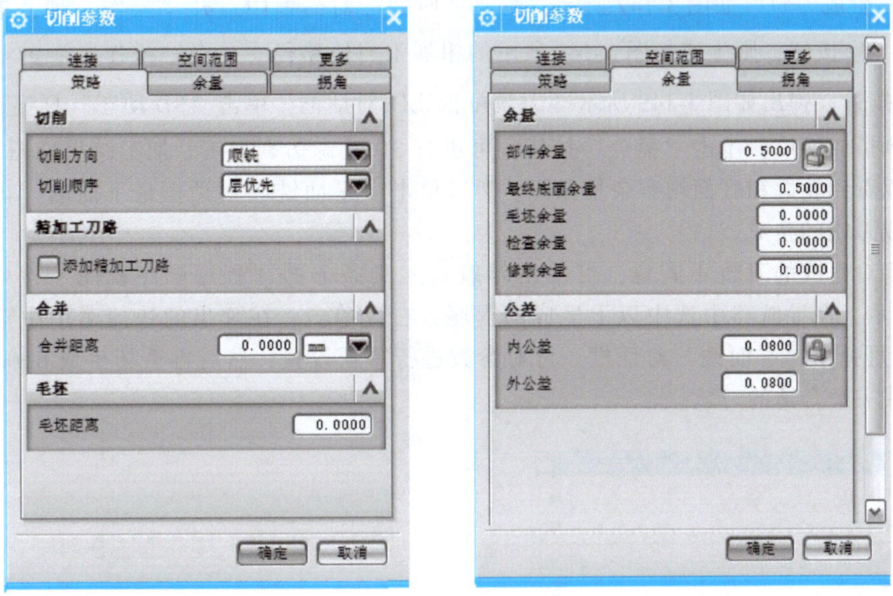

a)“策略”选项卡 b)“余量”选项卡

图 3-144 “切削参数”对话框

4）单击“非切削移动”按钮，弹出如图 3-145 所示的“非切削移动”对话框，设置“开放区域”的“进刀类型”为“圆弧”，其余为默认值。

5）单击“进给率和速度”按钮，弹出如图 3-146 所示的“进给率和速度”对话框，设置“主轴速度”为 2200r/min，“进给率”选项区的“切削”设为“300”，其余为默认值。

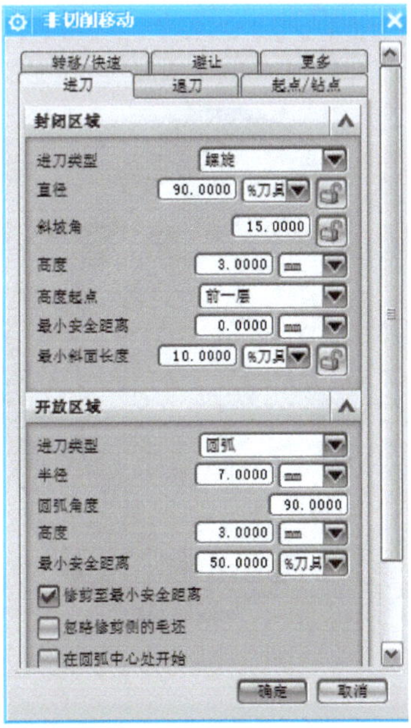

图 3-145 “非切削移动”对话框

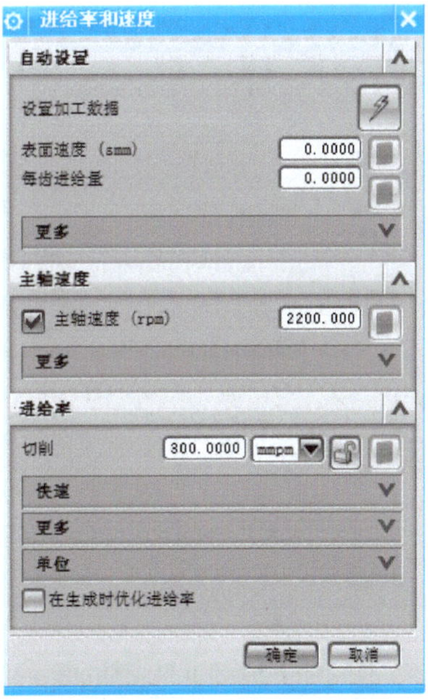

图 3-146 “进给率和速度”对话框

(4) 生成刀轨　如图 3-147 所示，在“平面铣”对话框中点开“操作”项，单击“生成刀轨”按钮，则生成如图 3-148 所示的粗加工刀轨路径。单击“操作”项的“确定刀轨”按钮，弹出如图 3-149 所示“刀轨可视化”对话框，单击“3D 动态”标签，调至合适的动画播放速度，单击“播放”按钮，可进行 3D 动态仿真加工。加工结果如图 3-150 所示，可以看到轮廓和底面均有余量保留。然后单击“平面铣”对话框最下面的“确定”按钮，完成刀轨的生成。

如果对生成的刀轨不满意，可单击导航器工具条上的“程序顺序视图”按钮，如图 3-151 所示，在导航器中选中以上生成的程序，右键单击，在弹出的快捷菜单中选择“编辑”，即可弹出“平面铣”对话框。可对参数进行重新设置，然后再重新生成和确认刀轨，直到生成一个合适的刀轨。

图 3-147 “操作”项

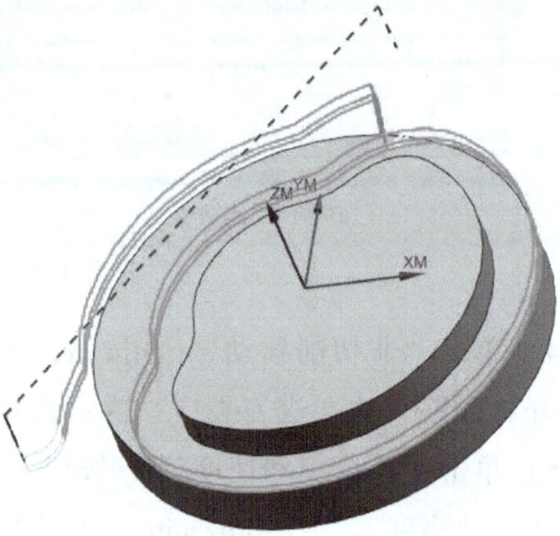

图 3-148 粗加工刀轨路径

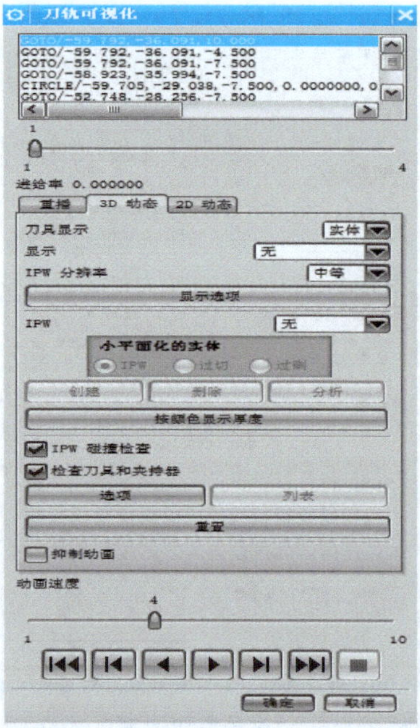

图 3-149 “刀轨可视化”对话框

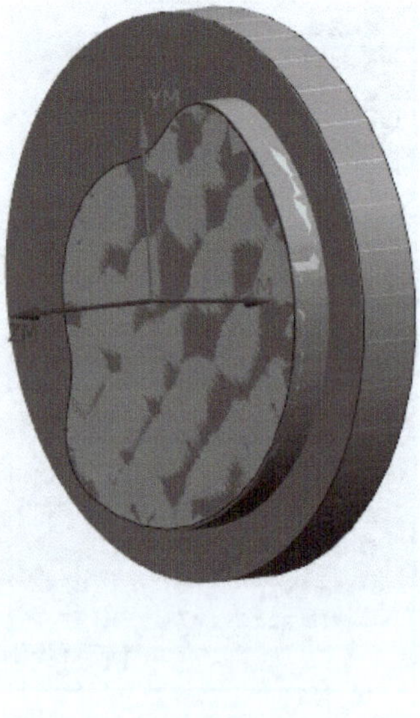

图 3-150 3D 动态仿真加工结果

4. 后处理生成程序

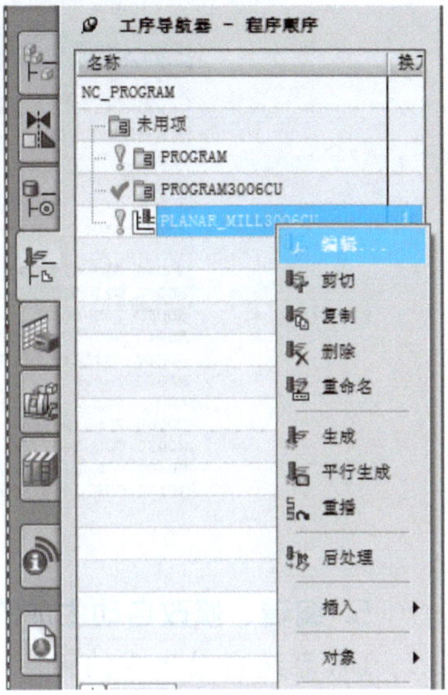

图 3-151 刀轨的编辑

通过仿真加工，确认生成的刀轨正确后，接着进行后处理，生成符合机床标准格式的数控程序。

1）在导航器中选中生成的程序，单击刀轨操作工具条中的“后处理”按钮，或者如图 3-152 所示单击右键，在弹出的快捷菜单中选择“后处理”，弹出“后处理”对话框，如图 3-153 所示。选择“MILL_3_AXIS”后处理器，在“文件扩展名”文本框中输入“txt”，设置“单位”为“公制/部件”。

说明：导航器中程序前面的✔表示刀具路径已经生成，并已输出成刀具位置源文件。❢表示刀具路径已生成，但还没有后置处理输出，或刀路已改变需重新进行后处理。⊘表示该操作从来没有生成过刀具路径，或者生成刀具路径后又对参数进行了编辑，需重新生成刀具路径。

2）单击“确定”按钮，弹出如图 3-154 所示的“后处理”提示对话框，直接单击“确定”按钮，弹出如图 3-155 所示的“信息”窗口。

3）单击“信息”窗口中的“文件”菜单，可将程序另存至某个文件夹。

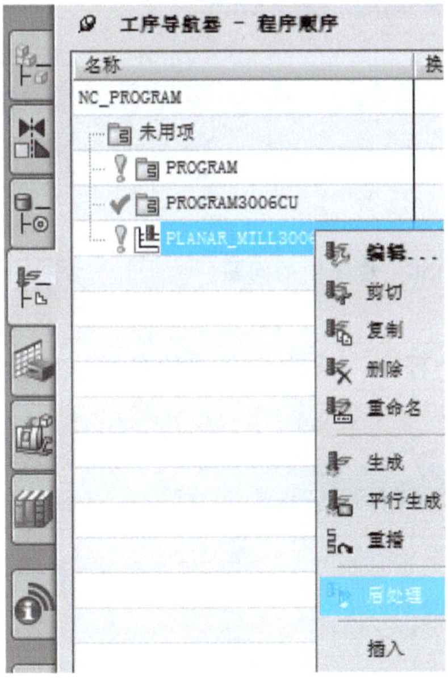

图 3-152 刀轨后处理

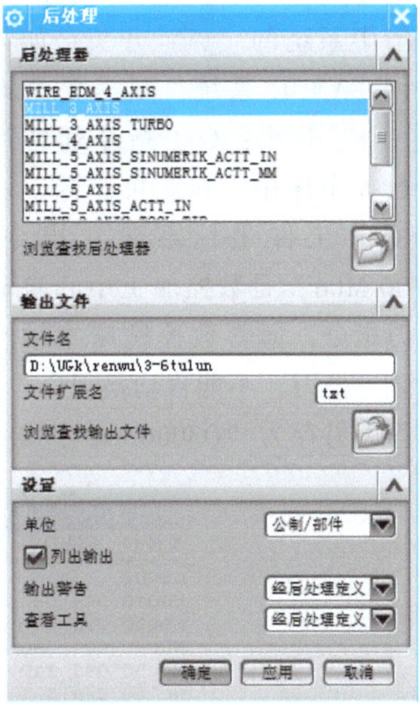

图 3-153 “后处理”对话框

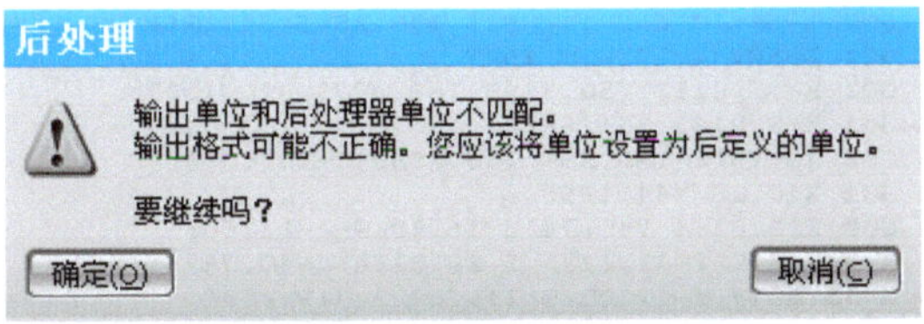

图 3-154 “后处理”提示对话框

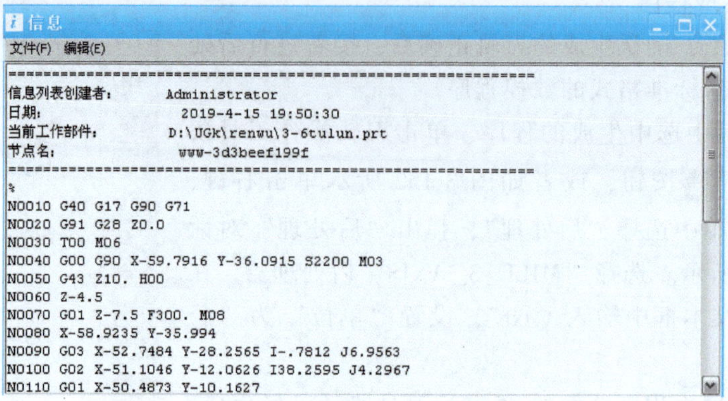

```
信息
文件(F) 编辑(E)
================================================================
信息列表创建者:        Administrator
日期:                 2019-4-15 19:50:30
当前工作部件:          D:\UGk\renwu\3-6tulun.prt
节点名:               www-3d3beef199f
================================================================
%
N0010 G40 G17 G90 G71
N0020 G91 G28 Z0.0
N0030 T00 M06
N0040 G00 G90 X-59.7916 Y-36.0915 S2200 M03
N0050 G43 Z10. H00
N0060 Z-4.5
N0070 G01 Z-7.5 F300. M08
N0080 X-58.9235 Y-35.994
N0090 G03 X-52.7484 Y-28.2565 I-.7812 J6.9563
N0100 G02 X-51.1046 Y-12.0626 I38.2595 J4.2967
N0110 G01 X-50.4873 Y-10.1627
```

图 3-155 “信息” 窗口

5. 编辑、修改自动生成的程序

UG 系统自动生成的程序中有些 G 代码数控系统不能识别，还有乱码或丢失代码的情况，因此不能直接将自动生成的程序导入仿真软件或数控机床进行加工，需要进行一定编辑及修改。

如图 3-156 所示的程序，首先需要删除程序开始的创建者、日期等无用信息；生成的程序名以华中系统的“%”开头，如果使用 FANUC 系统，则需要修改为“O”开头；G71 指令通常用于数控车床中，在此可删除，增加 G54 工件坐标系建立指令；“T00 M06”是数控加工中心自动换刀指令，通常数控铣床主轴上只装一把刀，不能自动换刀，本程序删除。再次浏览整个程序，修改不合理的参数。修改后的程序另存为“O3006. txt”，如图 3-157 所示。

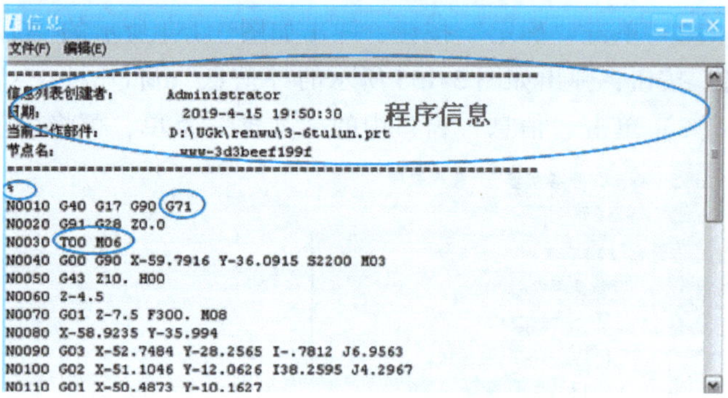


```
信息
文件(F) 编辑(E)
================================================================
信息列表创建者:        Administrator
日期:                 2019-4-15 19:50:30
当前工作部件:          D:\UGk\renwu\3-6tulun.prt
节点名:               www-3d3beef199f
================================================================
%
N0010 G40 G17 G90 G71
N0020 G91 G28 Z0.0
N0030 T00 M06
N0040 G00 G90 X-59.7916 Y-36.0915 S2200 M03
N0050 G43 Z10. H00
N0060 Z-4.5
N0070 G01 Z-7.5 F300. M08
N0080 X-58.9235 Y-35.994
N0090 G03 X-52.7484 Y-28.2565 I-.7812 J6.9563
N0100 G02 X-51.1046 Y-12.0626 I38.2595 J4.2967
N0110 G01 X-50.4873 Y-10.1627
```

图 3-156 程序中的问题

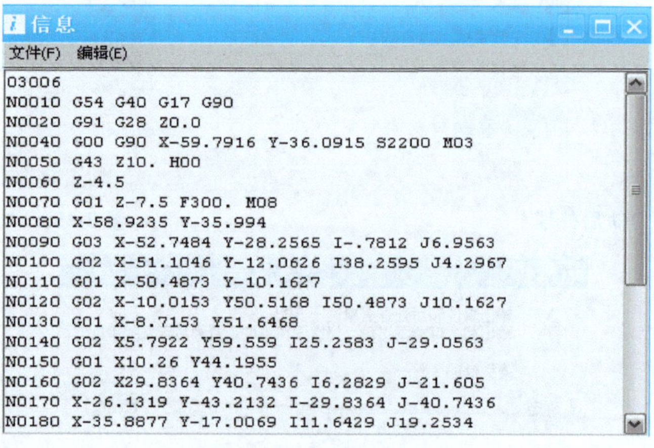

```
信息
文件(F) 编辑(E)
O3006
N0010 G54 G40 G17 G90
N0020 G91 G28 Z0.0
N0040 G00 G90 X-59.7916 Y-36.0915 S2200 M03
N0050 G43 Z10. H00
N0060 Z-4.5
N0070 G01 Z-7.5 F300. M08
N0080 X-58.9235 Y-35.994
N0090 G03 X-52.7484 Y-28.2565 I-.7812 J6.9563
N0100 G02 X-51.1046 Y-12.0626 I38.2595 J4.2967
N0110 G01 X-50.4873 Y-10.1627
N0120 G02 X-10.0153 Y50.5168 I50.4873 J10.1627
N0130 G01 X-8.7153 Y51.6468
N0140 G02 X5.7922 Y59.559 I25.2583 J-29.0563
N0150 G01 X10.26 Y44.1955
N0160 G02 X29.8364 Y40.7436 I6.2829 J-21.605
N0170 X-26.1319 Y-43.2132 I-29.8364 J-40.7436
N0180 X-35.8877 Y-17.0069 I11.6429 J19.2534
```

图 3-157 修改后的程序

三、凸轮轮廓精加工自动编程

1. 创建刀具

由于程序和几何体在粗加工中已创建，不需要重复创建，精加工需要换一把刀加工，则需要创建新的刀具。

单击“创建刀具” 按钮，弹出如图 3-125 所示对话框，在“名称”文本框中输入“D18”，然后单击“确定”按钮，弹出如图 3-126 所示对话框，系统默认新建铣刀为“铣刀-5 参数”，输入刀具直径“18”。

2. 创建工序

单击“创建工序” 按钮，弹出如图 3-158 所示的“创建工序”对话框，“工序子类型”选择“边界面铣”，“程序”选择之前创建的“PROGRAM_3006”，“刀具”选择之前创建的“D18”，“几何体”选择之前创建的“WORKPIECE 3006”，“方法”选择“MILL_FINISH”，在“名称”文本框中输入“FACE_MILLING3006J”，然后单击“确定”按钮，弹出如图 3-159 所示的“面铣”对话框。

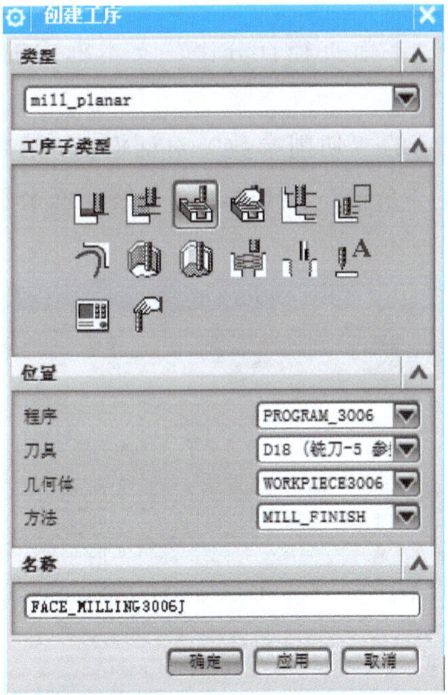

图 3-158 “创建工序”对话框

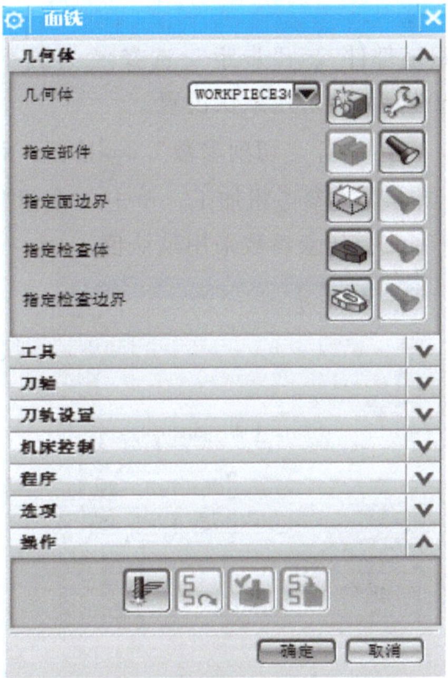

图 3-159 “面铣”对话框

（1）指定面边界　单击“指定面边界” 按钮，弹出如图 3-160 所示的“指定面几何体”对话框，按照默认模式，选择如图 3-161 所示台阶面作为面边界，单击“确定”按钮，返回“面铣”对话框。

（2）指定刀轴　如图 3-141 所示，在“平面铣”对话框中点开“刀轴”项，选择“+ZM 轴”。

（3）刀轨设置

1）如图 3-162 所示，在“面铣”对话框中点开“刀轨设置”项，“切削模式”选择

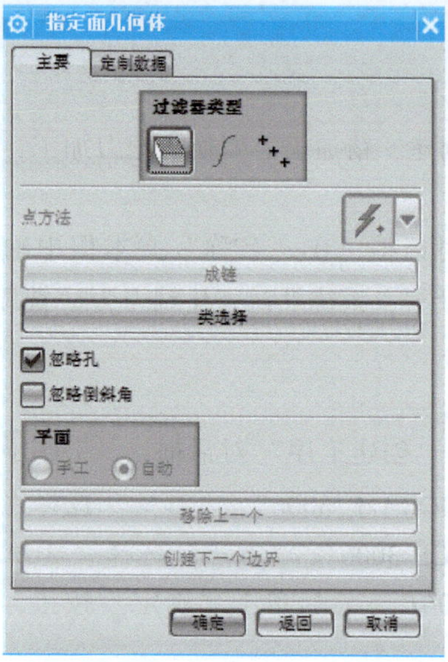

图 3-160 “指定面几何体”对话框

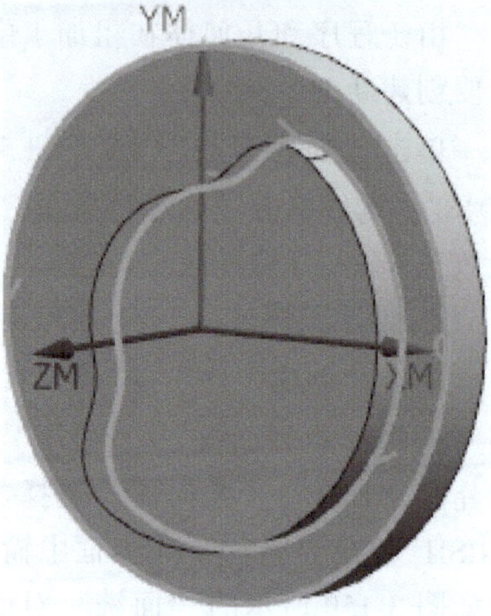

图 3-161 面几何体的选择

“跟随部件”，“步距”选择“刀具平直百分比”，在“平面直径百分比”文本框中输入“60”，其余采用默认设置。

2）单击“切削参数”按钮，弹出如图 3-163 所示的“切削参数”对话框，“策略”选项卡设置参考粗加工，单击“余量”标签，设置部件“余量”为 0mm，“最终底面余量”为 0mm，其余参数采用默认值。

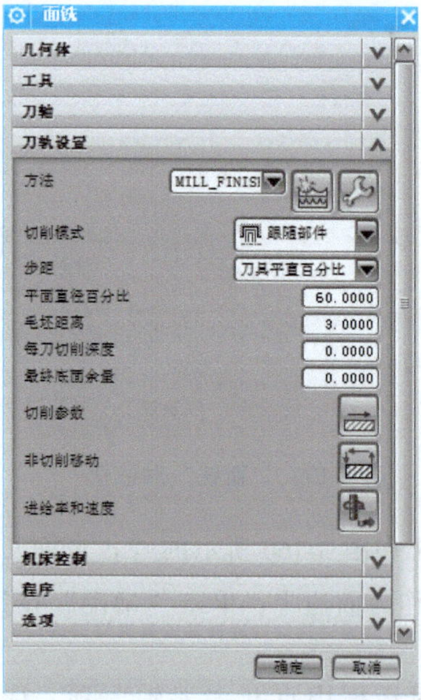

图 3-162 精加工刀轨设置

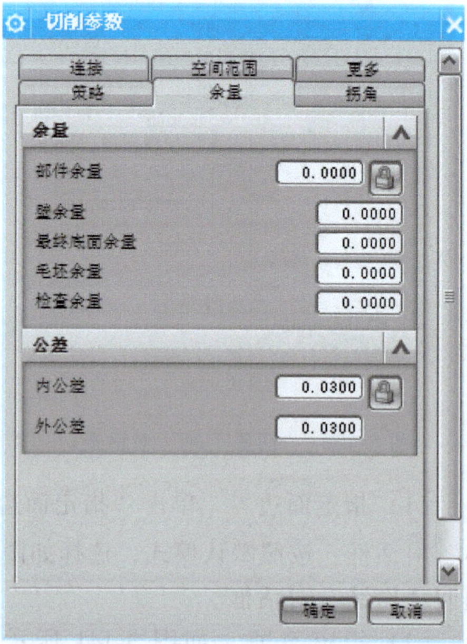

图 3-163 精加工“切削参数”对话框

“非切削移动”进退刀设置参考本任务中的粗加工。

3）单击“进给率和速度”按钮，弹出“进给率和速度”对话框，设置“主轴速度”

为 3000r/min，“进给率” 中 “切削” 为 150mm/min，其余采用默认值。

（4）生成刀轨　如图 3-147 所示，在“平面铣”对话框中点开“操作”项，单击“生成刀轨”按钮，则生成如图 3-164 所示的精加工刀轨路径。单击“操作”项的“确定刀轨”按钮，弹出如图 3-149 所示“刀轨可视化”对话框，单击“3D 动态”标签，调至合适的动画播放速度，单击“播放”按钮▶，可进行 3D 动态仿真加工。加工结果如图 3-165 所示，可以看到在粗加工的基础上去掉了侧壁和底面 0.5mm 的加工余量。然后单击“平面铣”对话框最下面的“确定”按钮，完成刀轨的生成。

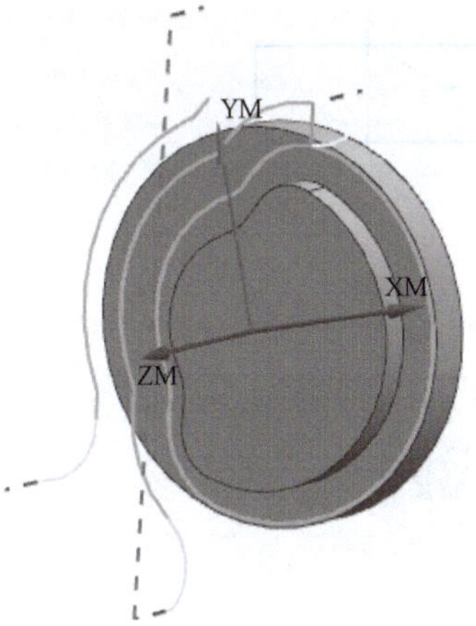

图 3-164　生成的精加工刀轨

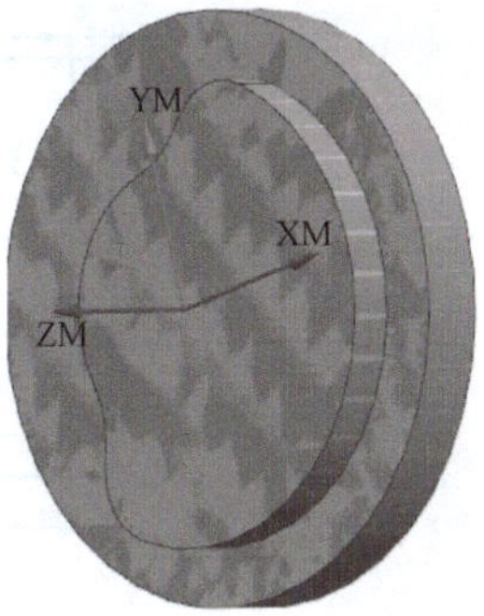

图 3-165　精加工 3D 仿真加工结果

3. 后处理生成程序

具体步骤参照本任务中的粗加工。

技能强化

图 3-166 所示为盖板零件，对其进行自动编程（进行粗、精加工）。

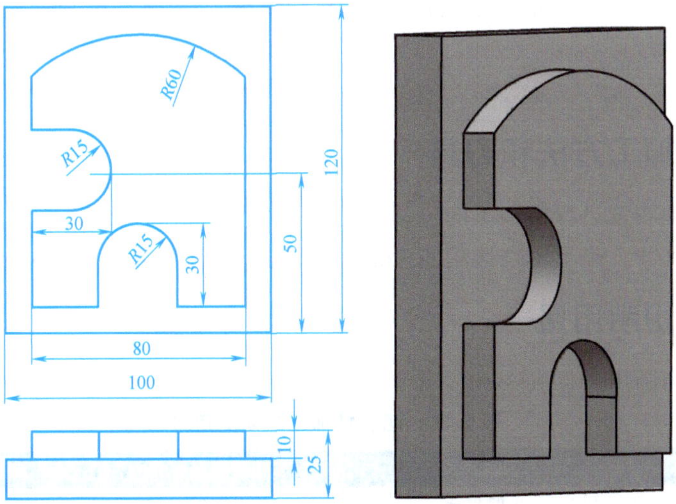

图 3-166　盖板零件

任务 3.8 曲面槽的自动编程

任务导入

图 3-167 所示为曲面槽零件，应用 UG NX 8.5 软件完成槽粗、精加工的自动编程。

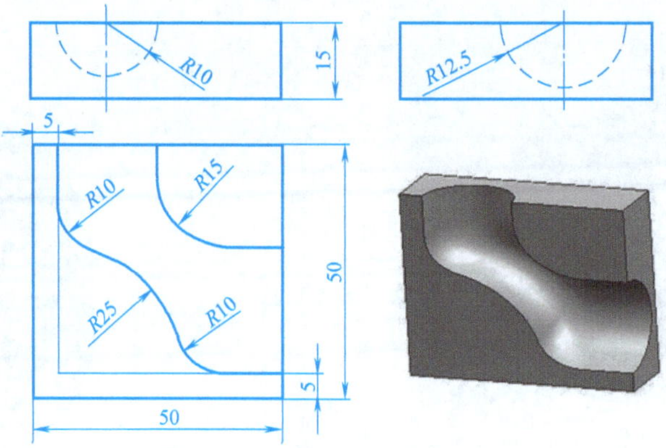

图 3-167 曲面槽零件

学习目标

知识目标

1）掌握 UG 软件型腔铣的特点与方法。

2）掌握 UG 软件固定轮廓铣的特点与方法。

技能目标

熟练使用 UG 软件完成曲面类零件加工的自动编程。

任务分析

一、确定加工方法和刀具

本任务采用型腔铣进行粗加工的自动编程，采用固定轮廓铣进行精加工的自动编程。根据曲面的形状和尺寸，确定粗铣选用 ϕ10mm 的立铣刀，精铣采用 ϕ4mm 的球头铣刀。

二、确定切削用量

粗、精加工切削用量见表 3-30。

表 3-30 粗、精加工的切削用量

工步	加工方法	主轴转速/(r/min)	进给速度/(mm/min)
粗加工	型腔铣	2500	400
精加工	固定轮廓铣	3000	200

三、确定工件坐标系

以长方体上表面左下角作为工件坐标系原点。

任务实施

一、UG 软件中的曲面槽建模

1. 创建长方体

用长方体命令创建 50mm×50mm×15mm 的长方体，指定原点为（0，0，-15），将工件坐标系原点建在长方体上表面左下角。

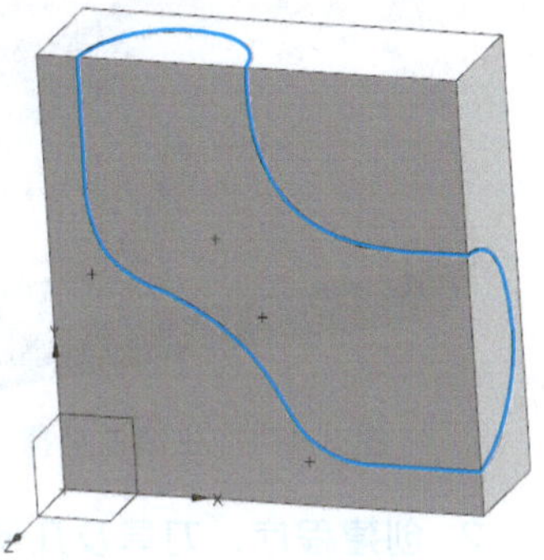

图 3-168 曲面槽草图

2. 创建曲面草图

分别选取长方体上表面、两个侧面，绘制如图 3-168 所示的草图，尺寸参照图 3-167。

3. 创建曲面

如图 3-169 所示，单击主菜单选择“插入”→“网格曲面”→“通过曲线网格”命令。如图 3-170 所示，选择一组或二组中任意一组曲线作为“主曲线”，选择另外一组曲线作为“交叉曲线”，生成曲面。

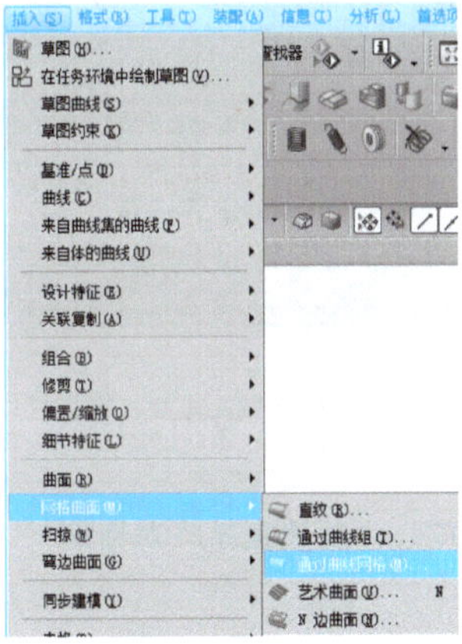

图 3-169 创建曲面命令

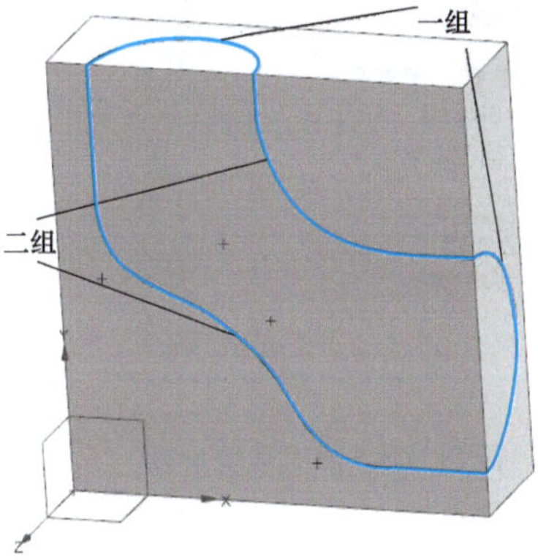

图 3-170 曲线的选择

4. 生成曲面槽

单击工具条上的“修剪体”按钮，用曲面修剪长方体（注意修剪方向），得到如图 3-171 所示的曲面槽，隐藏所有的曲线及曲面。曲面槽实体如图 3-172 所示。

二、曲面槽粗加工的自动编程

1. 进入加工模式并设置加工环境

进入加工模式后，弹出“加工环境”对话框。“CAM 会话配置”选择“cam_general”，“要创建的 CAM 设置”曲面加工通常选择“mill_contour”，如图 3-173 所示，单击“确定”按钮，进入加工环境。

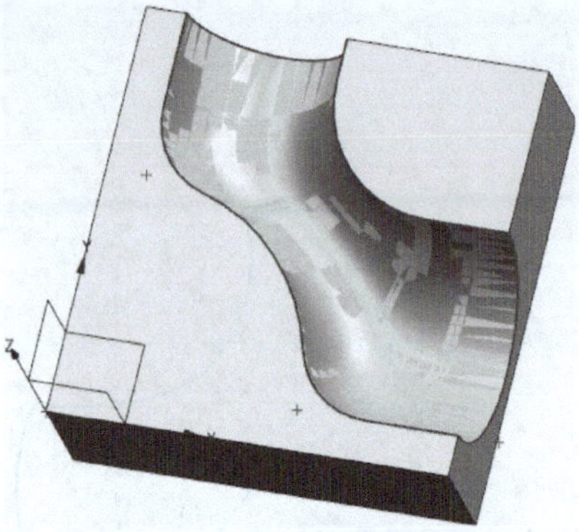

图 3-171 生成曲面槽

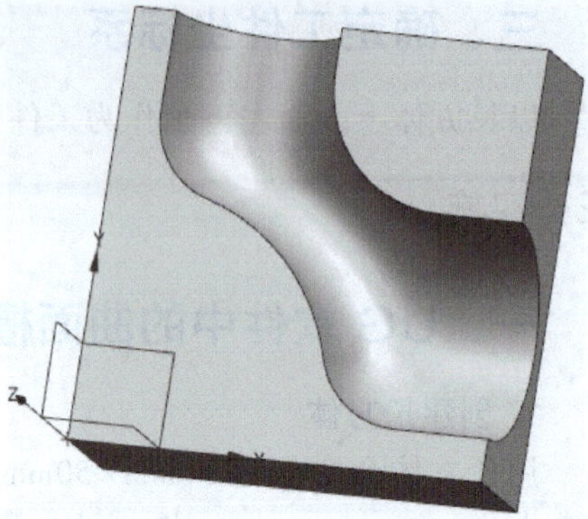

图 3-172 曲面槽实体

2. 创建程序、刀具及几何体

（1）创建程序 单击“创建程序”按钮，弹出如图 3-174 所示对话框，在“名称”文本框中输入“3007”，然后单击“确定”按钮。

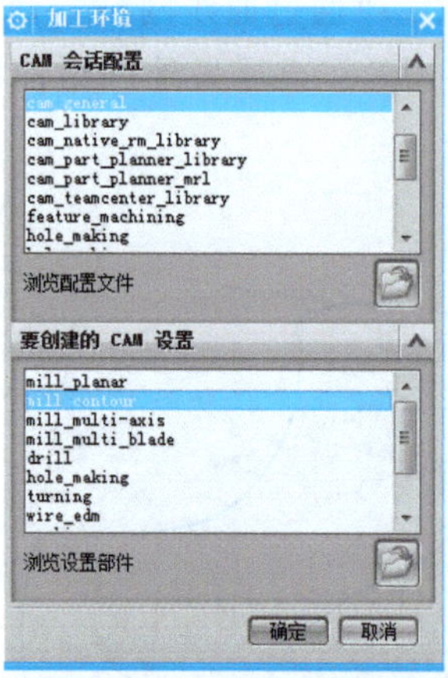

图 3-173 加工环境设置

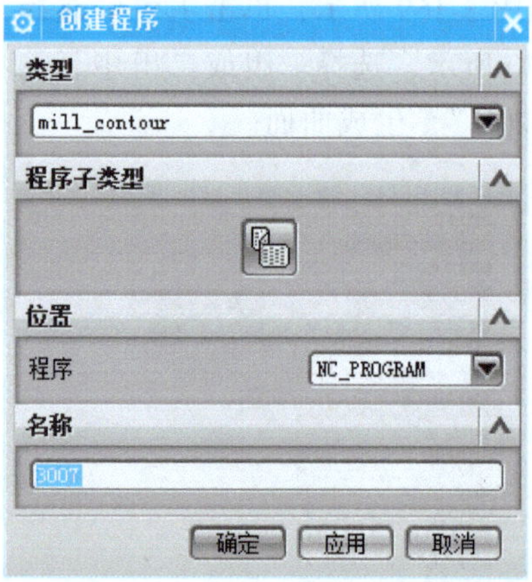

图 3-174 “创建程序”对话框

（2）创建刀具 单击“创建刀具”按钮，弹出如图 3-175 所示对话框，选择立铣刀，在“名称”文本框中输入“L10”，然后单击“确定”按钮，弹出如图 3-176 所示对话框，输入“直径”为 10mm。

（3）创建几何体 单击“创建几何体”按钮，弹出如图 3-177 所示对话框，“几何体子类型”选择第二个 WORKPIECE，在“名称”文本框中输入“WORKPIECE_3007”，然后单击“确定”按钮，弹出如图 3-178 所示对话框。单击“指定部件”按钮，弹出如图 3-179a 所示“部件几何体”对话框，选择曲面槽实体作为部件几何体（图 3-179b），然后单击“确定”按钮。单击“指定毛坯”按钮，弹出如图 3-180a 所示“毛坯几何体”对话框，“类型”选择“包容块”，系统自动包容曲面槽实体为长方块作为毛坯（图 3-180b），然后单击“确定”按钮。

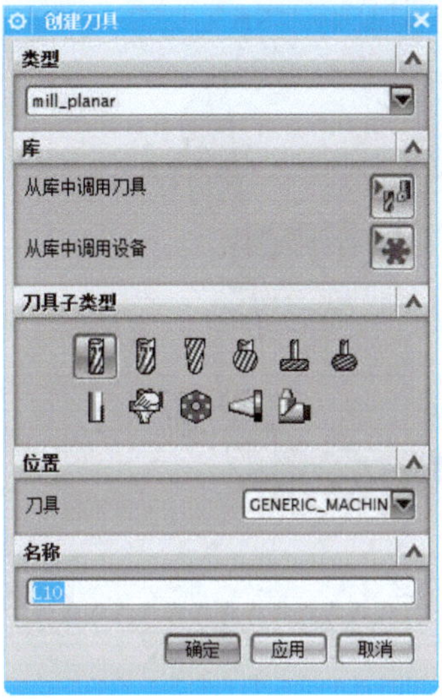

图 3-175 “创建刀具”对话框

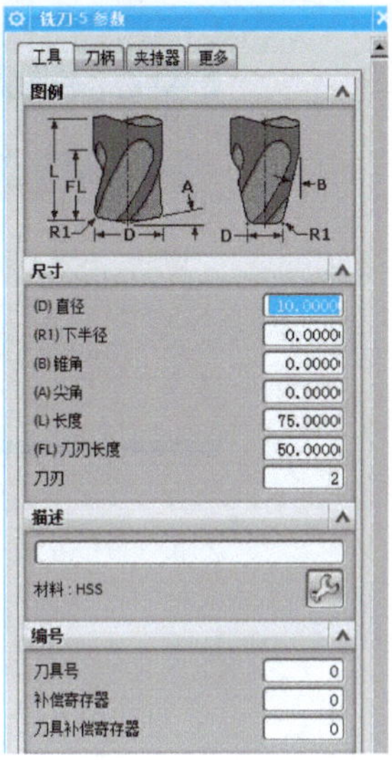

图 3-176 刀具参数对话框

图 3-177 “创建几何体”对话框

图 3-178 “工件”对话框

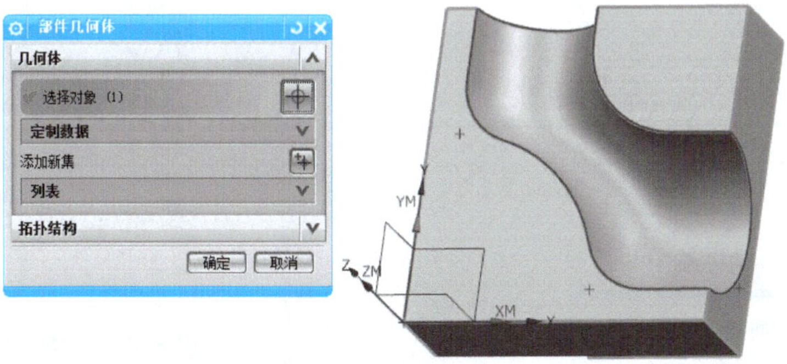

a) b)

图 3-179 指定部件几何体

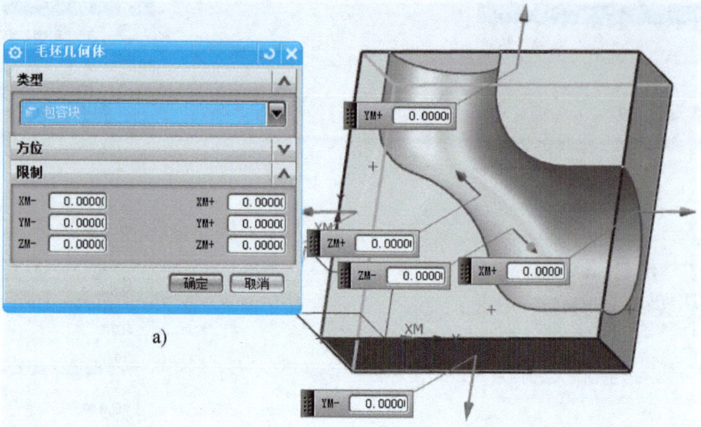

a)

b)

图 3-180　指定毛坯几何体

3. 创建工序

单击“创建工序”按钮，弹出如图 3-181 所示的“创建工序”对话框，“工序子类型”选择“型腔铣”，“程序”选择之前创建的“3007”，“刀具”选择之前创建的“L10”，“几何体”选择之前创建的“WORKPIECE_3007”，“方法”选择“MILL_ROUGH”，在“名称”文本框中输入“3007CU”，然后单击“确定”按钮，弹出如图 3-182 所示“型腔铣”对话框。

（1）指定切削区域　单击“指定切削区域”按钮，弹出如图 3-183a 所示的对话框，选择如图 3-183b 所示曲面槽作为切削区域，单击“确定”按钮，返回“型腔铣”对话框。

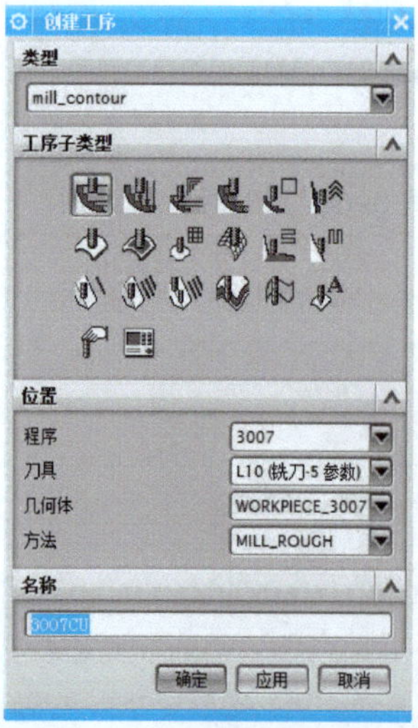

图 3-181　“创建工序”对话框

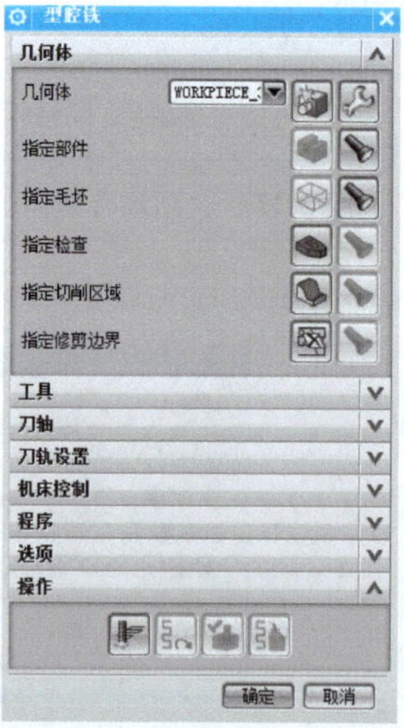

图 3-182　“型腔铣”对话框

（2）指定刀轴　在“型腔铣”对话框中点开“刀轴”项，选择“+ZM 轴”。

（3）刀轨设置

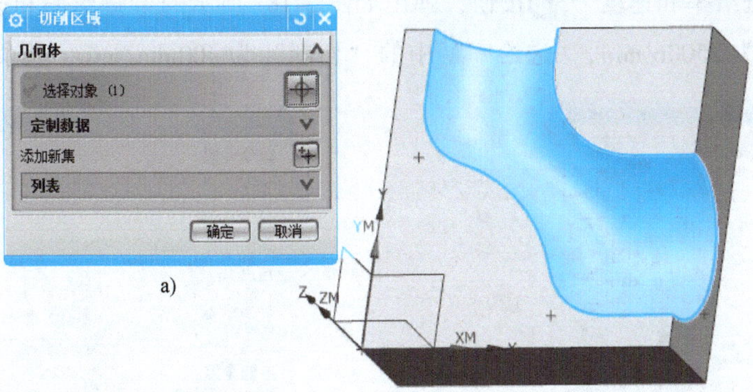

a) b)

图 3-183 选择切削区域

1）如图 3-184 所示，在“型腔铣”对话框中点开“刀轨设置”项，“切削模式”选择“跟随部件”，“步距”选择“刀具平直百分比”，在“平面直径百分比”文本框中输入“80”，“每刀的公共深度”选择“恒定”，“最大距离”设置为“1mm”（值越小刀路越多，铣削层数越多）。

2）“切削层”参数采用默认值。

3）单击“切削参数”按钮，弹出如图 3-185 所示的“切削参数”对话框，单击“余量”标签，设置“部件侧面余量”为 0.5mm，勾选“使底面余量与侧面余量一致”，其余参数采用默认值。

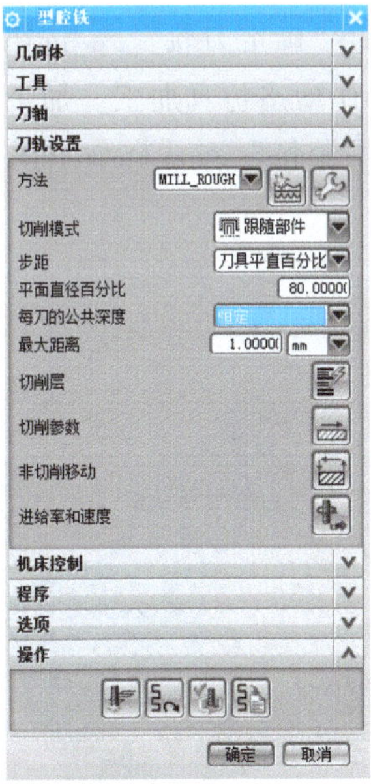

图 3-184 设置刀轨

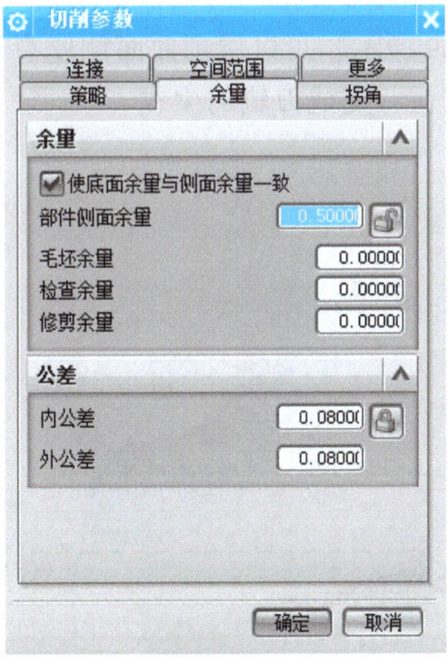

图 3-185 “余量”选项卡

4）单击“非切削移动”按钮，弹出如图 3-186 所示的“非切削移动”对话框，设置“开放区域”中的“进刀类型”为“圆弧”，其余采用默认值。

5）单击“进给率和速度”按钮，弹出如图3-187所示的“进给率和速度”对话框，设置“主轴速度”为2500r/min，“进给率”中的“切削”为400mm/min，其余采用默认值。

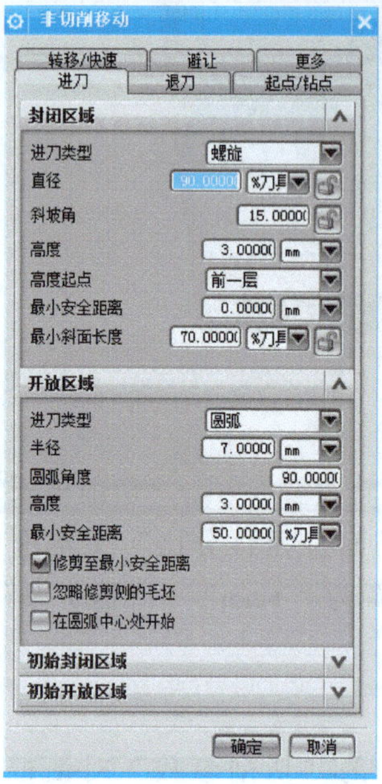

图3-186 “非切削移动”对话框

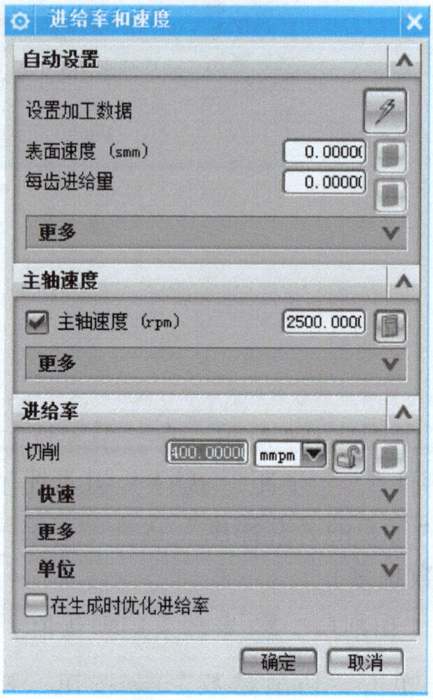

图3-187 “进给率和速度”对话框

（4）生成刀轨 在“型腔铣”对话框中点开“操作”项，单击“生成刀轨”按钮，则生成如图3-188所示的粗加工刀轨路径。单击“操作”项的“确定刀轨”按钮，在弹出的“刀轨可视化”对话框中单击“3D动态”标签，进行3D动态仿真加工。加工结果如图3-189所示，可以看到曲面侧壁有余量保留。然后单击“型腔铣”对话框最下面的“确定”按钮，完成刀轨的生成。

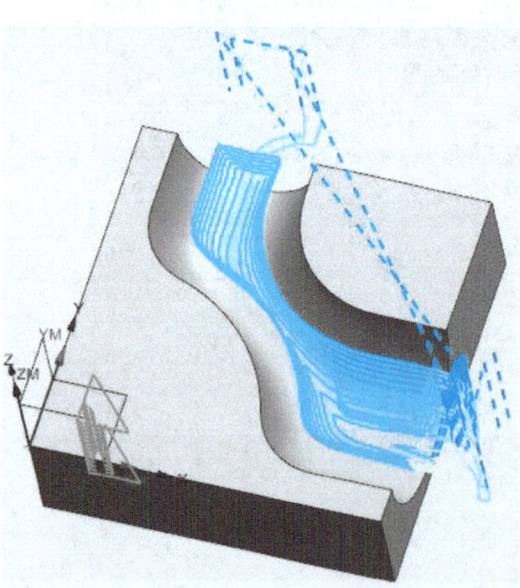

图3-188 粗加工刀轨路径

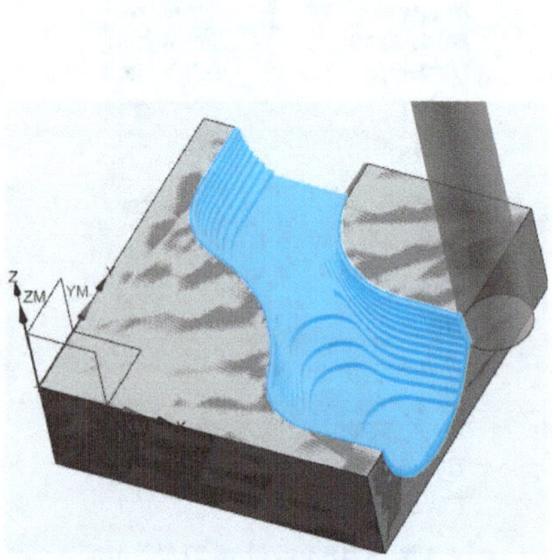

图3-189 3D动态仿真加工结果

4. 后处理生成程序

具体过程参照任务3.7。

5. 编辑、修改自动编程生成的程序

具体过程参照任务 3.7。

三、曲面槽精加工的自动编程

1. 创建刀具

由于程序和几何体在粗加工中已创建，不需要重复创建，精加工需要换一把球头铣刀加工，则需要创建新的刀具。

单击“创建刀具”按钮，“刀具子类型”选择第三个 BALL-MILL 球头铣刀，在弹出的对话框中的“名称”文本框中输入“D4”，然后单击“确定”按钮，在刀具参数对话框中设置刀具直径为 4mm。

2. 创建工序

单击“创建工序”按钮，弹出如图 3-190 所示的对话框，选择“工序子类型”为“固定轮廓铣”，“程序”选择之前创建的“3007”，“刀具”选择之前创建的“D4”，“几何体”选择之前创建的“WORKPIECE_3007”，“方法”选择“MILL_FINISH”，在“名称”文本框中输入“3007J”，然后单击“确定”按钮，弹出如图 3-191 所示的“固定轮廓铣”对话框。

（1）指定切削区域　参照本任务的粗加工指定切削区域。

（2）指定驱动方法　如图 3-192 所示，在“固定轮廓铣”对话框中点开“驱动方法”项，选择“区域铣削”，单击“编辑”按钮，在弹出的如图 3-193 所示的“区域铣削驱动方法”对话框中设置相关参数。

图 3-190　“创建工序”对话框

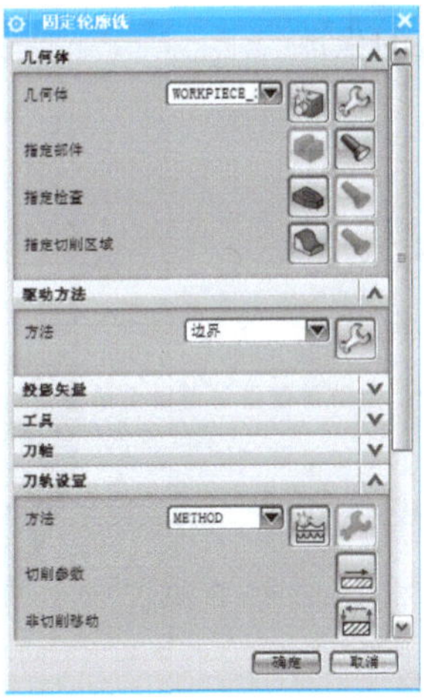

图 3-191　“固定轮廓铣”对话框

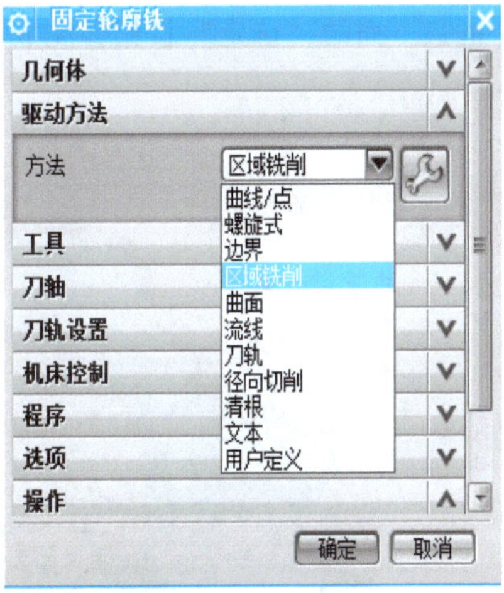

图 3-192　选择驱动方法

（3）指定刀轴　在“固定轮廓铣”对话框中点开“刀轴”项，选择“+ZM 轴”。

（4）刀轨设置　在“固定轮廓铣”对话框中点开“刀轨设置”项，单击“切削参数”按钮，弹出如图 3-194 所示对话框，单击“余量”标签，设置“部件余量”为 0mm，其余参数采用默认值。“非切削移动”项采用默认值。

单击“进给率和速度”按钮，弹出“进给率和速度”对话框，设置“主轴速度”为 3000r/min，“进给率”中的“切削”为 200mm/min，其余采用默认值。

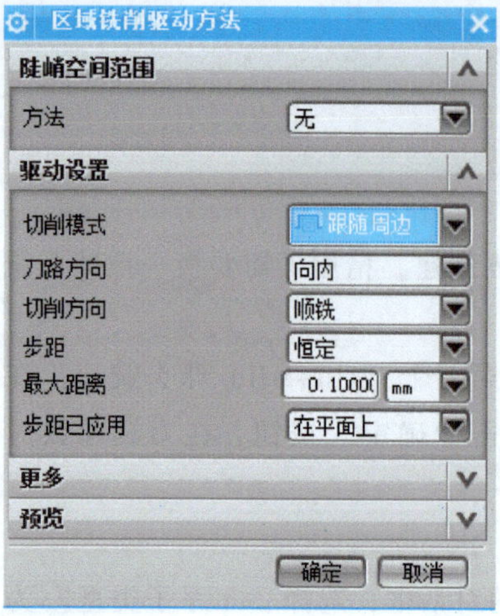

图 3-193 “区域铣削驱动方法”对话框

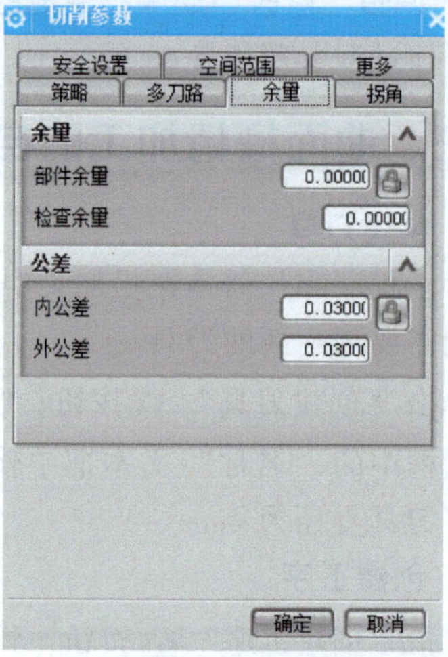

图 3-194 精加工切削余量设置

（5）生成刀轨 在“固定轮廓铣”对话框中点开“操作”项，单击“生成刀轨”按钮，则生成如图 3-195 所示的精加工刀轨路径。单击“操作”项的“确定刀轨”按钮，在弹出的“刀轨可视化”对话框中单击“3D 动态”标签，进行 3D 动态仿真加工。加工结果如图 3-196 所示（图 3-193 所示区域铣削参数中的“最大距离”则决定生成的轨迹的层数，值越小，铣的层数越多，曲面加工越接近理想状态）。然后单击“固定轮廓铣”对话框最下面的“确定”按钮，完成刀轨的生成。

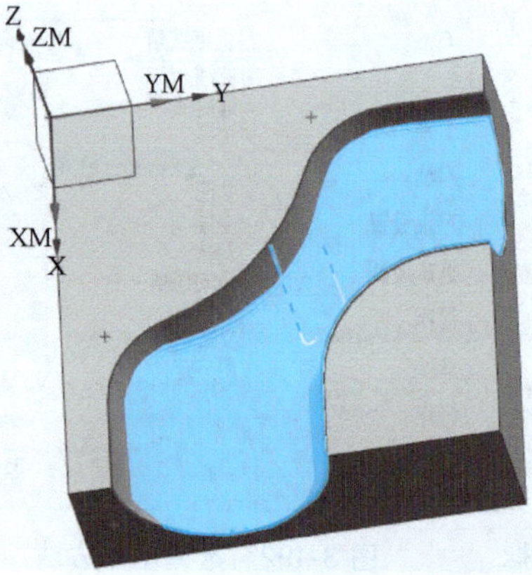

图 3-195 生成的精加工刀轨

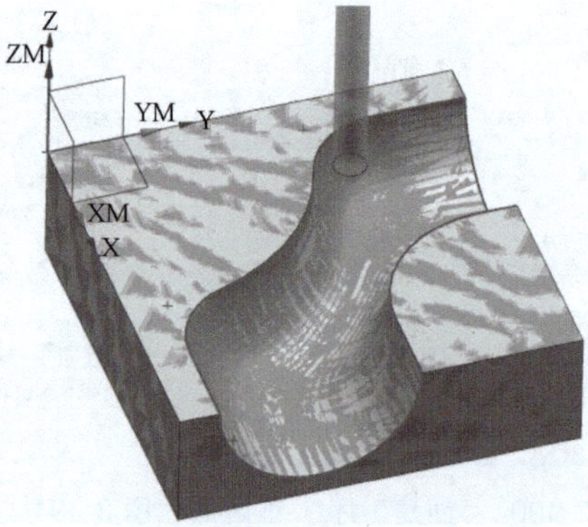

图 3-196 精加工 3D 仿真加工结果

3. 后处理生成程序

具体过程参照任务 3.7。

技能强化

图 3-197 所示为鼠标零件，对其进行自动编程（进行粗、精加工）。

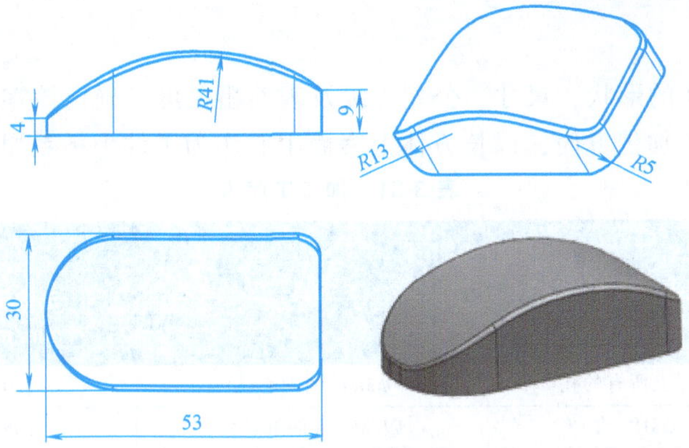

图 3-197 鼠标零件（未注圆角为 R1mm）

任务 3.9 连接盖的自动编程

任务导入

图 3-198 所示为连接盖零件，应用 UG NX 8.5 软件完成系列孔加工的自动编程。

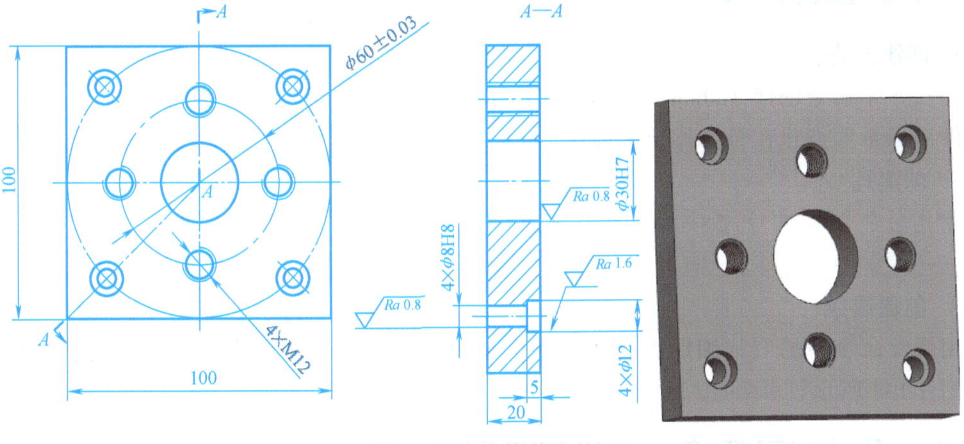

图 3-198 连接盖零件

学习目标

知识目标

1）掌握 UG 软件孔加工的类型与特点。

2）掌握 UG 软件点钻、钻孔、铰孔、攻螺纹循环的特点与参数的设置。

技能目标

熟练使用 UG 软件完成孔类零件加工的自动编程。

任务分析

根据该零件中孔的形状、尺寸、公差等级及表面粗糙度，确定该零件中各类孔的加工工序，见表 3-31。为了加工方便，以长方体上表面中心作为工件坐标系原点。

表 3-31　加工工序卡

工步号	工步内容	刀具	切削用量	
			进给量/(mm/min)	主轴转速/(r/min)
1	点钻零件上所有的孔	ϕ3mm 的中心钻	110	2200
2	钻 4×ϕ8H8 孔	ϕ7.85mm 的麻花钻	105	700
3	铰 4×ϕ8H8 孔	ϕ8mm 的铰刀	50	350
4	钻 4×ϕ12mm 沉头孔	ϕ12mm 的面铣刀	60	650
5	钻 4×M12 底孔	ϕ9.7mm 的麻花钻	100	650
6	攻 4×M12 螺纹	M12 的丝锥	60	100
7	钻 ϕ30H7 孔	ϕ20mm 的麻花钻	70	500
8	扩 ϕ30H7 孔	ϕ29.95mm 的麻花钻	60	500
9	铰 ϕ30H7 孔	ϕ30mm 的铰刀	20	180

任务实施

一、连接盖建模

1. 创建长方体

用长方体命令创建 100mm×100mm×20mm 的长方体，指定原点为（-50，-50，-20），将工件坐标系原点建在长方体上表面中心。

2. 创建孔

用孔命令创建四个 ϕ8mm、四个 ϕ12mm 的孔、ϕ30mm 的孔及四个 ϕ9.7mm 的螺纹底孔。

3. 创建螺纹

用螺纹命令中的“详细螺纹”创建四个 M12 的螺纹孔，螺距为 1.75mm。创建的零件实体如图 3-198 所示。

二、设置加工环境、刀具及几何体

1. 进入加工模式并设置加工环境

进入加工模式后，弹出“加工环境”对话框。“CAM 会话配置”选择“cam_general”，“要创建的 CAM 设置”孔加工通常选择“drill”，单击“确定”按钮，进入加工环境。

2. 创建刀具及几何体

（1）创建刀具

1）单击“创建刀具”按钮，弹出“创建刀具”对话框，如图 3-199 所示，“刀具子类型”选择第二个，创建 ϕ3mm 的中心钻，在“名称”文本框中输入“D3”，然后单击

“确定”按钮，弹出如图 3-200 所示对话框，输入直径“3”，其他参数采用默认值。

2）单击“创建刀具” 按钮，弹出“创建刀具”对话框，如图 3-201 所示，“刀具子类型”选择第三个，创建 ϕ7.85mm 的麻花钻，在“名称”文本框中输入“D7.85”，然后单击“确定”按钮，弹出如图 3-202 所示对话框，输入直径“7.85”，其他参数采用默认值。用同样的方法再创建 D9.7、D20、D29.95 三把麻花钻。

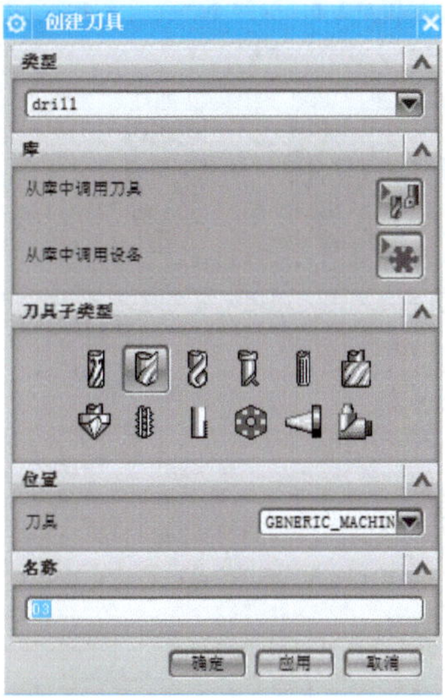

图 3-199 创建中心钻

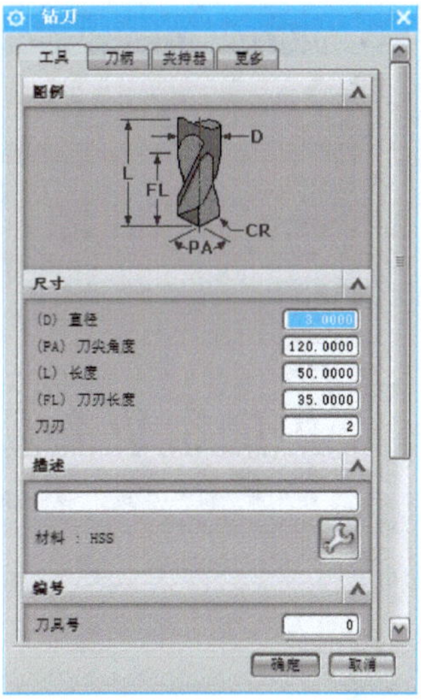

图 3-200 设置中心钻参数

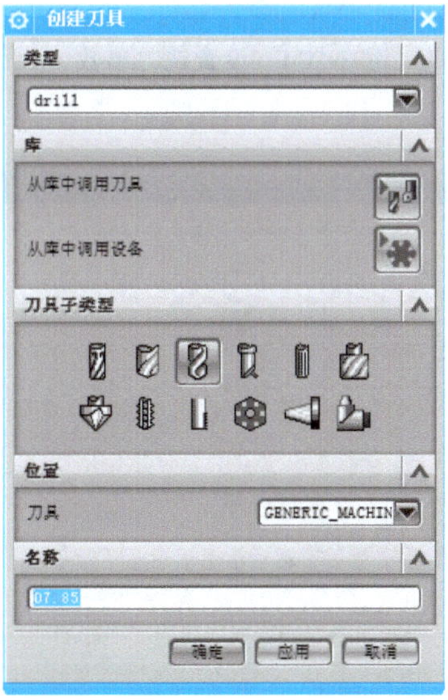

图 3-201 创建麻花钻

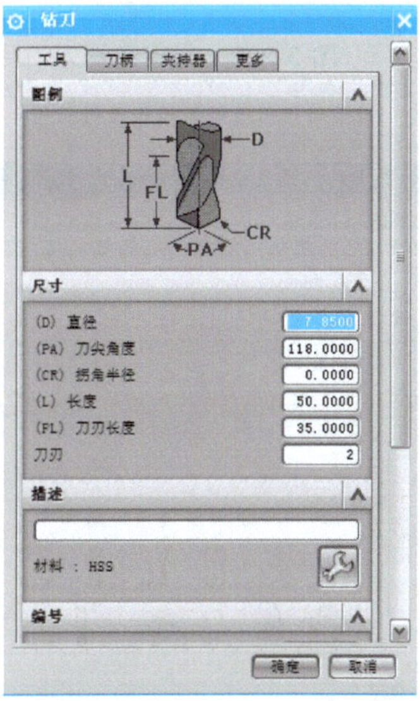

图 3-202 设置麻花钻参数

3）单击“创建刀具” 按钮，弹出“创建刀具”对话框，如图 3-203 所示，“刀具子类型”选择第一个，创建 ϕ12mm 的面铣刀，在“名称”文本框中输入“D12”，然后单击“确定”按钮，弹出如图 3-204 所示对话框，输入直径“12”，其他参数采用默认值。

4）单击“创建刀具” 按钮，弹出“创建刀具”对话框，如图 3-205 所示，“刀具子类型”选择第五个，创建 ϕ8mm 的铰刀，在“名称”文本框中输入“D8”，然后单击“确定”按钮，弹出如图 3-206 所示对话框，输入直径“8”，其他参数采用默认值。用同样的方法再创建 D30 铰刀。

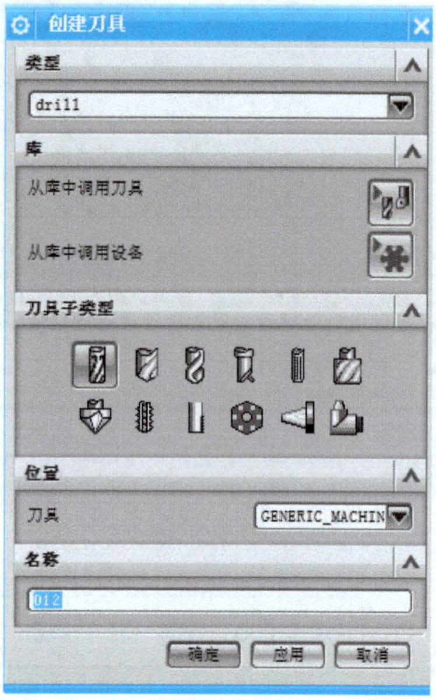

图 3-203　创建面铣刀

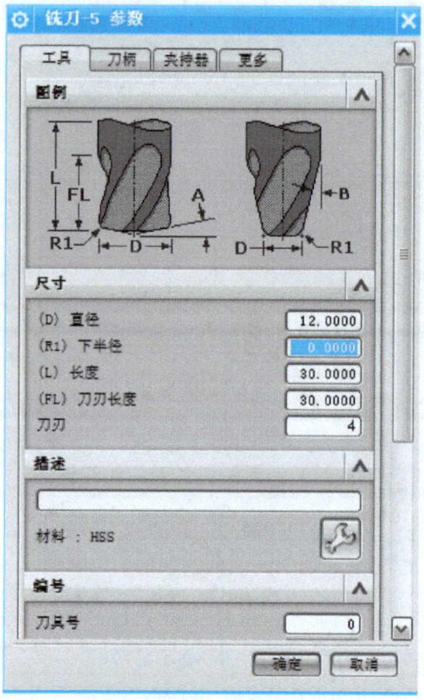

图 3-204　设置铣刀参数

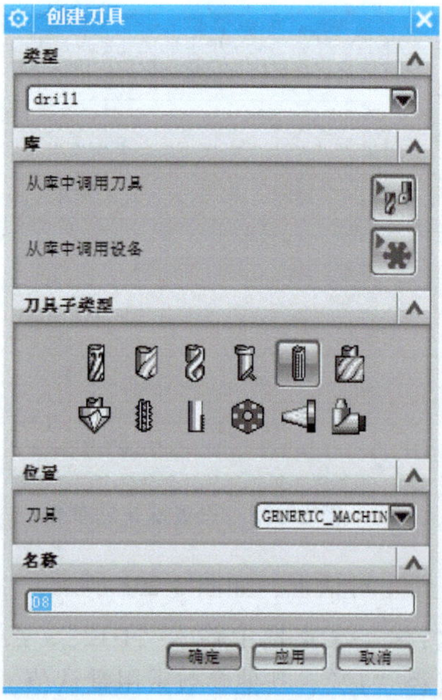

图 3-205　创建铰刀

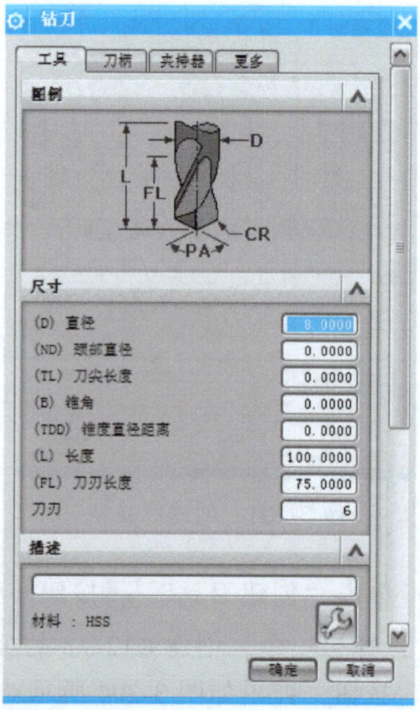

图 3-206　设置铰刀参数

5）单击“创建刀具”按钮，弹出“创建刀具”对话框，如图 3-207 所示，“刀具子类型”选择第二行第二个，创建 M12 的丝锥，在“名称”文本框中输入“M12”，然后单击“确定”按钮，弹出如图 3-208 所示对话框，输入直径“12”，其他参数采用默认值。

6）单击左下方导航器工具条中的“机床视图”按钮，导航器切换到刀具显示状态，如图 3-209 所示，可以在工序导航器中看到以上创建的所有刀具。

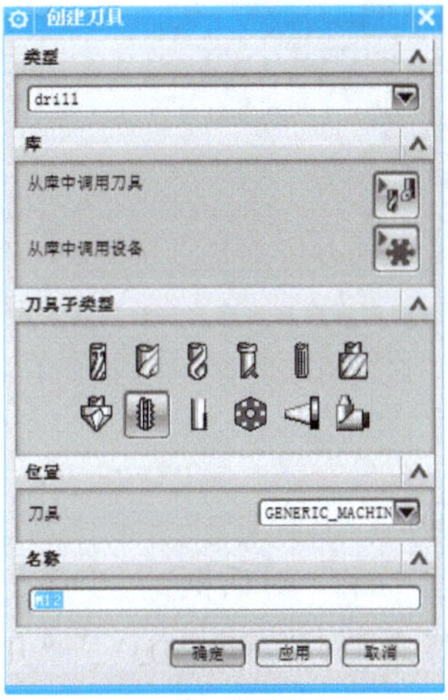

图 3-207 创建丝锥

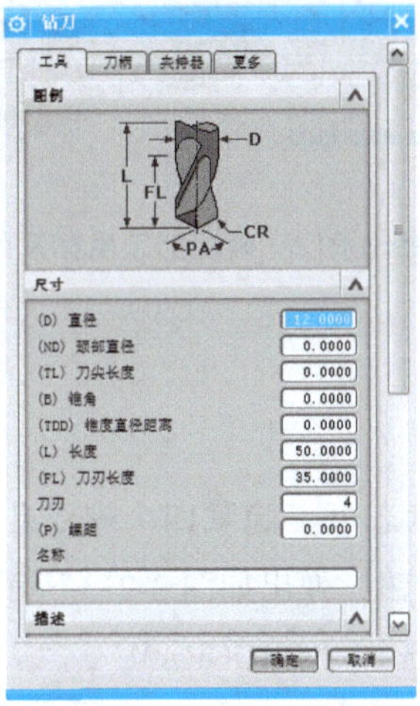

图 3-208 设置丝锥参数

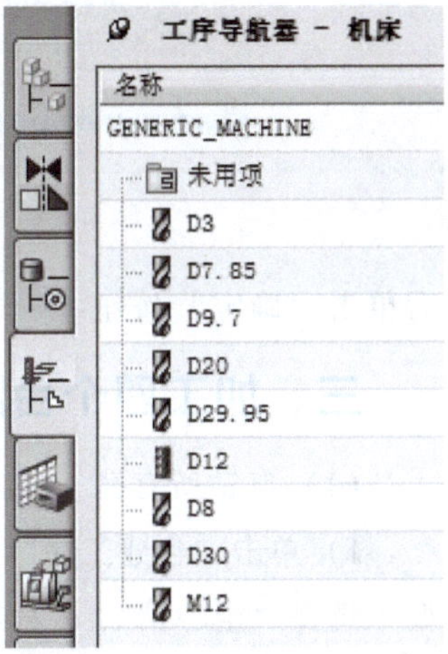

图 3-209 工序导航器—机床

（2）创建坐标系与几何体

1）单击左下方导航器工具条中的“几何视图”按钮，导航器切换到几何体显示状态，如图 3-210 所示。双击导航器中的“MCS_MILL”（修改现有的坐标系），弹出如图 3-211 所示“MCS 铣削”对话框，单击按钮，弹出如图 3-212 所示的“CSYS”对话框。“类型”选择“动态”，如图所示确定 *X*、*Y*、*Z* 值都为零（将加工坐标系建立在工件上表面中心，与建模时的坐标系重合，如果建模时坐标系建在下表面中心，则在此“Z”值文本框中输入“20”即可将加工坐标系建立在上表面中心），单击两次“确定”按钮，坐标系位置已确定。

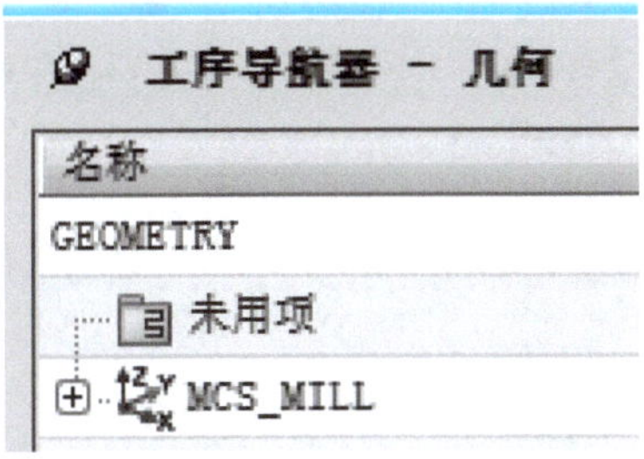

图 3-210 工序导航器—几何

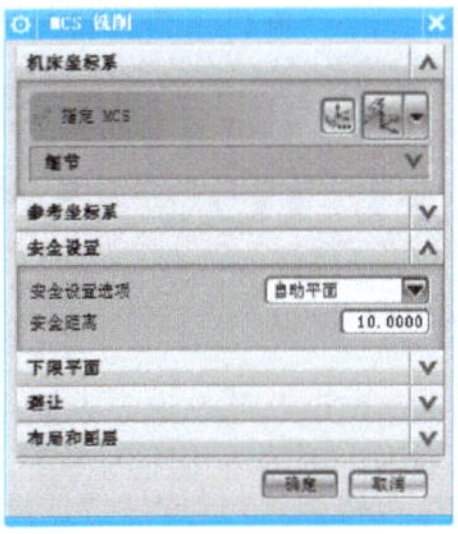

图 3-211 “MCS 铣削”对话框

2）单击“MCS_MILL”前面的“+”，双击 WORKPIECE（修改现有的几何体），弹出“工件几何体”对话框，单击“指定部件”按钮，弹出“部件几何体”对话框，选择整个零件作为部件几何体，然后单击“确定”按钮。单击“指定毛坯”按钮，弹出“毛坯几何体”对话框，“类型”选择“包容块”，系统自动包容整个零件为长方块作为毛坯，然

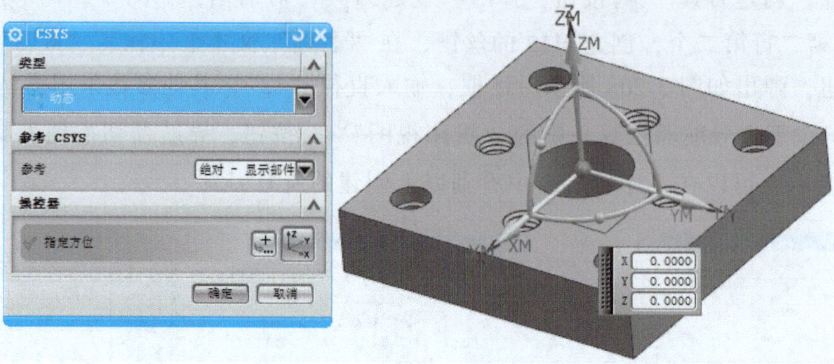

图 3-212　确定加工坐标系的位置

后单击“确定”按钮。

三、加工四个台阶孔

（1）点钻所有孔　在建模状态下，隐藏四个螺纹孔，方便选取孔中心。

1）单击“创建工序”按钮，弹出如图 3-213 所示的“创建工序”对话框，“工序子类型”选择“定心钻”，“程序”选择“PROGRAM”，“刀具”选择之前创建的“D3”，“几何体”选择之前修改的“WORKPIECE”，“方法”选择默认的“DRILL_METHOD”，在“名称”文本框中输入“dianzuan”，然后单击“确定”按钮，弹出如图 3-214 所示“定心钻”对话框。

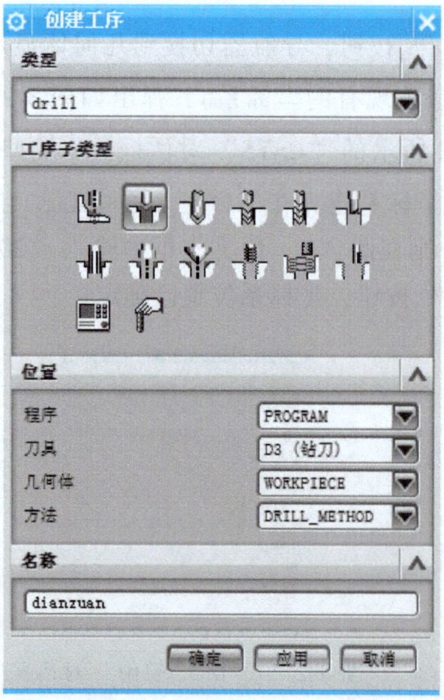

图 3-213　“创建工序”对话框

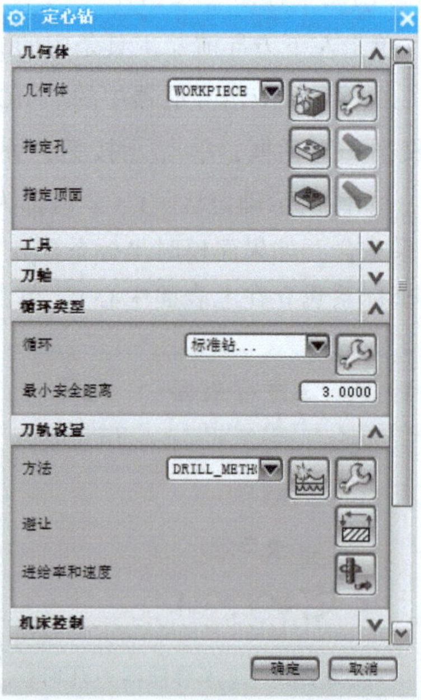

图 3-214　“定心钻”对话框

2）单击“指定孔”按钮，在弹出的对话框中单击“选择”，单击“面上所有的孔”，选择零件上表面，两次单击“确定”按钮之后，如图 3-215 所示，所有的孔中心都被选中，单击“确定”按钮回到“定心钻”对话框。

3）单击“指定顶面”按钮，如图 3-216 所示，在弹出的对话框的“顶面选项”中选择“平面”，选择零件上表面，输入距离“3”，则钻头从距离上表面 3mm 处开始钻孔，单击“确定”按钮回到“定心钻”对话框。

4）在“循环类型”中选择“标准钻”，单击按钮，弹出“指定参数组”对话框，单击“确定”按钮，弹出如图 3-217 所示对话框，单击“Depth”进行钻孔深度设置，单击“确定”按钮，弹出如图 3-218 所示深度设置对话框，选择“刀尖深度”设置方式，在弹出的对话框中输入深度值“5”（因顶面设置在上表面 3mm 处，所以钻孔实际深度为 2mm），单击“确定”按钮回到“定心钻”对话框。

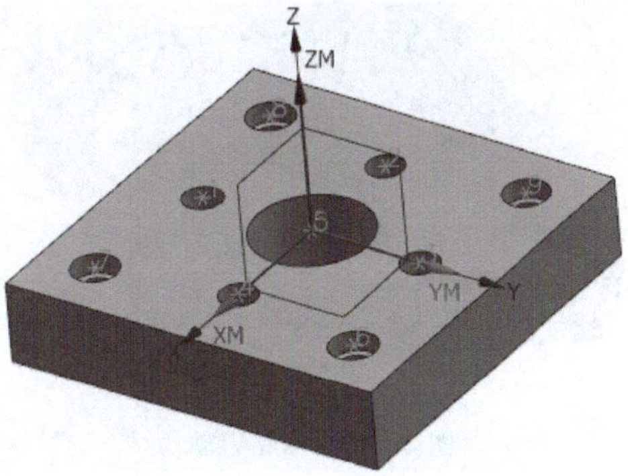

图 3-215　孔中心的选择

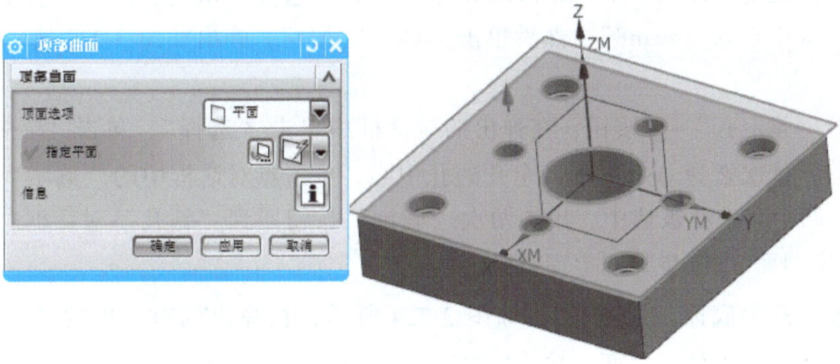

图 3-216　顶部平面的选择

5）单击“进给率和速度”按钮，设置“主轴速度”为 2200r/min，“进给率”中的“切削”为 110mm/min，其余采用默认值。单击“生成刀轨”按钮，生成如图 3-219 所示的点钻刀轨（刀轨可在“指定孔”时进行优化，例如按最短刀路等）。单击“确定刀轨”按钮，进行 3D 动态仿真加工，加工结果如图 3-220 所示。

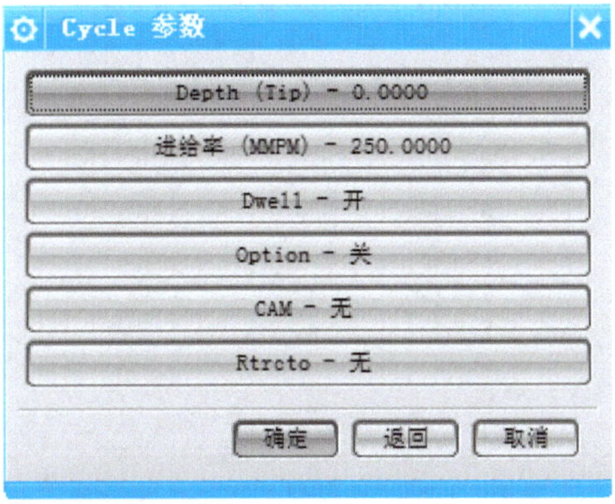

图 3-217　钻孔深度设置

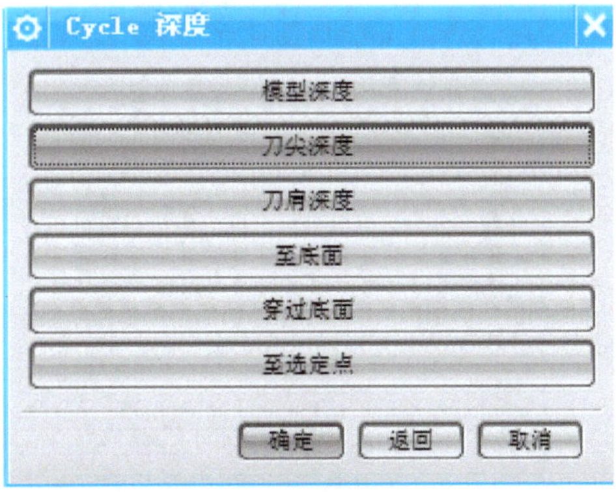

图 3-218　深度设置

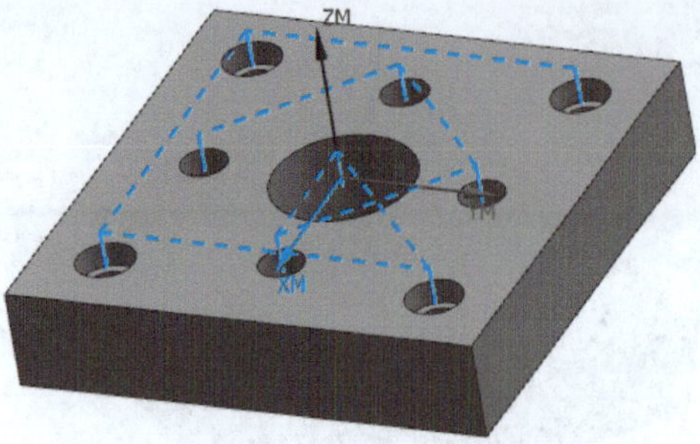

图 3-219　点钻刀轨

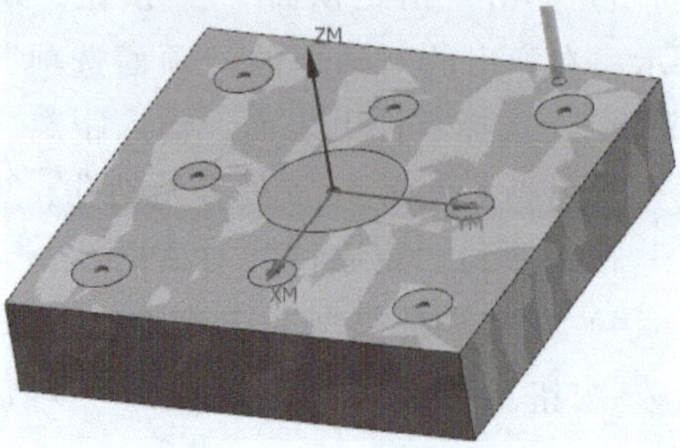

图 3-220　点钻 3D 仿真结果

（2）钻 4×ϕ8mm 孔

1）单击“创建工序”按钮，弹出如图 3-221 所示的“创建工序”对话框，“工序子类型”选择“钻孔”，“程序”选择“PROGRAM”，“刀具”选择之前创建的“D7.85”，“几何体”选择之前修改的“WORKPIECE”，“方法”选择默认的“DRILL_METHOD”，在“名称”文本框中输入“zuan8”，然后单击“确定”按钮，弹出如图 3-222 所示“钻孔”对话框。

2）单击“指定孔”按钮，在弹出的对话框中单击“选择”，单击“一般点”，弹出“点”对话框，依次选择 ϕ8mm 的四个孔的孔中心，单击点对话框中的“确定”按钮，如图 3-223 所示，四个孔中心被选中，单击两次“确定”按钮回到“钻孔”对话框。

3）“指定顶面”步骤同上面点钻。

4）单击“指定底面”按钮，如图 3-224 所示，在弹出的对话框的“底面选项”中选择“平面”，选择零件下表面，输入距离“4”（通孔的延伸距离），单击“确定”按钮回到“钻孔”对话框。

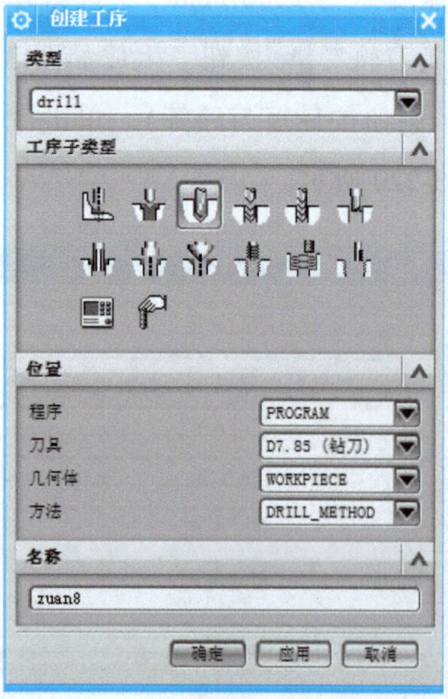

图 3-221　“创建工序”对话框

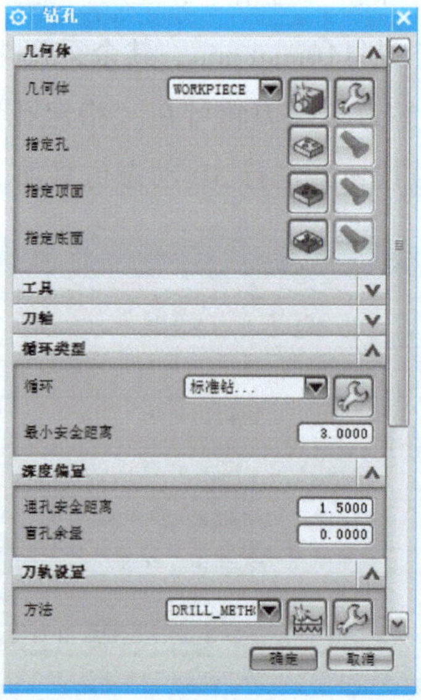

图 3-222　“钻孔”对话框

图 3-223 孔中心的选择

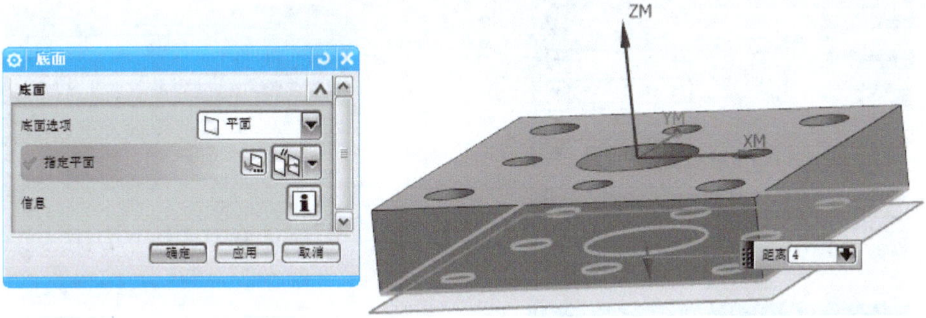

图 3-224 底面的选择

5）在“循环类型”中选择“标准钻”，单击按钮，弹出“指定参数组”对话框，单击“确定”按钮，弹出如图 3-217 所示对话框，单击“Depth”进行钻孔深度设置，单击“确定”按钮，弹出如图 3-218 所示深度设置对话框，选择“至底面”设置方式（钻孔至刚延伸过的底面），单击“确定”按钮回到“钻孔”对话框。

6）设置“主轴速度”为 700r/min，“进给率”为 105mm/min，其余为默认值。单击“生成刀轨”按钮，生成如图 3-225 所示的钻孔刀轨。单击“确定刀轨”按钮，进行 3D 动态仿真加工，加工结果如图 3-226 所示。

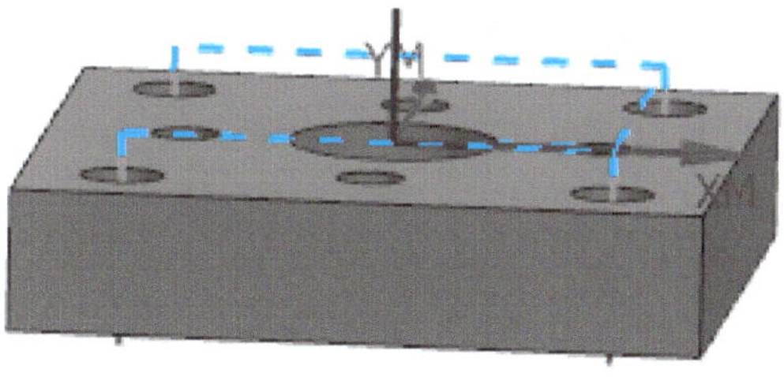

图 3-225 钻孔刀轨

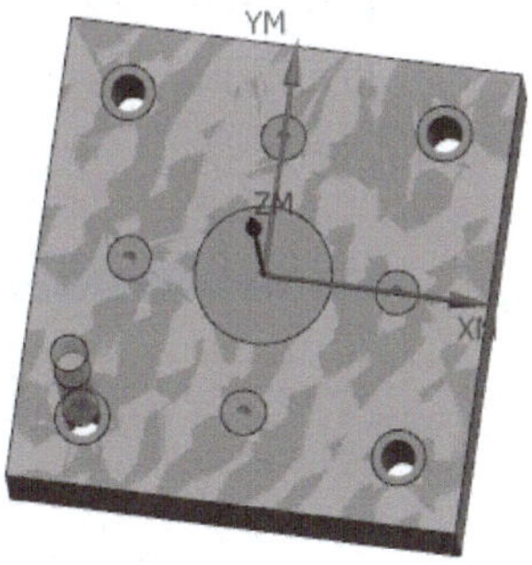

图 3-226 钻孔 3D 仿真结果

（3）铰 4×ϕ8mm 孔

1）单击“创建工序”按钮，弹出如图 3-227 所示的“创建工序”对话框，“工序子类型”选择“铰孔”，“程序”选择“PROGRAM”，“刀具”选择之前创建的“D8”，“几何体”选择之前修改的“WORKPIECE”，“方法”选择默认的“DRILL_METHOD”，在“名称”文本框中输入“jiao8”，然后单击“确定”按钮，弹出如图 3-228 所示“铰”对话框。

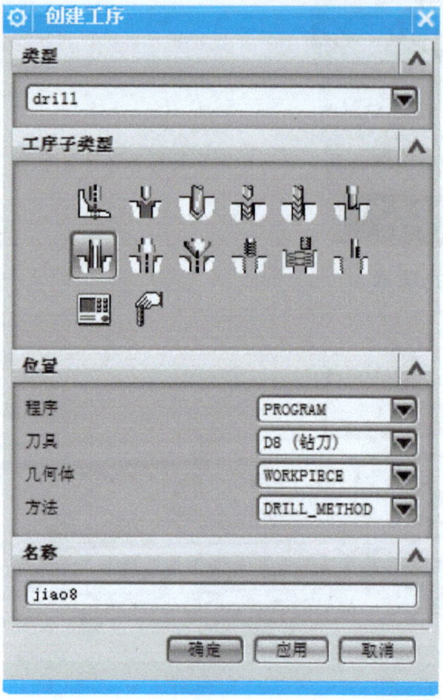

图 3-227 “创建工序”对话框

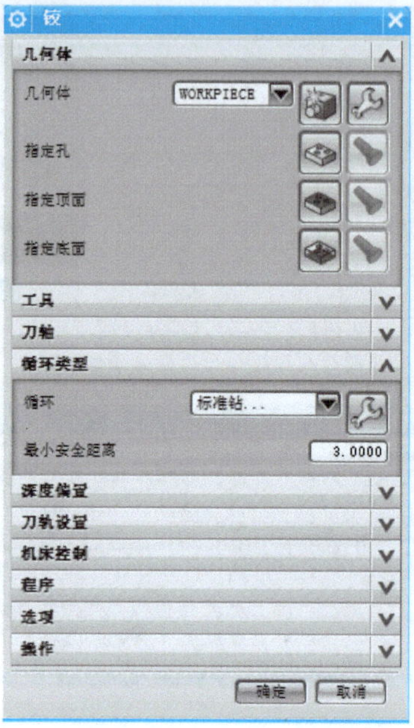

图 3-228 “铰”对话框

2）“指定孔”、“指定顶面”、“指定底面”和指定“循环类型”中的“标准钻”的参数四个步骤都和上面钻孔步骤相同。

3）设置“主轴速度”为 350r/min，“进给率”为 50mm/min，其余为默认值。生成刀轨与钻孔刀轨相同。3D 动态仿真加工结果与上面钻孔结果类似。

（4）钻 4×ϕ12mm 沉头孔

该步骤参考钻 4×ϕ8mm 的孔的过程。区别有三点：

1）选择“D12”的刀具。

2）“指定底面”的步骤中，如图 3-229 所示，选择零件上表面，输入距离“-5”（台阶孔深度为 5mm，注意箭头方向，方向若向下，则输入距离“5”）。

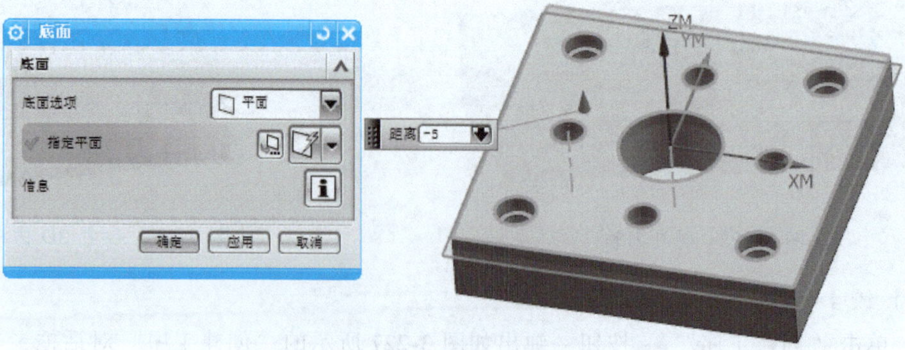

图 3-229 底面的选择

3）设置“主轴速度”为650r/min，“进给率”为60mm/min，其余为默认值。生成如图3-230所示的钻孔刀轨。3D动态仿真加工结果如图3-231所示。

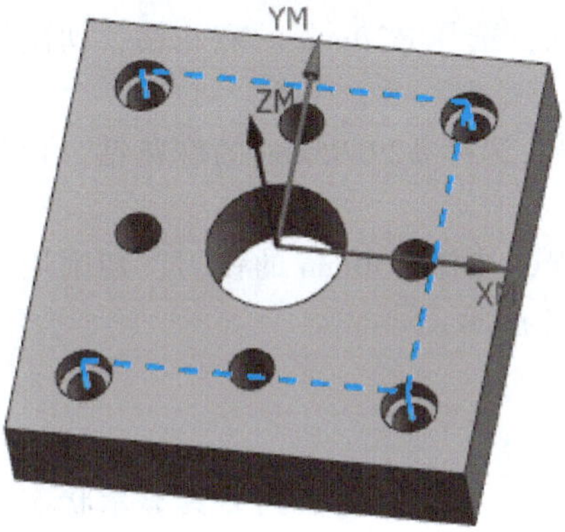

图3-230　钻孔刀轨

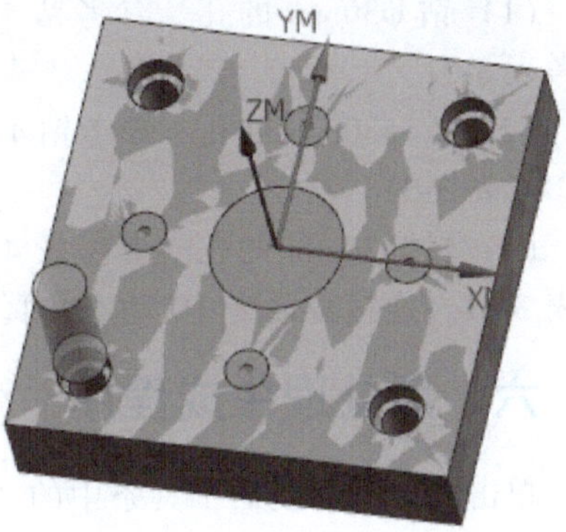

图3-231　钻孔3D仿真结果

四、加工四个螺纹孔

（1）钻4×M12螺纹底孔　该步骤参考钻4×ϕ8mm的孔的过程。选择ϕ9.7mm的麻花钻。切削用量参考表3-31。

（2）攻4×M12螺纹孔　单击“创建工序”按钮，弹出如图3-232所示的“创建工序”对话框，“工序子类型”选择“攻丝”，“程序”选择“PROGRAM”，“刀具”选择之前创建的“M12”，“几何体”选择之前修改的“WORKPIECE”，“方法”选择默认的“DRILL_METHOD”，在“名称”文本框中输入“GONG12”，然后单击“确定”按钮，弹出如图3-233所示“攻丝”对话框。

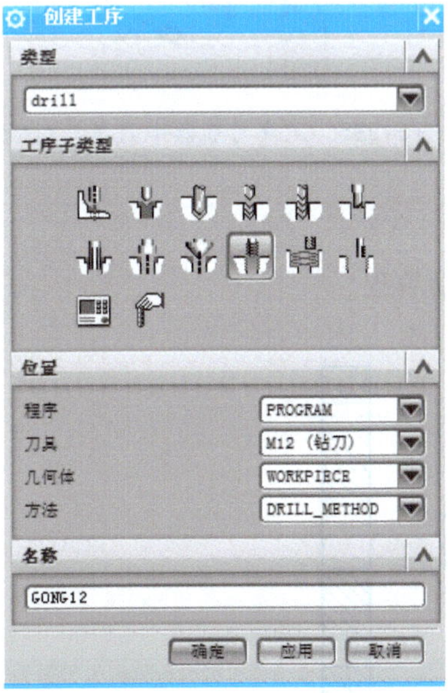

图3-232　“创建工序”对话框

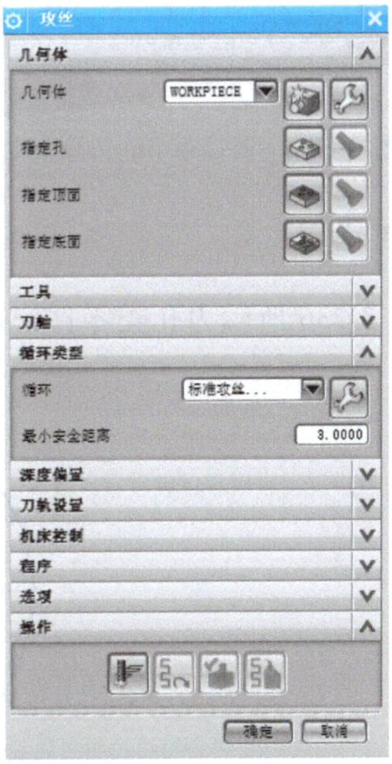

图3-233　“攻丝”对话框

其余步骤参考钻 4×ϕ8mm 的孔的过程。切削用量参考表 3-31。

五、加工中心ϕ 30mm 的孔

（1）钻 ϕ30mm 的孔　参考钻 4×ϕ8mm 的孔的过程，选择 ϕ20mm 的麻花钻，切削用量参考表 3-31。

（2）扩 ϕ30mm 的孔　参考钻 4×ϕ8mm 的孔的过程，选择 ϕ29.95mm 的麻花钻，切削用量参考表 3-31。

（3）铰 ϕ30mm 的孔　参考铰 4×ϕ8mm 的孔的过程，选择 ϕ30mm 的铰刀，切削用量参考表 3-31。连接盖最终 3D 动态仿真加工结果如图 3-234 所示。

六、后处理生成程序

单击左下方导航器工具条中的“机床视图”按钮，导航器切换到刀具显示状态，如图 3-235 所示。可以在工序导航器中看到每个刀具下对应的工序，选中后单击右键进行后处理即可生成加工程序。后处理生成程序和编辑、修改程序的具体过程参照任务 3.7。

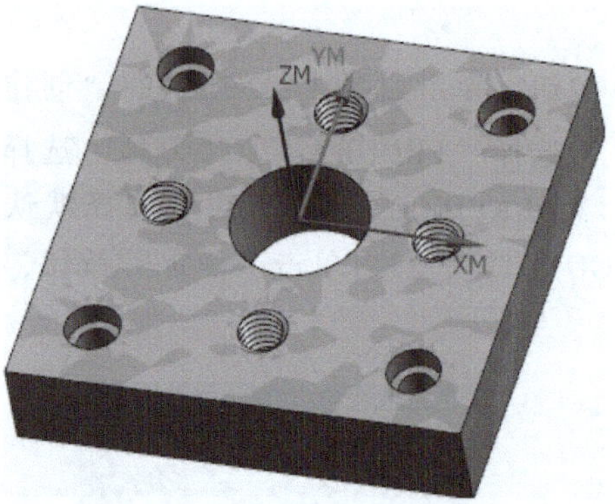

图 3-234　连接盖 3D 仿真加工结果

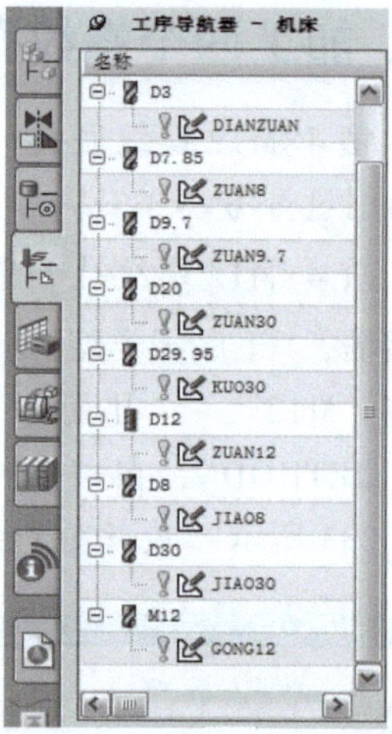

图 3-235　工序导航器中刀具与对应的工序

技能强化

图 3-236 所示为孔类零件，对其加工过程进行自动编程。

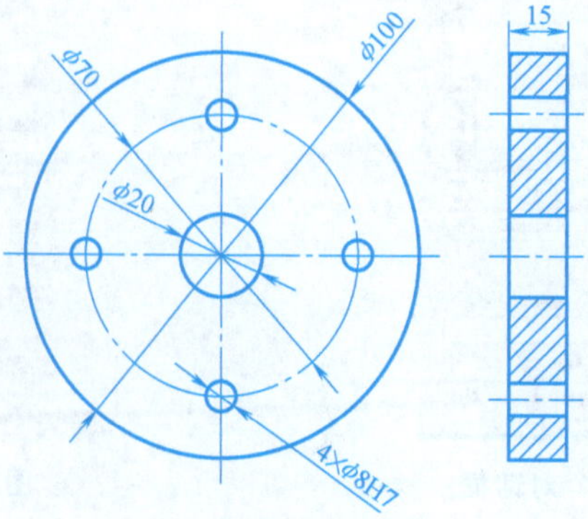

图 3-236　孔类零件

模块4 CHAPTER 4 数控中、高级职业技能鉴定实操训练

任务 4.1 数控车工职业技能鉴定实操训练（中级）

加工任务

根据图 4-1 所示零件图，制订合理的数控加工工艺方案，编制数控加工程序并加工零件。

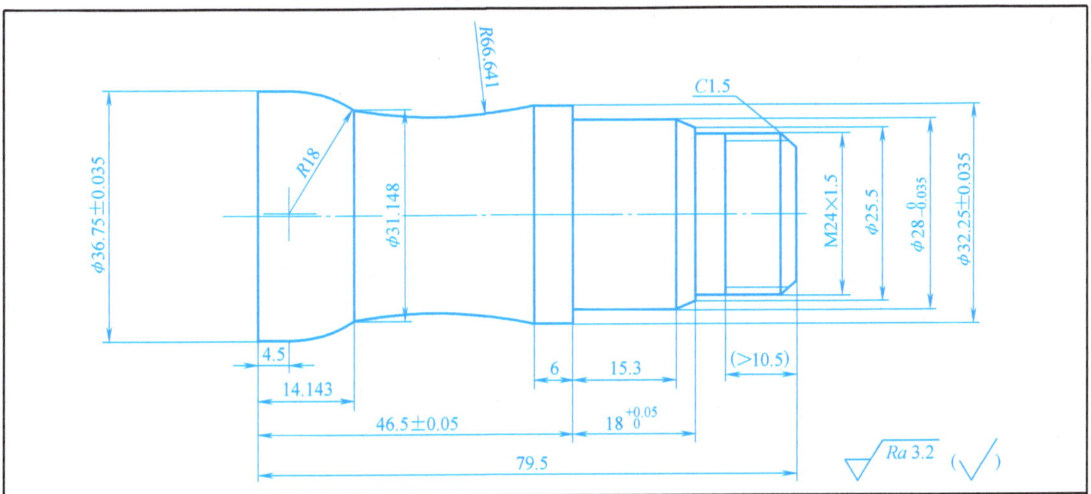

					产品名称		图号	5208
标记	处数	更改单号	签字	日期	部件名称		标记	数量	重量（公斤）	比例
设计		审核			零件名称			1		1：1
绘图		标准审核								
描图		工艺会审			材料	铝				
校对		日期								

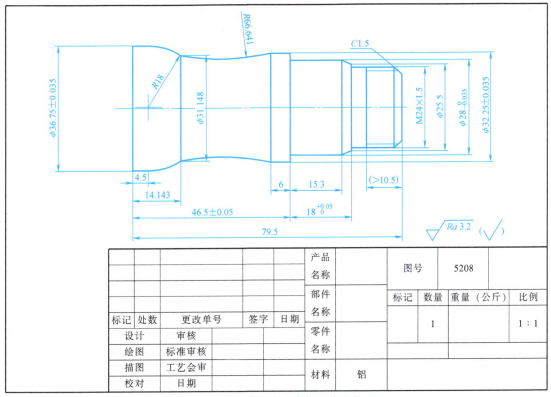

图 4-1 数控车工中级实操训练零件图

加工准备

选用机床：数控车床。

选用夹具：自定心卡盘。

毛坯：ϕ40mm×90mm 的棒料，材料为铝或 45 钢。

工具：加工刀具与量具见表 4-1，卡盘扳手、刀架扳手，其他常用工具。

表 4-1　加工刀具与量具准备

刀具	刀具号	量具
90°外圆车刀(副偏角>50°)	T0101	游标卡尺(分度值 0.02mm,规格 150mm)
60°外螺纹车刀	T0202	外径千分尺(分度值 0.01mm,规格 50mm)
切断刀	T0303	M24 螺纹环规

加工要求

加工时间：120min，具体加工标准参考表 4-2。

表 4-2　加工评分标准

序号	考核内容	考核要点	配分	评分标准	检测结果	得分
1	直径	ϕ(36.75±0.035)mm	5	每超 0.01mm 扣 1 分		
2		ϕ31.148mm	4	超差不得分		
3		ϕ25.5mm	4	超差不得分		
4		$\phi 28_{-0.035}^{0}$ mm	5	每超 0.01mm 扣 1 分		
5		ϕ(32.25±0.035)mm	5	每超 0.01mm 扣 1 分		
6	长度	14.143mm	4	超差不得分		
7		(46.5±0.05)mm	5	每超 0.01mm 扣 1 分		
8		6mm	4	超差不得分		
9		15.3mm	4	超差不得分		
10		$18_{0}^{+0.05}$ mm	5	每超 0.01mm 扣 1 分		
11		79.5mm	5	超差不得分		
12	轮廓	R66.641mm/Ra3.2μm	5/2	超差不得分/降一级扣 0.5 分		
13		R18mm/Ra3.2μm	5/2	超差不得分/降一级扣 0.5 分		
14	螺纹	M24×1.5	6	超差不得分		
15	安全文明生产	1. 遵守机床安全操作规程 2. 刀具、工具、量具放置规范 3. 设备保养、场地清洁	10	酌情扣分		
16	工艺合理	1. 工件定位、夹紧及刀具选择合理 2. 加工顺序及刀具轨迹路线合理	10	酌情扣分		

（续）

序号	考核内容	考核要点	配分	评分标准	检测结果	得分
17	程序编制	1. 指令正确，程序完整 2. 数值计算正确，程序编写有一定的技巧，简化计算及程序 3. 刀具补偿功能运用正确、合理 4. 切削参数、坐标系选择正确、合理	10	酌情扣分		
合计			100			

工艺分析

该零件的加工内容只有端面、外圆面和螺纹面，可以实现一次装夹完成所有的加工内容，即工序为装夹毛坯、车端面、粗车外轮廓、精车外轮廓、车螺纹后一次切断。加工步骤见表4-3。

表4-3 加工工序卡

工步号	工步内容	刀具号	切削用量		
			背吃刀量/mm	进给量/(mm/r)	主轴转速/(r/min)
1	手动车端面	T0101	0.2	0.10	1200
2	粗车外轮廓，留0.3mm的单边余量	T0101	1.5	0.15	1200
3	精车外轮廓	T0101	0.3	0.05	1500
4	车螺纹	T0202	根据螺纹深度依次递减	由螺纹导程决定	1000
5	切断刀切断	T0303	保证总长	0.10	1000

知识积累

该零件的加工需要具有以下知识基础。

1. 数控车削刀具的选择

由于该零件的外轮廓有一段凸圆弧面和凹圆弧面，在选择外圆车刀时要考虑副切削刃和外轮廓面之间的干涉情况，选择副偏角较大的外圆车刀。

2. 车削固定循环

掌握外圆粗车复合循环指令G71的格式、走刀路线和各个参数的设定。掌握G70精车循环的用法。

3. 三角形螺纹的参数及螺纹车削循环指令

掌握三角形螺纹的大、小径与螺距之间的关系。掌握螺纹车削单一固定循环指令G92的格式和用法，以及螺纹加工的背吃刀量和进给速度的设定原则。

任务 4.2 数控车工职业技能鉴定实操训练（高级）

加工任务

根据图 4-2 所示零件图，制订合理的数控加工工艺方案，编制数控加工程序并加工零件。

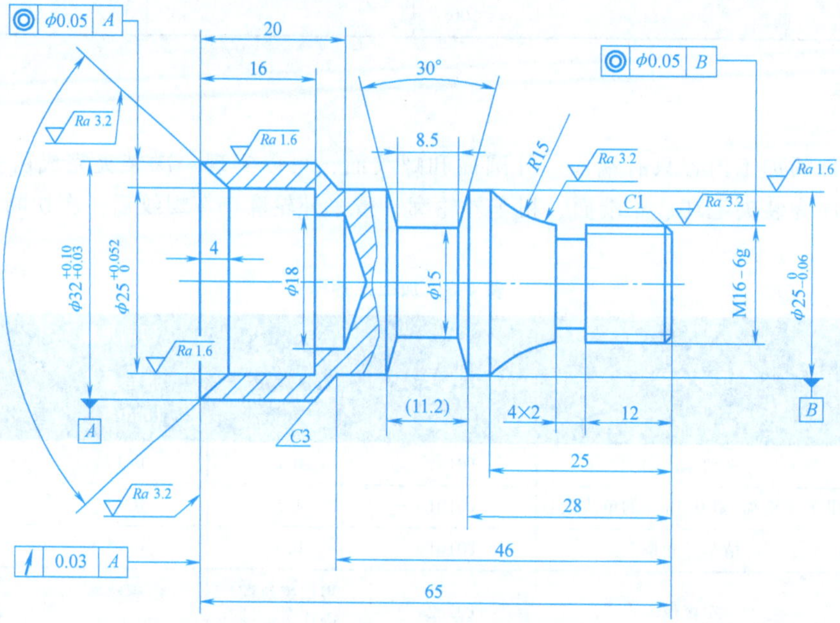

图 4-2 数控车工高级实操训练零件图

加工准备

选用机床：数控车床。

选用夹具：自定心卡盘。

毛坯：ϕ35mm×80mm 的棒料，材料 2A12。

工具：加工刀具与量具见表 4-4，卡盘扳手、刀架扳手，其他常用工具及铜皮。

表 4-4 加工刀具与量具准备

刀具	刀具号	量具
90°外圆车刀	T0101	外径千分尺(分度值 0.01mm,规格 50mm)
30°刀尖角外圆车刀	T0202	游标卡尺(分度值 0.02mm,规格 150mm)
4mm 宽外圆切槽刀	T0303	游标深度卡尺(分度值 0.02mm,规格 150mm)
60°外螺纹车刀	T0404	M16 螺纹环规

（续）

刀具	刀具号	量具
ϕ3mm 中心钻		R 规
ϕ18mm 麻花钻		
内孔车刀	T0202(左端加工完,2号刀位换装30°刀尖角外圆车刀。)	

加工要求

加工时间：120min，具体加工标准参考表4-5。

表4-5 加工评分标准

序号	考核内容	考核要点	配分	评分标准	检测结果	得分
1	外圆	$\phi25_{-0.06}^{0}$mm(左侧)/Ra1.6μm	4/1	每超0.01mm扣1分/降一级扣0.5分		
2		$\phi25_{-0.06}^{0}$mm(右侧)/Ra1.6μm	4/1	每超0.01mm扣1分/降一级扣0.5分		
3		ϕ15mm/Ra6.3μm	4/1	超差不得分/降一级扣0.5分		
4		$\phi32_{+0.03}^{+0.10}$mm/Ra1.6μm	4/1	每超0.01mm扣1分/降一级扣0.5分		
5	内圆	$\phi25_{0}^{+0.025}$mm	4	每超0.01mm扣1分		
6		ϕ18mm	3	超差不得分		
7	外螺纹	M16-6g/Ra3.2μm	4/1	超差不得分/降一级扣0.5分		
8	锥槽	30°	4	超差不得分		
9	圆锥	60°	4	超差不得分		
10	圆弧	R15mm/Ra3.2μm	4/1	超差不得分/降一级扣0.5分		
11	长度	65mm	4	超差不得分		
12		12mm	4	超差不得分		
13		28mm	4	超差不得分		
14		46mm	4	超差不得分		
15		16mm	4	超差不得分		
16		8.5mm	4	超差不得分		
17	同轴度	ϕ0.05mm	4	每超0.01mm扣1分		
18		ϕ0.05mm	4	每超0.01mm扣1分		
19	圆跳动	0.03mm	4	每超0.01mm扣1分		
20	倒角	45°(2处)	4	超差不得分		

（续）

序号	考核内容	考核要点	配分	评分标准	检测结果	得分
21	安全文明生产	1. 遵守机床安全操作规程 2. 刀具、工具、量具放置规范 3. 设备保养、场地清洁	5	酌情扣分		
22	工艺合理	1. 工件定位、夹紧及刀具选择合理 2. 加工顺序及刀具轨迹路线合理	5	酌情扣分		
23	程序编制	1. 指令正确，程序完整 2. 数值计算正确，程序编写有一定的技巧，简化计算及程序 3. 刀具补偿功能运用正确、合理 4. 切削参数、坐标系选择正确、合理	5	酌情扣分		
合计			100			

工艺分析

该零件需要二次装夹完成。左端的内孔在一次装夹中完成，右端的外圆面、槽和螺纹在掉头装夹中完成。即工序为装夹毛坯，手动钻内孔，粗、精车内孔，切断再掉头，在加工好的左端面垫上铜皮装夹好，然后粗、精车外轮廓，切槽，车螺纹。零件左、右端加工步骤分别见表 4-6 和表 4-7。

表 4-6　零件左端加工工序卡

工步号	工步内容	刀具号	切削用量		
			背吃刀量/mm	进给量/(mm/r)	主轴转速/(r/min)
1	手动车端面	T0101	0.2	0.10	1200
2	手动钻孔（ϕ3mm 中心钻）				300
3	手动钻孔（ϕ18mm 麻花钻）				400
4	粗车内孔，留 0.2mm 的单边余量	T0202	1	0.10	800
5	精车内孔至尺寸	T0202	0.2	0.05	1200
6	切断刀切断	T0303	保证总长	0.10	1000

表 4-7　零件右端加工工序卡

工步号	工步内容	刀具号	切削用量		
			背吃刀量/mm	进给量/(mm/r)	主轴转速/(r/min)
1	粗车外轮廓，留 0.3mm 的单边余量	T0101	1.5	0.15	1200
2	精车外轮廓至尺寸	T0101	0.3	0.05	1500
3	切 4mm、8.5mm 宽的两个槽	T0303		0.1	1000
4	车 30°锥槽侧面	T0202		0.05	1500
5	车螺纹	T0404	根据螺纹深度依次递减	由螺纹导程决定	1000

知识积累

该零件的加工需具有以下知识基础。

1. 数控车削刀具的选择

由于该零件的外轮廓有一段30°的锥槽，在选择外圆车刀时要考虑切削刃和锥槽侧面的干涉情况，可选择30°刀尖角的外圆车刀进行车削。

2. 孔的加工工艺

能根据孔的加工精度确定孔的加工方案，根据数控车床刀架的情况选择手动或自动钻孔方式。

3. 车削固定循环

掌握外圆粗车复合循环指令G71的格式、走刀路线和各个参数的设定。掌握G70精车循环的用法。

4. 三角形螺纹的参数及螺纹车削循环指令

掌握三角形螺纹的大小径与螺距之间的关系。掌握螺纹车削单一固定循环指令G92的格式和用法，以及螺纹加工的背吃刀量和进给速度的设定原则。

任务4.3 数控铣工职业技能鉴定实操训练（中级）

加工任务

根据图4-3所示零件图，制订合理的数控加工工艺方案，编制数控加工程序并加工零件。

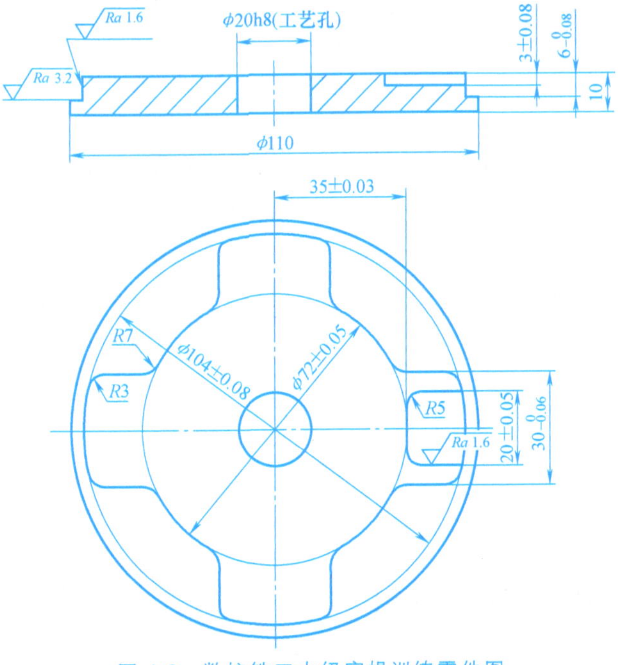

图4-3 数控铣工中级实操训练零件图

加工准备

选用机床：数控铣床。

选用夹具：自定心卡盘。

毛坯：ϕ110mm×20mm 的圆块，材料为 45 钢，上表面和圆周面已加工。

工具：加工刀具与量具见表 4-8，卡盘扳手，其他常用工具。

表 4-8 加工刀具与量具准备

刀具	量具
ϕ8mm 的键槽铣刀	游标卡尺(分度值 0.02mm,规格 150mm)
ϕ3mm 的中心钻	R 规
ϕ18.5mm 的钻头	指示表(分度值 0.01mm,量程 0~10mm,带表座)
ϕ19.8mm 的扩孔钻	ϕ20mm 的塞规
ϕ20mm 的铰刀	

加工要求

加工时间：120min，具体加工标准参考表 4-9。

表 4-9 加工评分标准

序号	考核内容	考核要点	配分	评分标准	检测结果	得分
1	外形	$\phi(72\pm0.05)$mm/Ra1.6μm	6/2	每超 0.01mm 扣 1 分/降一级扣 0.5 分		
2		$\phi(104\pm0.08)$mm/Ra1.6μm	6/2	每超 0.01mm 扣 1 分/降一级扣 0.5 分		
3		$30_{-0.06}^{\ 0}$mm/Ra1.6μm	6/2	每超 0.01mm 扣 1 分/降一级扣 0.5 分		
4		$6_{-0.08}^{\ 0}$mm/Ra3.2μm	6/2	每超 0.01mm 扣 1 分/降一级扣 0.5 分		
5		R7mm	6	超差不得分		
6		R3mm	6	超差不得分		
7	槽	(20 ± 0.05)mm/Ra1.6μm	6/2	每超 0.01mm 扣 1 分/降一级扣 0.5 分		
8		R5mm	6	超差不得分		
9		(35 ± 0.03)mm	6	每超 0.01mm 扣 1 分		
10		(3 ± 0.08)mm	6	每超 0.01mm 扣 1 分		
11	孔	ϕ20h8	5	超差不得分		
12	安全文明生产	1. 遵守机床安全操作规程 2. 刀具、工具、量具放置规范 3. 设备保养、场地清洁	5	酌情扣分		
13	工艺合理	1. 工件定位、夹紧及刀具选择合理 2. 加工顺序及刀具轨迹路线合理	10	酌情扣分		

（续）

序号	考核内容	考核要点	配分	评分标准	检测结果	得分
14	程序编制	1. 指令正确，程序完整 2. 数值计算正确，程序编写有一定的技巧，简化计算及程序 3. 刀具补偿功能运用正确、合理 4. 切削参数、坐标系选择正确、合理	10	酌情扣分		
合计			100			

工艺分析

该零件的加工内容只有凸台外轮廓、槽和孔，可以实现一次装夹完成所有的加工内容。即工序为装夹毛坯、粗铣凸台外轮廓、精铣凸台外轮廓、粗铣槽、精铣槽、孔加工。具体加工步骤见表4-10。

表4-10 加工工序卡

工步号	工步内容	刀具	切削用量		
			背吃刀量/mm	进给量/(mm/min)	主轴转速/(r/min)
1	粗铣凸台外轮廓，留0.2mm的余量	ϕ8mm的键槽铣刀	1.5	180	2000
2	精铣凸台外轮廓至尺寸	ϕ8mm的键槽铣刀	0.2	100	1800
3	粗铣槽，留0.2mm的余量	ϕ8mm的键槽铣刀	1.5	180	2000
4	精铣槽至尺寸	ϕ8mm的键槽铣刀	0.2	100	1800
5	点钻孔	ϕ3mm的中心钻		110	1800
6	钻孔	ϕ18.5mm的钻头		100	800
7	扩孔	ϕ19.8mm的扩孔钻		80	600
8	铰孔	ϕ20mm的铰刀		80	500

知识积累

该零件的加工需要具有以下知识基础。

1. 数控铣削刀具的选择

该零件加工内容包括凸台外轮廓、槽和孔，根据加工精度要求，外轮廓和槽统一采用键槽铣刀铣削，保证侧面和底面的加工精度；孔加工的标准公差等级要达到IT8，制订钻—扩—铰的加工方案可达到加工要求。

2. 数控铣削刀具的切出、切入方式

为了保证轮廓面的光滑过渡，应注意刀具在轮廓上的切入、切出方式。

3. 刀具半径补偿的用法

凸台外轮廓和槽的加工需要进行刀具半径补偿，需要掌握G41/G42/G40指令的用法及

刀具半径补偿参数的设置。

4. 钻孔固定循环

掌握钻孔固定循环指令 G81 的格式、钻孔动作和各个参数的设定。

任务 4.4　数控铣工职业技能鉴定实操训练（高级）

加工任务

根据图 4-4 所示零件图，制订合理的数控加工工艺方案，编制数控加工程序并加工零件。

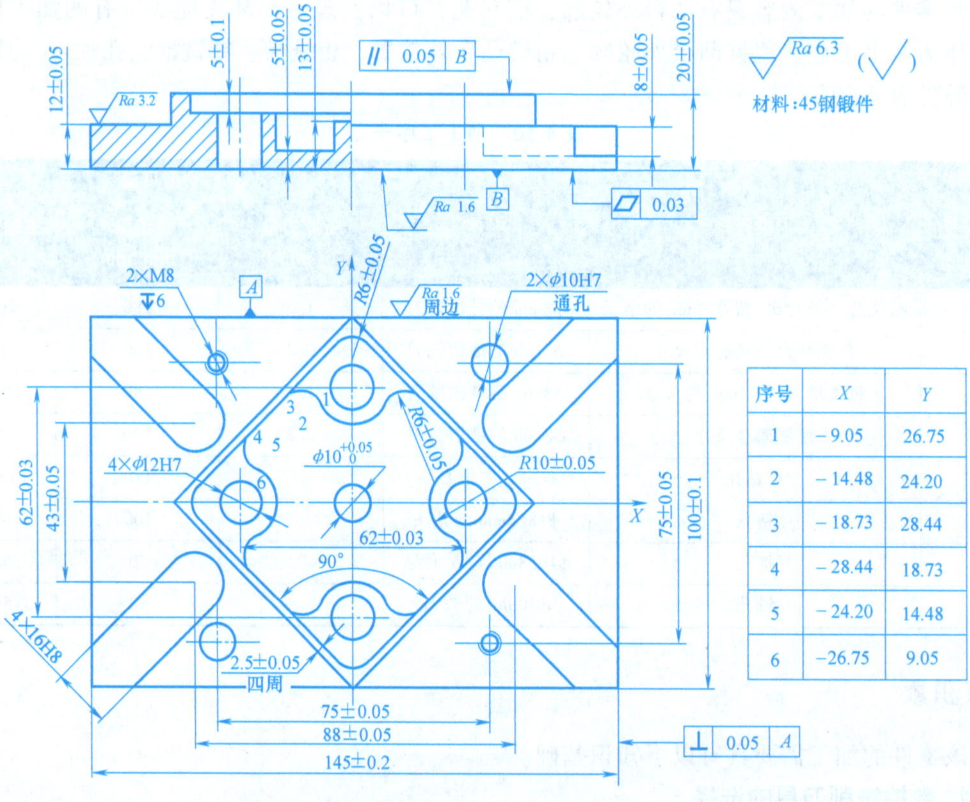

序号	X	Y
1	-9.05	26.75
2	-14.48	24.20
3	-18.73	28.44
4	-28.44	18.73
5	-24.20	14.48
6	-26.75	9.05

图 4-4　数控铣工高级实操训练零件图

加工准备

选用机床：数控铣床。

选用夹具：平口虎钳。

毛坯：150mm×105mm×30mm，材料为 45 钢。

工具：加工刀具与量具见表 4-11，平口钳扳手、垫铁、其他常用工具。

表 4-11 加工刀具与量具准备

刀具	量具
ϕ20mm 立铣刀	游标卡尺(分度值 0.02mm,规格 150mm)
ϕ8mm 键槽铣刀	指示表(分度值 0.01mm,量程 0~10mm,带表座)
ϕ3mm 的中心钻	R 规
ϕ9.8mm 的麻花钻	ϕ10mm 的塞规
ϕ10mm 的铰刀	ϕ12mm 的塞规
ϕ11mm 的麻花钻	M8 的螺纹塞规
ϕ11.8mm 的扩孔钻	
ϕ12mm 的铰刀	
ϕ6.5mm 的麻花钻	
M8 的丝锥	

加工要求

加工时间：120min，具体加工标准参考表 4-12。

表 4-12 加工评分标准

序号	考核内容	考核要点	配分	评分标准	检测结果	得分
1	外形	(145±0.2)mm	2	每超 0.01mm 扣 0.5 分		
2		(100±0.1)mm	2	每超 0.01mm 扣 0.5 分		
3		(20±0.05)mm	2	每超 0.01mm 扣 0.25 分		
4	内外轮廓	(2.5±0.05)mm	2	每超 0.01mm 扣 0.5 分		
5		R(6±0.05)mm(12 处)	1×12	超差不得分		
6		R(10±0.05)mm(4 处)	1×4	超差不得分		
7		$\phi10^{+0.05}_{0}$mm	2	每超 0.01mm 扣 0.5 分		
8		(13±0.05)mm	1	超差不得分		
9		(5±0.05)mm	1	超差不得分		
10		(5±0.1)mm	1	超差不得分		
11		(12±0.05)mm	1	超差不得分		
12	槽	(43±0.05)mm(2 处)	2×2	每超 0.01mm 扣 0.5 分		
13		(88±0.05)mm(2 处)	2×2	每超 0.01mm 扣 0.5 分		
14		(8±0.05)mm(4 处)	2×4	每超 0.01mm 扣 0.5 分		
15		16H8(4 处)	2×4	超差不得分		
16	孔	(62±0.03)mm	2	每超 0.01mm 扣 0.5 分		
17		ϕ12H7(4 处)	2×4	超差不得分		
18		ϕ10H7(2 处)	2×2	超差不得分		
19		(75±0.05)mm(2 处)	2×2	每超 0.01mm 扣 0.5 分		
20		M6 ↧ 6(2 处)	2×2	超差不得分		

（续）

序号	考核内容	考核要点	配分	评分标准	检测结果	得分
21	几何公差	平面度	2	每超 0.01mm 扣 0.25 分		
22		平行度	2	每超 0.01mm 扣 0.25 分		
23		垂直度	2	每超 0.01mm 扣 0.25 分		
24	表面粗糙度	*Ra*1.6μm	1	降一级扣 0.5 分		
25		*Ra*3.2μm	1	降一级扣 0.5 分		
26		*Ra*6.3μm	1	降一级扣 0.5 分		
27	安全文明生产	1. 遵守机床安全操作规程 2. 刀具、工具、量具放置规范 3. 设备保养、场地清洁	5	酌情扣分		
28	工艺合理	1. 工件定位、夹紧及刀具选择合理 2. 加工顺序及刀具轨迹路线合理	5	酌情扣分		
29	程序编制	1. 指令正确，程序完整 2. 数值计算正确，程序编写有一定的技巧，简化计算及程序 3. 刀具补偿功能运用正确、合理 4. 切削参数、坐标系选择正确、合理	5	酌情扣分		
合计			100			

工艺分析

该零件的加工内容有毛坯面、外轮廓、内轮廓、槽和孔，可以实现一次装夹完成所有的加工内容。即工序为装夹毛坯，铣六方，粗、精铣方形外轮廓，粗、精铣 16mm 宽的 4 个槽，粗、精铣方形内轮廓，粗、精铣花瓣内轮廓，孔加工。具体加工步骤见表 4-13。

表 4-13 加工工序卡

工步号	工步内容	刀具	切削用量		
			背吃刀量/mm	进给量/(mm/min)	主轴转速/(r/min)
1	铣毛坯的 6 个面	ϕ20mm 的立铣刀	1.5(粗) 0.2(精)	180(粗) 100(精)	1800(粗) 2200(精)
2	粗、精铣方形外轮廓	ϕ20mm 的立铣刀	1.5(粗) 0.2(精)	180(粗) 100(精)	1800(粗) 2200(精)
3	粗、精铣 16mm 宽的 4 个槽	ϕ8mm 的键槽铣刀	1.5(粗) 0.2(精)	180(粗) 90(精)	1800(粗) 2500(精)
4	粗、精铣方形内轮廓	ϕ8mm 的键槽铣刀	1.5(粗) 0.2(精)	180(粗) 100(精)	1800(粗) 2200(精)
5	粗、精铣花瓣内轮廓	ϕ8mm 的键槽铣刀	1.5(粗) 0.2(精)	180(粗) 90(精)	1800(粗) 2500(精)

（续）

工步号	工步内容	刀具	切削用量		
			背吃刀量/mm	进给量/(mm/min)	主轴转速/(r/min)
6	点钻 9 个孔	ϕ3mm 的中心钻		110	1800
7	钻 ϕ10mm 的 3 个孔	ϕ9.8mm 的麻花钻		100	600
8	铰 ϕ10mm 的 3 个孔	ϕ10mm 的铰刀		30	500
9	钻 ϕ12mm 的 4 个孔	ϕ11mm 的麻花钻		100	800
10	扩 ϕ12mm 的 4 个孔	ϕ11.8mm 的扩孔钻		90	700
11	铰 ϕ12mm 的 4 个孔	ϕ12mm 的铰刀		40	600
12	钻 M8 螺纹孔底孔	ϕ6.5mm 的麻花钻		100	600
13	攻 M8 螺纹孔	M8 的丝锥		60	100

知识积累

该零件的加工需要具有以下知识基础。

1. 数控铣削刀具的选择

该零件加工内容包括外轮廓、内轮廓、槽和孔，根据尺寸大小及加工精度要求，内、外轮廓和槽统一采用键槽铣刀铣削，保证侧面和底面的加工精度；孔加工的标准公差等级要达到 IT7 或 IT8，制订钻—铰或钻—扩—铰的加工方案可达到加工要求。

2. 数控铣削刀具的切出、切入方式

为了保证轮廓面的光滑过渡，应注意刀具在内、外轮廓上的切入、切出方式。

3. 刀具半径补偿的用法

内、外轮廓和槽的加工需要进行刀具半径补偿，需要掌握 G41/G42/G40 指令的用法及刀具半径补偿参数的设置。

4. 钻孔固定循环

掌握孔加工方案的制订方法，孔加工刀具的选择原则，以及简单的钻孔固定循环指令的格式、钻孔动作和各个参数的设定，螺纹加工的方法与指令等。

附录 技能强化工作任务单模板

<table>
<tr><td>工艺分析</td><td colspan="4"></td></tr>
<tr><td>程序编制</td><td colspan="4"></td></tr>
<tr><td rowspan="2">加工实践</td><td>仿真加工</td><td colspan="3"></td></tr>
<tr><td>机床加工</td><td colspan="3"></td></tr>
<tr><td>问题归纳</td><td colspan="4"></td></tr>
<tr><td rowspan="6">任务评价</td><td>评价项目</td><td>自评</td><td>互评</td><td>教师评分</td></tr>
<tr><td>程序编写</td><td></td><td></td><td></td></tr>
<tr><td>仿真操作</td><td></td><td></td><td></td></tr>
<tr><td>机床操作</td><td></td><td></td><td></td></tr>
<tr><td>安全意识</td><td></td><td></td><td></td></tr>
</table>

参考文献

[1] 陈天祥，张妍，张德红．数控机床编程与操作［M］．北京：机械工业出版社，2015.

[2] 马金平．数控机床编程与操作项目教程［M］．2版．北京：机械工业出版社，2016.

[3] 穆国岩．数控机床编程与操作［M］．2版．北京：机械工业出版社，2012.

[4] 张德红．数控机床编程与操作［M］．北京：机械工业出版社，2016.

[5] 廖玉松，王晓明．数控加工技术［M］．2版．北京：清华大学出版社，2018.

[6] 杨丙乾．数控机床编程与操作［M］．北京：化学工业出版社，2018.

[7] 高晓萍，于田霞，刘深．数控车床编程与操作［M］．2版．北京：清华大学出版社，2017.

[8] 王淑英．数控机床编程与操作［M］．北京：电子工业出版社，2016.

[9] 宋凤敏，时培刚，宋祥玲．数控铣床编程与操作［M］．北京：清华大学出版社，2017.

[10] 余娟，刘凤景，李爱莲．数控机床编程与操作［M］．北京：北京理工大学出版社，2017.

参考文献

[1] [illegible]，2015.

[2] [illegible]，2016.

[3] [illegible]，2017.

[4] [illegible]，2016.

[5] [illegible]，2018.

[6] [illegible]，2018.

[7] [illegible]，2015.

[8] [illegible]，2016.

[9] [illegible]，2016.

[10] [illegible]，2015.